Einzelkonstruktionen aus dem Maschinenbau
Herausgegeben von Dipl.-Ing. C. Volk-Berlin □ □ □ □ Elftes Heft

Wellenkupplungen und Wellenschalter

Von

Dr.-Ing. E. vom Ende
Berlin

Mit 245 Textabbildungen

Berlin
Verlag von Julius Springer
1931

Softcover reprint of the hardcover 1st edition 1931

ISBN-13: 978-3-642-98704-5 e-ISBN-13: 978-3-642-99519-4
DOI: 10.1007/ 978-3-642-99519-4

Inhaltsverzeichnis.

A. Einleitung.

Die Verbindung von Wellenleitungen miteinander hängt von den im Einzelfall vorliegenden Erfordernissen ab und erfolgt daher auf sehr verschiedene Weise. Ist eine längere Welle aus Gründen der Gestaltung, der Herstellung oder des Einbaues geteilt, so werden, falls eine absolut starre Verbindung erforderlich ist, Flansche an die Wellenenden angeschmiedet und miteinander verschraubt. Die Herstellung dieser Verbindung ist jedoch kostspielig. Ähnlich liegt der Fall bei Triebwerkswellen, die wegen des Transportes und der Gefahr der Verbiegung in Stücke von 4 bis 6 m Länge aufgeteilt werden. Ist die Aufteilung nur aus solchen Gründen erfolgt, so ist eine starre Verbindung erwünscht. Da jedoch die Wellen aus normalem Rundstahl hergestellt werden und der Zusammenbau aus lagerhaltigen Teilen erfolgen soll, wählt man hierfür aufgeschrumpfte oder aufgepreßte Scheiben. Als weitere Verbindungen kommen noch Schaftkupplungen, wie z. B. Klemm-, Schalen- und Hülsenkupplungen in Betracht. Der Einbau solcher Wellenleitungen muß, da sie starr sind, sehr sorgfältig erfolgen, um Klemmungen in den Lagern zu vermeiden.

Die Scheiben- und Schalenkupplungen haben keine Sonderfunktionen zu erfüllen. Ihnen stehen als nächste Gruppe die nachgiebigen Kupplungen gegenüber, die ebenfalls zur Überbrückung einer Unterbrechung in der Wellenleitung dienen, die aber außerdem noch den Zweck haben, die schädlichen Einflüsse von Stößen und Ungenauigkeiten aufzuheben oder zu mildern. Aber nicht nur Ungenauigkeiten bei der Herstellung, sondern auch Verbiegungen und Verwindungen im Betriebe sind zu beachten. Man muß also mit einer Versetzung der Wellen gegeneinander rechnen, die allerdings nicht mehr als 1 mm betragen soll, und einer geringen Schiefstellung, die höchstens etwa 1^0 betragen sollte. Nachgiebige Kupplungen können auch an die Stelle einer starren Verbindung treten, wenn dadurch eine Verbilligung der Herstellung ermöglicht wird. Wenn z. B. ein Motor mit Hilfe einer starren Verbindung an einen Schneckentrieb angeschlossen wird, müssen beide auf einer Grundplatte stehen, bei deren Bearbeitung besondere Maßnahmen zu beachten sind. Die Verwendung einer nachgiebigen Kupplung vergrößert die Toleranzen und erleichtert damit die Bearbeitung. Ein Umstand, der in neuerer Zeit (namentlich bei hohen Umlaufgeschwindigkeiten oder großer Arbeitsgenauigkeit) immer mehr beachtet wird, ist die Verhütung unzulässiger Schwingungen in Wellenleitungen. Durch Teilung des Wellenstranges und Einschaltung einer entsprechend ausgebildeten elastischen Kupplung kann die Dämpfung von Schwingungen erreicht werden,

Bei langen Wellenleitungen ist der Einfluß der Temperaturunterschiede zu berücksichtigen, infolge deren die Welle sich ausdehnt und wieder zusammenzieht. Um ihr dazu die Möglichkeit zu geben, werden Ausdehnungskupplungen in Form von Zahn- oder Klauenkupplungen eingebaut. Bei diesen gibt es auch eine Ausführung, die durch Ledereinlagen eine gewisse Elastizität erhält.

Bei den als Ausdehnungskupplungen verwendeten Klauenkupplungen kann es vorkommen, daß die Reibung an den Klauen größer ist als die durch die Längsbewegung auftretenden Kräfte, so daß die Kupplung nicht in der gewünschten Weise nachgibt.

Weiterhin wird besonders bei elektrischem Antrieb gefordert, daß die Antriebsmaschine nicht die im Triebwerk auftretenden Stöße aufzunehmen hat, wozu noch manchmal die Forderung der elektrischen Isolierung hinzukommt.

Zur Erfüllung dieser Aufgaben dienen wieder die nachgiebigen Kupplungen, die in einer großen Zahl von Formen ausgeführt werden. Bei der Gestaltung derselben ist noch zu bedenken, daß die Kupplungshälften sich bequem einbauen lassen und möglichst genau sitzen sollen. Man wird sie aus diesem Grunde meist aufpressen. Außerdem soll die Kupplung bequem gelöst werden können. Auf richtige Werkstoffverteilung ist mit Rücksicht auf die Kräfteaufnahme, die Herstellung, die Gußspannungen und zur Erzielung eines geringen Trägheitsmomentes besonderer Wert zu legen. Die Umfangsgeschwindigkeit am äußeren Umfang wird bei gußeisernen Kupplungen in der Regel nicht mehr als 30 m/s betragen dürfen. Andernfalls ist Stahlguß zu wählen bzw. wird man eine andere Type aussuchen, die einen kleineren Außendurchmesser hat. Die Gestaltung der Kupplung wird durch die zulässige Beanspruchung der elastischen Glieder bedingt. Diese bestehen aus Gummi, Leder oder Federstahl. Gummi dürfte hinsichtlich der Elastizität am geeignetsten sein, hat aber nur eine geringe Lebensdauer. Leder ist besser und wird sehr viel verwendet. Federn werden besonders zur Übertragung größerer Drehmomente verwendet.

Sofern Winkeländerungen und Achsenverschiebungen der Wellen nicht als Folge von Ungenauigkeiten auftreten, sondern sich aus dem Aufbau der Maschinen ergeben, erfordern sie die Verwendung von Umformerkupplungen, die bereits den Übergang zu Getrieben darstellen. Richtungsänderungen werden durch Kurventriebe und Kuppeltriebe (z. B. Kreuzgelenke) überwunden. Größere Achsenverschiebungen machen in der Regel bereits reine Getriebe, wie Parallelkurbeltrieb, Schleppkurbeltrieb und dergleichen notwendig.

Sollen zwei hintereinander liegende Wellen nicht dauernd zusammen laufen, so ist ihre Verbindung durch eine starre bzw. nachgiebige Kupplung nicht möglich, sondern der Einbau einer Schaltvorrichtung erforderlich. Als solche dienen die Wellenschalter in der Ausführung als Trennkupplung, ausrückbare Klinkenkupplung, Klauenkupplung, Reibungskupplung und hydrodynamische Kupplung. Die Verwendung der Trennkupplung ist nur dann angebracht, wenn es sich um ein seltenes Abschalten von längerer Dauer handelt. In weitaus den meisten Fällen sind häufigere Schaltungen erforderlich. Dazu wären die ausrückbare Klinkenkupplung und die Klauenkupplung anwendbar. Diese haben jedoch den Nachteil, daß sie nur eingerückt werden können, wenn beide Wellen still stehen. Ist eine Welle in Bewegung und die andere in Ruhe, so tritt während des Einrückvorganges eine Schlupfperiode auf. Aus diesem Grunde verwendet man als Wellenschalter in der Regel Reibungskupplungen. Besonders schwierige Verhältnisse liegen bei Schiffsantrieben vor, bei denen die langsam laufende Schraubenwelle von einer schnell laufenden und nicht umsteuerbaren Turbine oder Ölmaschine angetrieben wird oder mehrere Maschinen auf eine Welle arbeiten, wobei außerordentlich hohe Leistungen zu übertragen sind. Ähnliche Schwierigkeiten treten beim Antrieb der Pumpen von Pumpspeicherwerken auf. Für diese Zwecke sind hydrodynamisch wirkende Kupplungen und Getriebe ausgebildet worden.

Die Reibungskupplungen haben folgende Aufgaben zu erfüllen:

I. Die treibende Welle läuft mit gleichbleibender Drehzahl um. Die getriebene Welle soll möglichst stoßfrei eingeschaltet und bis zur Drehzahl der treibenden Welle beschleunigt werden. Dies ist der bei Triebwerken übliche Fall.

Werden z. B. in einer Werkstatt sämtliche Wellenstränge von einem gemeinsamen Motor angetrieben, so wird man vielfach eine Unterteilung vornehmen und die einzelnen Teile durch besondere Wellenschalter an die Hauptwelle anschließen. Dann braucht der Motor beim Anlauf nur die Widerstände der letzteren zu überwinden und beim Einschalten der übrigen Wellenstränge steht bereits seine volle Leistung zur Verfügung. Auch brauchen vorübergehend unbenutzte Wellen nicht mit durchgezogen zu werden. Ferner wird der Einbau von Schaltkupplungen von der Gewerbepolizei aus Sicherheitsgründen vorgeschrieben.

Verbrennungsmaschinen, z. B. Kraftwagenmotoren, können nur im unbelasteten Zustand anlaufen. Die Last muß also zunächst abgeschaltet sein und darf erst eingeschaltet werden, wenn der Motor seine volle Drehzahl erreicht hat.

Bei Werkzeugmaschinen, z. B. Revolverdrehbänken und Hobelmaschinen, ist der Vorgang beim Umschalten auf Rücklauf noch erweitert, indem die bewegten Massen zunächst abgebremst und dann auf volle Geschwindigkeit in der entgegengesetzten Richtung beschleunigt werden müssen.

II. Der an sich gleiche Schaltvorgang wie in I. soll während der Beschleunigung der treibenden Welle selbsttätig erfolgen, sobald diese eine bestimmte Drehzahl erreicht hat. Dies ist bei der Verwendung von Kurzschlußmotoren erforderlich, die wegen zu hoher Stromaufnahme unbelastet anlaufen müssen.

III. Zwei von einer Hauptmaschine und einer Hilfsmaschine angetriebene Wellen, die mit gleicher Drehzahl laufen, sollen derart miteinander gekuppelt werden, daß die letztere bei einem Zurückbleiben der ersteren einen Teil der Belastung mit übernimmt, während sie bei einem Voreilen derselben unbelastet bleibt.

Sollen zwei Wellen so miteinander verbunden werden, daß die treibende Welle gegen Überlastung geschützt ist, bzw. die getriebene Welle bei auftretenden Widerständen mit ihrer Drehzahl zurückbleiben kann, so ist die Einschaltung von Rutschwiderständen notwendig.

Beim Drehkran muß z. B. vermieden werden, daß ein beim Drehen plötzlich auftretender Widerstand eine Überlastung des Motors verursacht. Beim Webstuhl dagegen darf der Motor etwa auftretende Widerstände nicht einfach überwinden, da sonst das Gewebe zerreißt. Im modernen Schnellbetrieb werden oftmals störende Schwingungen verhindert werden müssen. In diesem Zusammenhang sei darauf hingewiesen, daß eine ganze Reihe von Schwingungsdämpfern als Rutschwiderstände ausgebildet sind.

Im folgenden sollen die beiden Gruppen der nachgiebigen (elastischen) Kupplungen und der Wellenschalter behandelt werden.

B. Nachgiebige Kupplungen.

1. Bolzen-, Klotz- und Laschenkupplungen.

Abb. 1 und 2 zeigen die im Hebezeugbau am meisten verwendete Ausführung. In der einen Scheibe sitzen Bolzen, die Lederscheiben oder Gummiringe tragen, mit denen die Kraft auf die andere Scheibe übertragen wird. Die Größe ist durch die Wellendurchmesser gegeben, derart daß der Bolzenkreisdurchmesser $D_3 \approx 3{,}3$ bis $3{,}4\,d$ und der Außendurchmesser für Ausführung A $D_1 = 5d$ wird. Die eine Scheibe wird vielfach als Bremsscheibe verwendet, weshalb ihre Breite nach Din 535 (mittl. Breite) gewählt wird. Bei Ausführung B (Abb. 2) hat die eine Scheibe einen größeren Durchmesser zur Anpassung an die Doppelbacken- und Bandbremsen. Durchmesser und Breite entsprechen Din 535. Die Bohrung der einen Kupplungshälfte richtet sich nach dem Motorstumpf, der in Din VDE 2701 und 2702 genormt ist. Dem entspricht auch das größte übertragbare Drehmoment[1]. Zu berücksichtigen ist, daß die Drehzahlen zwischen 600 und 1500 schwanken, also recht hoch liegen. Die Kupplungen sind deshalb gut auszuwuchten, um ruhigen Lauf zu gewährleisten.

[1] Hänchen, R.: Sperrwerke und Bremsen, S. 28ff. Berlin 1930.

Die Scheiben werden aus Gußeisen hergestellt. Die Schrauben sind aus Stahl (St 37,11). Ihre Anzahl ist $z = 4$, 6 oder 8. Ihre Befestigung kann entsprechend Abb. 3 bis 6 erfolgen. Die Ausführung mit Bund ist teuer. Am besten sind die Ausführungen nach Abb. 5 und 6.

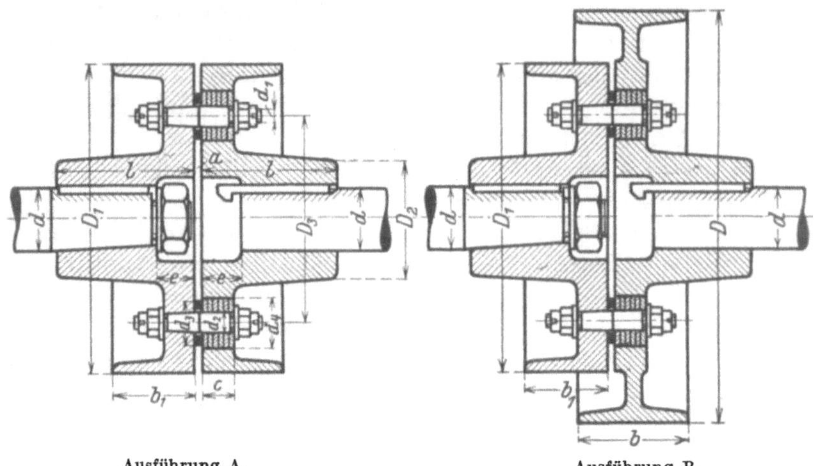

Ausführung A. Ausführung B.

Abb. 1 und 2. Elastische Kupplung mit Lederscheiben. (Aus Hänchen: Sperrwerke und Bremsen, Sammlung Volk.)

Bei der Berechnung der elastischen Kupplungen sind alle beim Anlaufen oder Stoßbetrieb auftretenden Überlastungen zu berücksichtigen. Im vorliegenden Fall wird mit den Bezeichnungen der Abb. 1

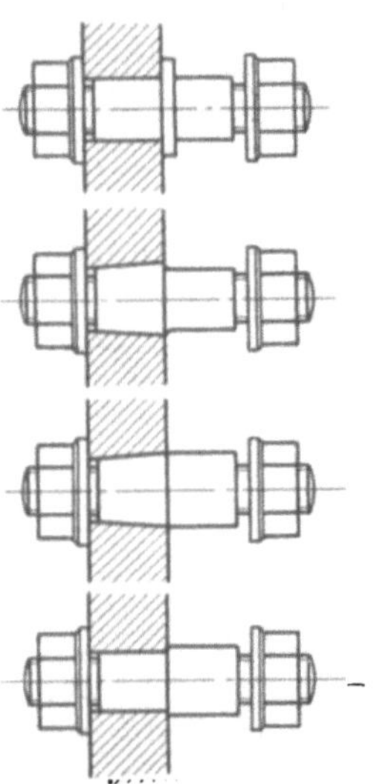

Abb. 3 bis 6. Befestigung des Tragebolzens elastischer Kupplungen.

Drehmoment

$$M_d \quad \text{cmkg},$$

Umfangskraft im Schraubenkreis

$$U = \frac{M_d}{D_3/2} \quad \text{kg},$$

Umfangskraft je Schraube

$$U' = \frac{U}{z} \quad \text{kg},$$

Spez. Belastung der Lederscheiben

$$p = \frac{U'}{c \cdot d_2} \quad \text{kg/cm}^2.$$

Die zulässige Belastung p_{zul} beträgt 10 bis 20 kg/cm². Die Belastung p bleibt meist weit unter diesem Wert.

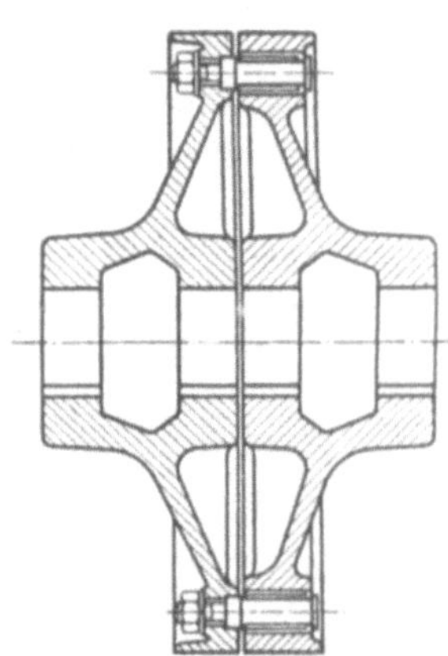

Abb. 7. Gummihülsenkupplung, Bauart Humboldt.

Beanspruchung der Schrauben auf Biegung:

$$M = U \cdot x \quad \text{cmkg}, \qquad x \approx c$$

$$\sigma = \frac{M}{W} = \frac{10\,M}{d_2^3} \quad \text{kg/cm}^2.$$

Die gleiche Art wird auch als Gummihülsenkupplung aus geführt (Abb. 7). In jeder Kupplungshälfte sitzen eine Reihe Stahlbolzen, auf di Gummihülsen aufgeschoben werden, und die in entsprechende Löcher in der andere Hälfte hineinragen. Die Berechnung ist die gleiche wie bei der vorigen Kupplung

Für Bohrungen über 90 mm Durchmesser stellt die Bamag, Dessau, die elastisch Bolzenkupplung (Abb. 8) her. Die beiden gleichen Hälften haben einander gena gegenüber liegende Löcher, in die Lederbolzen gesteckt und durch vorgelegte Fede ringe gegen Herausfallen gesichert werden. Wegen der geringen Festigkeit der Lederbolzen erhält die Kupplung einen verhältnismäßig großen Durchmesser. Ein Ersatz der Lederbolzen durch solche aus Holz ist nicht angängig, da die letzteren die Stöße nicht genügend mildern und durch Abrieb sehr schnell verschleißen. Zur Übertragung größerer Leistungen können auch zwei um eine halbe Teilung gegeneinander versetzte Reihen von Bolzen angebracht werden.

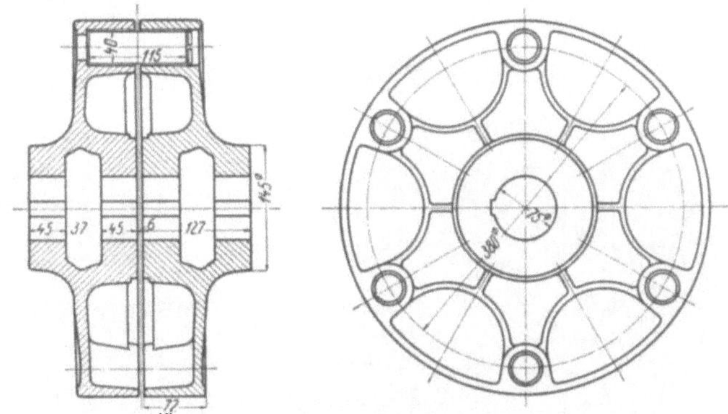

Abb. 8. Elastische Bolzenkupplung, Bauart Bamag. (Aus Rötscher: Maschinen-Elemente.)

In dieser Ausführung können die Wellen wohl durch Herausnehmen der Bolzen getrennt werden; ein beliebiges Ausrücken ist jedoch nicht möglich. Um diesen Zweck erfüllen zu können, ist noch eine zweite Bauart vorhanden (Abb. 9), bei der die elastische Kupplung als Ganzes auf der einen Welle sitzt und

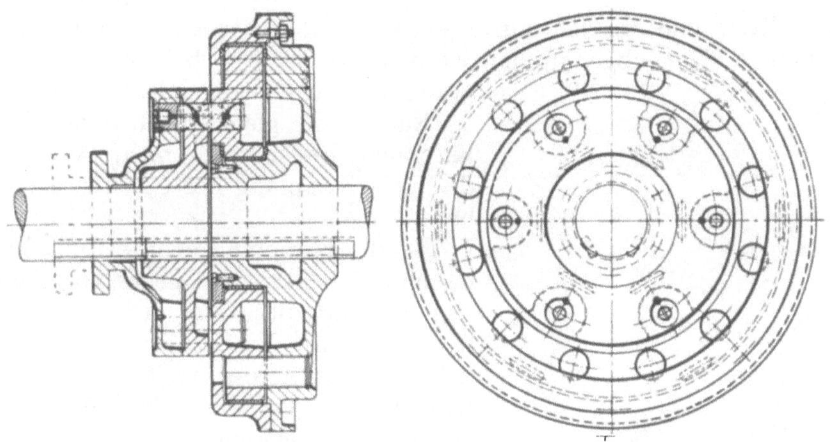

Abb. 9. Ausrückbare Bolzenkupplung, Bauart Bamag.

die eine Hälfte durch ausrückbare Stahlbolzen mit dem auf der anderen Welle sitzenden Teil verbunden ist.

Für schwere Antriebe, wie Walzwerke, Förderanlagen, Illgner-Umformer u. dgl. werden die Scheiben aus Stahlguß hergestellt.

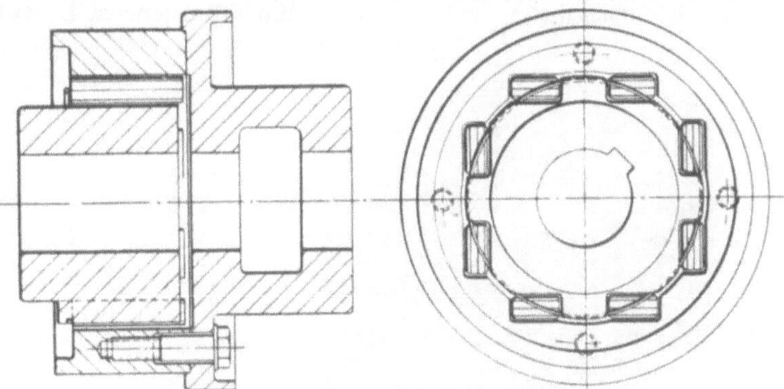

Abb. 10. Elastische Klotzkupplung, Bauart Bamag.

Auf einem ähnlichen Grundsatz beruht die elastische Klotz-Kupplung (Abb. 10). Sie besteht aus dem Gehäuse, dem Kreuz und den elastischen Zwischengliedern. Sie baut sich sehr klein und ist infolgedessen für hohe Drehzahlen gut geeignet. Nach Entfernung der elastischen Glieder können die Wellen getrennt laufen.

Die an einem Polster angreifende Kraft ist

$$U' = \frac{M_d}{R \cdot i} \text{ kg},$$

wenn

R = Abstand von Mitte Polster und Mitte Welle,

i = Anzahl der Polster.

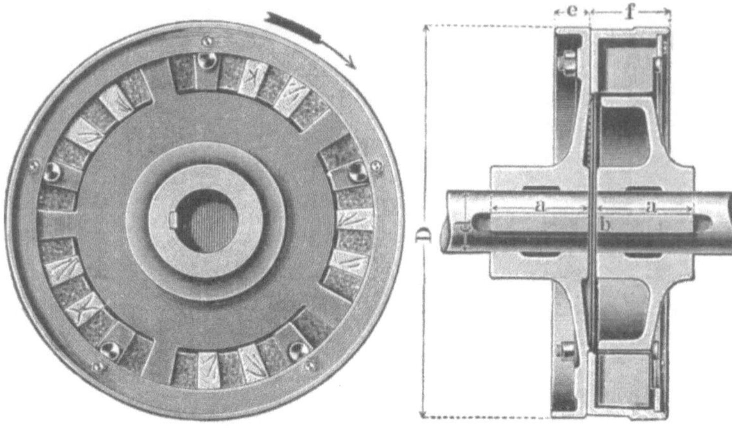

Abb. 11. Elastische Klotzkupplung, Bauart Polysius.

Die elastischen Glieder werden auf Druck beansprucht und verkantet. Die Kupplung ist für beide Drehrichtungen geeignet.

Bei einer anderen Klotzkupplung (Abbildung 11) liegen die elastischen Klötze zwischen den Nasen der Kupplungshälften und werden als reine Druckkörper beansprucht. Zum Ausbau muß der äußere Ring abgenommen werden. Es ist gut, bei der Berechnung nur ⅔ der Klötze als tragend anzunehmen.

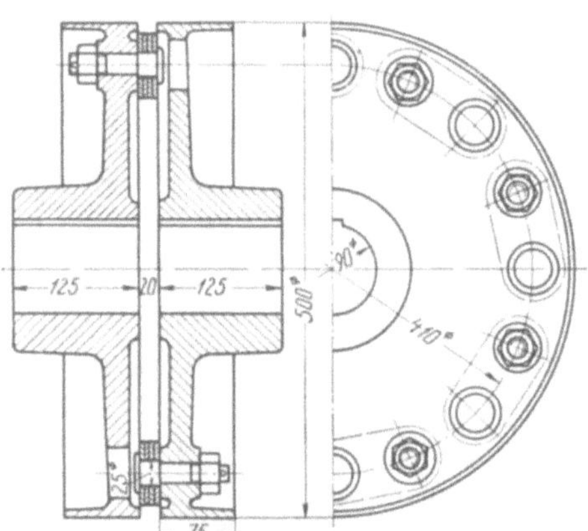

Abb. 12. Lederlaschenkupplung, Bauart Humboldt. (Aus Rötscher: Maschinen-Elemente.)

Nach dem gleichen Grundsatz sind eine Kupplung der Firma Voith, Heidenheim und die Isela-Kupplung des Eisenwerks Wülfel gebaut.

Bei der Kupplung nach Abb. 12 sind Lederlaschen als elastische Glieder vorgesehen. Günstig ist, daß diese nur auf Zug beansprucht werden. Beim Einbau ist darauf zu achten, daß die Bolzen der treibenden Seite in der Drehrichtung vor denen der getriebenen Seite liegen. Bei Verwendung für beide Drehrichtungen sind Gegenlaschen anzubringen. Die Laschen sind auf Zug und auf Flächenpressung am Bolzen zu berechnen. Bei ganz kleinen Kupplungen, z. B. für kleine Motoren, sitzen

Abb. 13a. Kirchbachsches Wellengelenk. [Nach Aders: Z.V.d.I. **70**, 15 (1925).]

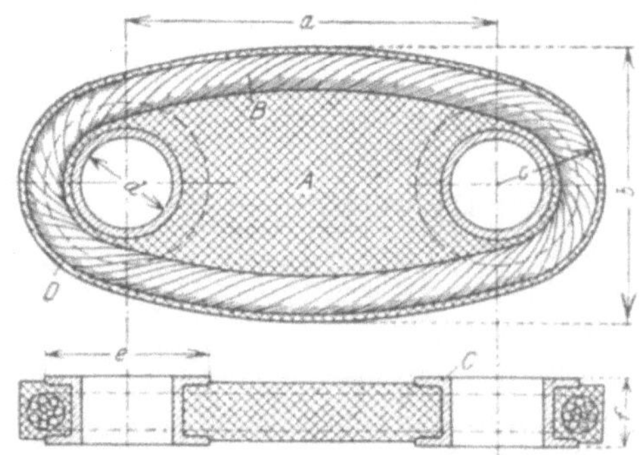

Abb. 13b. Lasche zum Kirchbachschen Wellengelenk. [Nach Aders: Z.V.d.I. **70**, 15 (1925).]

in den beiden Hälften abwechselnd eingeschraubte Stifte, die in eine frei zwischen den Flanschen liegende Lederscheibe eingreifen.

Eine Laschenkupplung, die sich im Kraftwagenbau sehr bewährt hat, ist das Kirchbachsche Wellengelenk (Abb. 13). Die Lasche besteht aus einem Gummipuffer, um den ein mit einer Ummantelung versehenes Drahtseil geschlungen ist. Die Löcher für die Bolzen sind ausgebüchst.

2. Lederschlingenkupplungen.

Eine der Lederlaschenkupplung ähnliche Wirkungsweise hat die Lederschlingenkupplung nach Abb. 14. Auch diese braucht bei Verwendung für wechselnde Dreh-

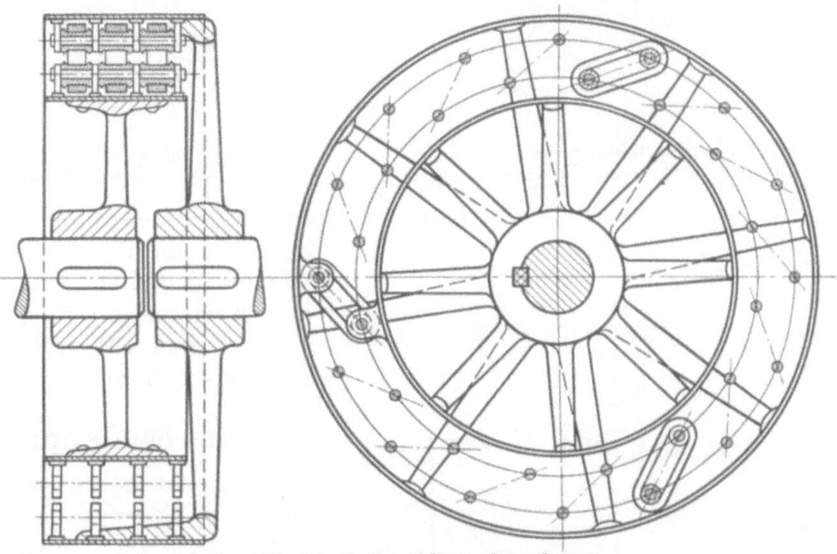

Abb. 14. Lederschlingenkupplung.

richtung Gegenschlingen. Bei der Berechnung der Schlingen ist der Winkel zu berücksichtigen, den sie mit der Kraftrichtung bilden. Nach Abb. 15 wird die Zugkraft der Schlinge

$$Z = \frac{U_1}{\cos\alpha} = \frac{U_2}{\cos\beta} = \frac{M_d}{R_1\cos\alpha} = \frac{M_d}{R_2\cos\beta} \quad \text{kg}.$$

Es ist zweckmäßig, Z graphisch zu ermitteln.

Berechnungsbeispiel.

Wellendurchmesser . . . . $d = 50$ mm,

Drehmoment . . . . $M_d = \frac{d^3}{5} k_d = \frac{125 \cdot 200}{5} = 5000$ cm kg,

Halbmesser der Bolzenkreise $R_1 = 13$ cm,
$R_2 = 15{,}5$ cm,

Anzahl der Schlingen . . . $i = 16$,

Umfangskräfte je Schlinge $U_1 = \frac{M_d}{R_1 \cdot i} = \frac{5000}{13 \cdot 16} = 24$ kg,
$U_2 = \frac{M_d}{R_2 \cdot i} = \frac{5000}{15{,}5 \cdot 16} = 20$ kg,

Zugkraft in der Schlinge. . $Z = 27$ kg.
(graphisch ermittelt)

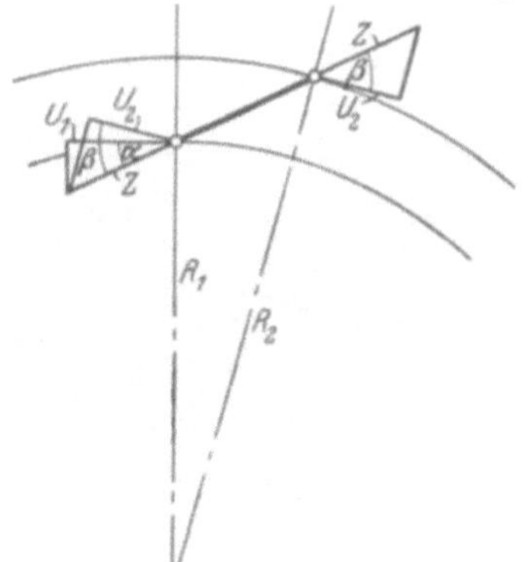

Abb. 15. Zugkraft in der Schlinge der Lederschlingenkupplung.

Auftretende Stöße und sonstige Überlastungen wären durch eine entsprechende Erhöhung des Drehmomentes zu berücksichtigen.

Eine andere Anordnung der Schlingen zeigt Abb. 16. In dem einen Teil sitzen Segmente, um die die Schlingen kreisförmig herumgelegt sind. In diese greift ein am anderen Teil sitzender Vorsprung ein.

Durch die von der Innenseite der Schlinge her wirkende Kraft U' wird diese auseinandergezogen, und zwar so, daß der gestreckte Teil mit der Kraft U' einen Winkel α bildet (Abb. 17). In dem Band entsteht eine Zugkraft von der Größe

$$Z = \frac{U'}{2 \cdot \cos \alpha} \text{ kg}.$$

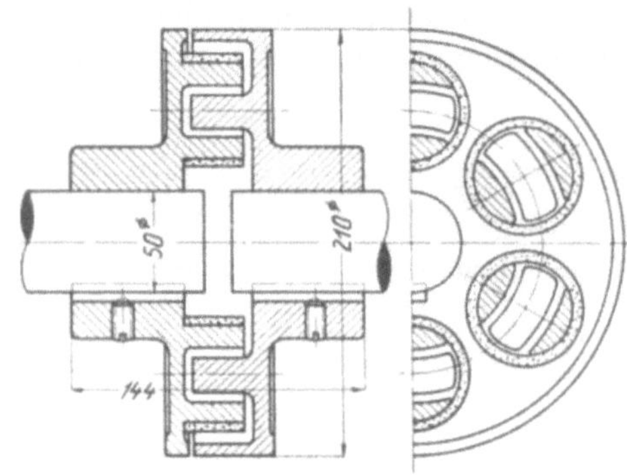

Abb. 16. Lederringkupplung. (Aus Rötscher: Maschinen-Elemente.)

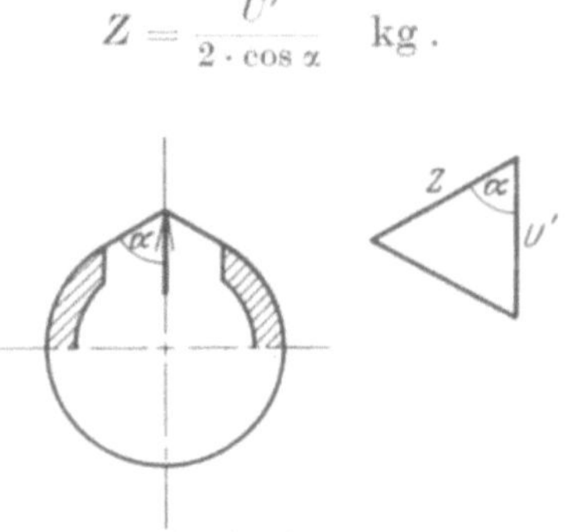

Abb. 17. Zugkraft im Lederring der Lederringkupplung.

Je kleiner der Winkel α, um so höher ist die Beanspruchung des Bandes. Außerdem wird das Band an der Spitze auf Biegung beansprucht, was entsprechend zu berücksichtigen ist.

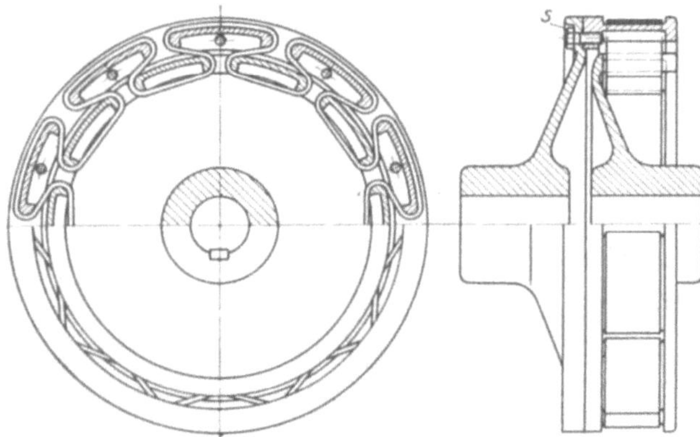

Abb. 18. Lederbandkupplung, Bauart Voith. (Aus Rötscher: Maschinen-Elemente.)

3. Lederbandkupplungen.

Ausgedehnte Verwendung finden die Lederbandkupplungen, von denen im folgenden zwei Typen dargestellt werden sollen, deren eine ausrückbar ist.

Bei der Ausführung nach Abbildung 18 wird das endlose Band durch Schlitze in den Kränzen der Kupplungsscheiben hindurchgesteckt und um die Stege herumgeschlungen. Zur Berechnung der Bandspannung ist die Stellung zu beachten, die die beiden Kränze im Betrieb zueinander einnehmen. Läuft z. B. in Abb. 19 der innere Kranz links herum und nimmt den äußeren mit, so ist die größte Verschiebung der beiden gegeneinander erreicht, wenn das mit *3* bezeichnete Trum etwas gegen die Senkrechte geneigt ist. Die Berechnung des aus den vier Elementen *1*, *2*, *3*, *4* bestehenden Bandteiles läßt sich graphisch ermitteln, wobei sich als Kontrolle ergeben muß, daß sich die an den Kränzen angreifenden Umfangskräfte umgekehrt wie ihre Radien verhalten müssen. Die am Steg A angreifende Umfangskraft U_1 wird

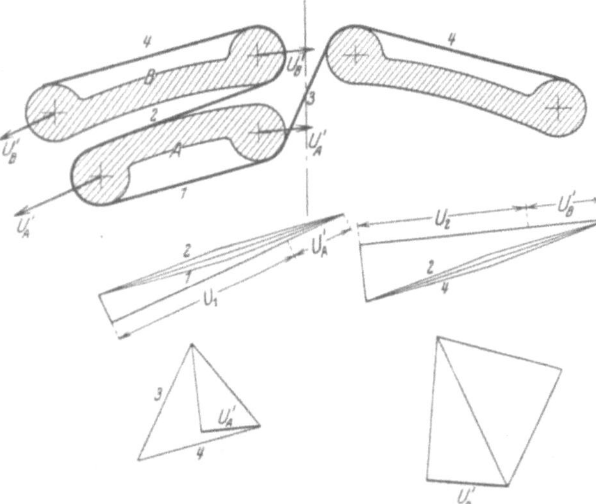

Abb. 19. Berechnung der Bandspannung in der Lederbandkupplung.

durch eine Resultierende aus den Trumkräften *1* und *2* gebildet, der eine solche aus den Trumkräften *1* und *3* entgegenwirkt. In der gleichen Weise wird die am Steg *B* angreifende Umfangskraft U_2 aus den Resultierenden der Trumkräfte *2* und *4* sowie *3* und *4* gebildet.

Berechnungsbeispiel.

Drehmoment	$M_d = 2560$ cmkg,
Radius	$R_1 = 135$ mm,
	$R_2 = 154$ „
Anzahl der Stege	$i = 12$,
Umfangskraft je Steg	$U_1 = \frac{M_d}{R_1 \cdot i} = \frac{2560}{13{,}5 \cdot 12} = 15{,}8$ kg,
„ „ „	$U_2 = \frac{M_d}{R_2 \cdot i} = \frac{2560}{15{,}4 \cdot 12} = 13{,}8$ „
Verhältnis der Umfangskräfte zu den Trumkräften S (graphisch ermittelt)	$U_1 : U_2 : S = 150 : 130 : 100$,
Zugkraft im Band	$S = U_1 \cdot \frac{100}{150} = \frac{15{,}8 \cdot 100}{150} = 10{,}5$ kg,
Breite des Bandes	$b = 26$ mm,
Bandspannung	$\sigma = \frac{S}{b} = \frac{10{,}5}{2{,}6} = 4$ kg/cm.

Dazu kommt noch die Biegungsspannung und die Änderung durch die Reibung des Bandes auf den Stegen.

Die Steifigkeit des um viele Ecken geschlungenen Bandes und die Reibung desselben auf den Stegen verhindern einen dauernden vollkommenen Ausgleich der Bandspannungen. Sind die Wellen gegeneinander versetzt, so wird ein Bandelement bei einer Umdrehung auf der einen Hälfte des Weges gedehnt und auf der anderen verkürzt, d. h. daß nur die eine Hälfte der Umschlingungen trägt, wobei die Bandspannungen in den tragenden Schlingen verschieden hoch sind. Bei der Lederschlingenkupplung nach Abb. 14 wird dies noch mehr zu beachten sein als bei der Ausführung mit endlosem Band.

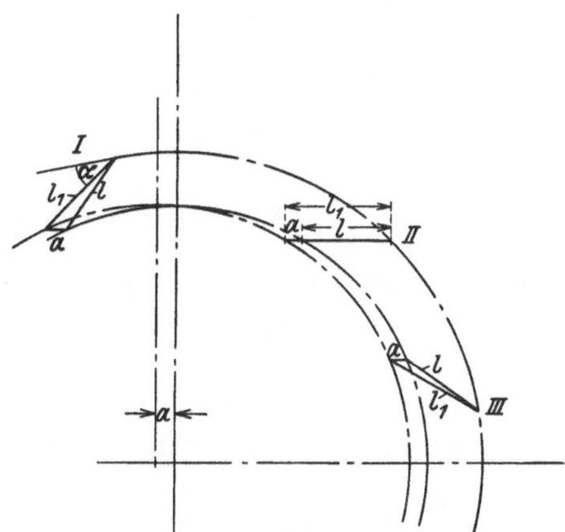

Abb. 20. Berechnung der Zusatzspannung durch Wellenversetzung in der Lederbandkupplung.

Die Bandspannung setzt sich also zusammen aus der bereits ermittelten mittleren Spannung, die doppelt zu nehmen ist, und einer zusätzlichen Spannung, die durch die Wellenversetzung a hervorgerufen wird. Die letztere wird angenähert (Abb. 20)[1] in folgender Weise berechnet. Nach Abb. 20 ist in Stellung *I*

$$l_1 = l + a \cdot \cos\alpha \quad \text{cm}.$$

In einer Stellung *II* wird

$$l_1 = l + a \quad \text{cm}$$

und in Stellung *III*

$$l_1 = l + a \cdot \sin\alpha \quad \text{cm}.$$

Im Höchstfalle wird also die Dehnung des Lederstreifens

$$\delta = \frac{l_1 - l}{l} = \frac{a}{l}$$

und die zusätzliche Zugspannung

$$\sigma_{zus} = \delta \cdot E = a \cdot \frac{E}{l} \quad \text{kg/cm}^2.$$

[1] Kammerer: Mechanische Arbeitsübertragung (nicht im Buchhandel erschienen).

In dem oben gewählten Berechnungsbeispiel ist $l = 100$ mm. Nimmt man $a = 1$ mm an, so ist

$$\delta = \frac{a}{l} = \frac{1}{100}$$

und

$$\sigma_{zus} = \delta \cdot E = \frac{2500}{100} = 25 \text{ kg/cm}^2.$$

Die oben ausgerechnete mittlere Bandspannung würde bei einem Riemen von 0,5 cm Dicke und doppelt gerechnet ergeben

$$\sigma_m = 16 \text{ kg/cm}^2,$$

so daß die gesamte Zugspannung sein würde

$$\sigma_{ges} = \sigma_m + \sigma_{zus} = 16 + 25 = 41 \text{ kg/cm}^2.$$

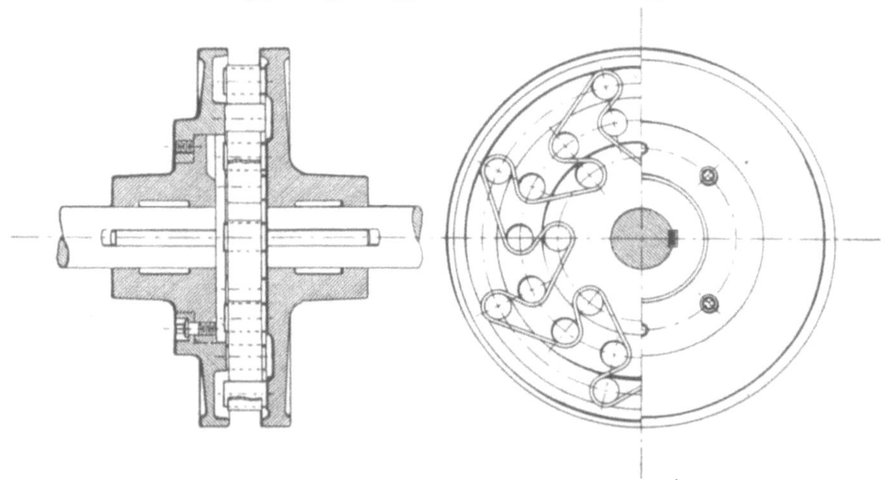

Abb. 21. Bandkupplung, Bauart Wülfel (Cachinkupplung).

Bei Schiefstellung der Wellen wird die Bandspannung durchweg nahezu gleich bleiben. Nur entsteht durch die seitlichen Verschiebungen eine Querkraft, die jedoch belanglos ist.

Ähnlich ist die Ausführung der Firma Wülfel in Wülfel vor Hannover (Abb. 21). Diese hat drei Reihen Stifte, von denen die innere und die äußere auf der einen Kupplungshälfte sitzen. Um diese ist das Band herumgeschlungen. Die mittlere Reihe sitzt auf der anderen Kupplungshälfte und greift in das Band ein. Die Winkel, die die Trumrichtungen an den mittleren Stiften miteinander bilden, sind verschieden. Sind U_1, U_2, U_3 usw. die Umfangskräfte an den einzelnen Stiften, so ist die gesamte Umfangskraft

$$U = U_1 + U_2 + U_3 \text{ usw.} \quad \text{kg}.$$

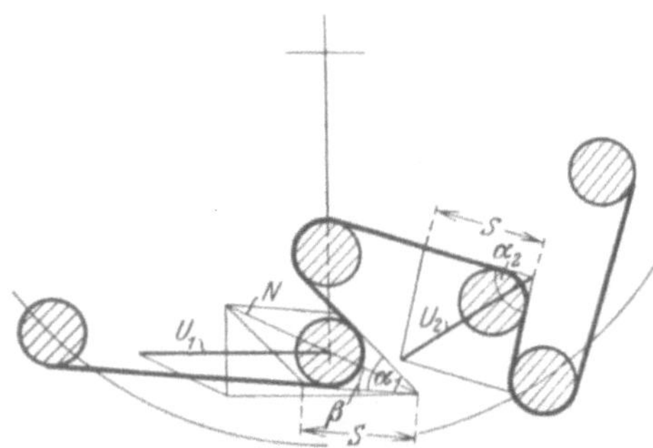

Abb. 22. Berechnung der Bandspannung in der Cachinkupplung.

An den Stiften *1, 3, 5* usw. und *2, 4, 6* usw. sind die Trumwinkel gleich. Also ist

$$U = U_{1,3,5} + U_{2,4,6} = n\,U_1 + n\,U_2 \quad \text{kg}.$$

Betrachtet man eine zusamemngehörige Gruppe von Stiften (Abb. 22), so ergibt sich für die Bandspannung

$$S = \frac{N}{2\cos\alpha_1} = \frac{U_2}{2\cos\alpha_2} \quad \text{kg},$$

$$N = \frac{U_1}{\cos\beta} \approx U_1 \quad \text{kg}.$$

Die an den Stiften angreifenden Kräfte sind also ungleich groß, und zwar wird

$$\frac{U_1}{U_2} = \frac{\cos \alpha_1}{\cos \alpha_2}.$$

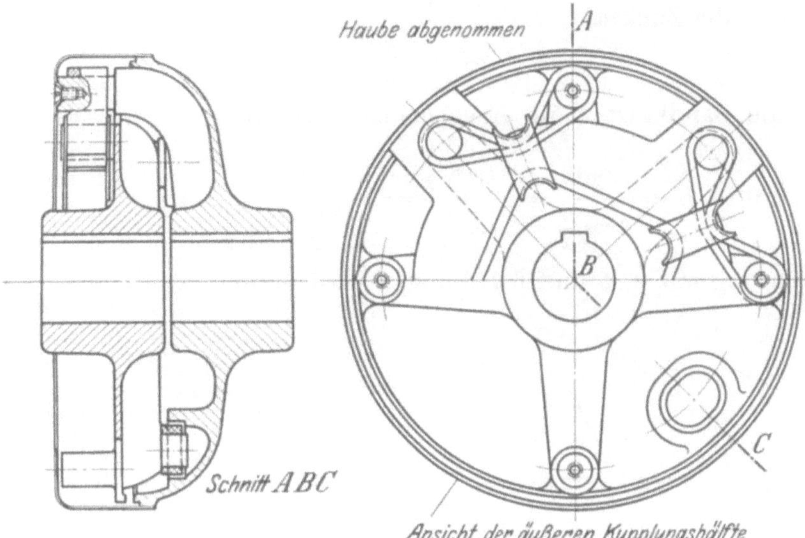

Abb. 23. Waldsteinkupplung.

Man erhält für die Umfangskraft an einem Bolzen der ungeraden Reihe

$$U_1 = \frac{U}{n\left(1 + \frac{\cos \alpha_2}{\cos \alpha_1}\right)} \text{ kg}.$$

Damit wird die Zugkraft im Band

$$S = \frac{U}{2n(\cos \alpha_1 + \cos \alpha_2)} \text{ kg}.$$

Die ungleichmäßige Spannung in den elastischen Gliedern wirkt störend. Das Kraftеck der Umfangskräfte schließt sich nicht, sondern ergibt eine Resultierende, die senkrecht zur Wellenachse gerichtet ist. Es entsteht ein Biegungsmoment in der Welle und eine zusätzliche Belastung der Lager. Aus dem Bestreben heraus, diese Einflüsse zu mildern, ist die Waldstein-Kupplung entstanden (Abb. 23 bis 25)[1], eine Lederschlingenkupplung, die so eingerichtet ist, daß alle Schlingen gleichmäßig belastet sind. Als Ausgleichvorrichtung dient ein endloses Lederband, das durch Ösen mit den Schlingen verbunden ist.

Die Spannungen in den Bändern errechnet man aus der Umfangskraft wie folgt. Nach Abb. 26 ist die Kraft S in der Schlinge, wenn U die Umfangskraft am Bolzen ist,

$$S = \frac{U}{\sin \frac{\beta - \alpha}{2}} \text{ kg}.$$

Abb. 24. Waldsteinkupplung. [Nach Geue: Z.V.d.I. 74, 15 (1930).]

Diese Kraft ist auch für die Berechnung des Bolzens maßgebend. Das ganze System

[1] Geue, W.: Die Waldstein-Kupplung. Z.V.d.I. 74, 15, S. 482 (1930).

ist jedoch im Gleichgewicht mit einer durch den Mittelpunkt gehenden Kraft

$$T = \frac{U}{\operatorname{tg}\frac{\beta - \alpha}{2}} \text{ kg}.$$

In der Öse wirkt die Zugkraft

$$Z = 2\,S \cos\frac{\beta}{2} \text{ kg},$$

aus der sich die Bandkraft K im Ausgleichband ergibt:

$$K = \frac{Z}{2\cos\frac{\varphi}{2}} = \frac{S\cdot\cos\frac{\beta}{2}}{\cos\frac{\varphi}{2}} = \frac{U\cos\frac{\beta}{2}}{\sin\frac{\beta-\alpha}{2}\cos\frac{\varphi}{2}} \text{ kg}.$$

Bei Ausführung mit 4, 5 und 6 Schlingen wird dann

Zahlentafel 1.

Anzahl der Schlingen	$K =$
4	0,71 Z
5	0,85 Z
6	1,0 Z

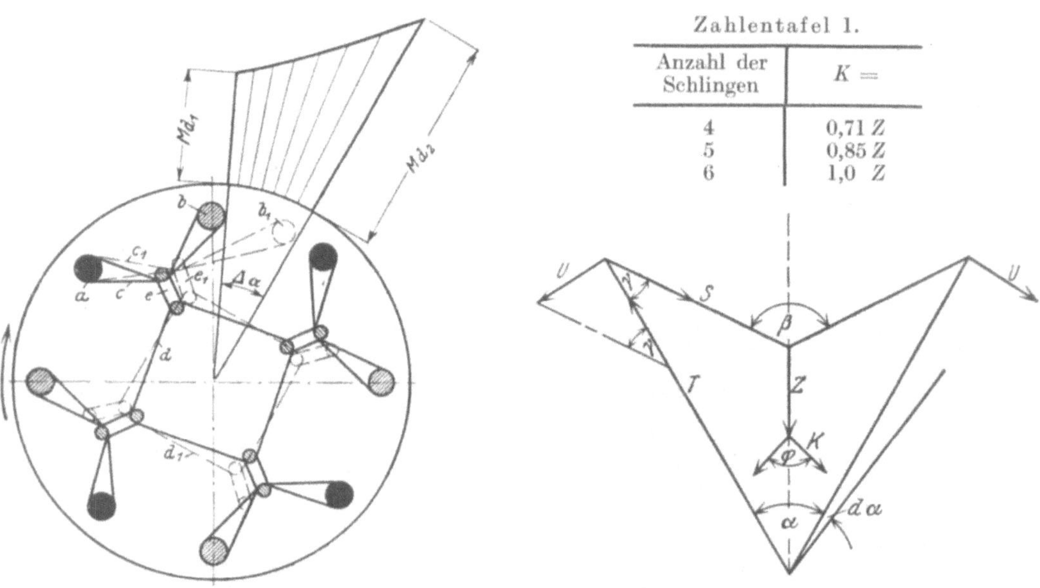

Abb. 25. Schematische Darstellung der Wirkungsweise der Waldsteinkupplung. [Nach Geue: Z.V.d.I. **74**, 15 (1930).]

Abb. 26. Zur Berechnung der Waldsteinkupplung.

Bei Erhöhung des Drehmomentes dehnt sich das Ausgleichband und die Öse rückt höher. Damit vergrößern sich die Winkel β und α. Gleichzeitig dehnt sich auch die Schlaufe, wodurch der Winkel α eine weitere zusätzliche Vergrößerung erfährt. Den endgültigen Winkeln entsprechend werden sich die Kräfte U, S und K einstellen. Im wesentlichen ist die Nachgiebigkeit natürlich vom Lederriemen abhängig. Abb. 27 zeigt die Dehnungskurve und das Elastizitätsmaß eines normalen lohgaren Lederriemens. Mit diesen Werten ist eine Kupplung durchgerechnet worden. Das Ergebnis zeigt Abb. 28. Je nach der Wahl der Winkel α, β und φ wird sich dieses ändern. Desgleichen ändert sich das Ergebnis in geringen Grenzen, je nachdem ob man die Bänder und Schlingen gleich stark macht, oder ob man in Schlinge und Ausgleichband die gleiche spezifische Belastung herstellt. Die gleiche Kupplung würde ohne Ausgleichband bei der gleichen Belastung einen Winkelausschlag von höchstens der halben Größe zeigen. Der große Winkelweg macht die Kupplung für hohe Drehzahlen besonders geeignet, da mit größerer Drehzahl der Dehnungsweg in entsprechend kürzerer Zeit durchlaufen wird.

Auch bei Versetzung der Wellen gegeneinander sind sämtliche Schlingen an der Kraftübertragung beteiligt. Da sich jedoch die Winkel φ während einer Umdrehung fortwährend ändern, ändert sich auch der Anteil der einzelnen Schlingen. Diese Änderung ist aber sehr gering und wird um so kleiner, je mehr Schlingen angeordnet sind.

4. Federkupplungen.

Als elastische Glieder werden in diesem Fall Federn verwendet, und zwar Blattfedern, Stabfedern, Rund- oder Spiralfedern u. dgl. Sie haben den Vorteil, daß die Nachgiebigkeit je nach der Ausführung ziemlich genau vorher festgelegt werden kann. Solche Kupplungen werden in der Regel dort verwendet, wo bei sonst sorgfältiger Ausführung Stöße aufzufangen sind. Auf Versetzung und Schiefstellen der Wellen ist also bei ihrer Gestaltung nicht durchweg Rücksicht genommen worden. Zum Teil stellen sie überhaupt ein in sich geschlossenes Element dar. Die hohe Elastizität der Federn verursacht ein starkes Zurückfedern, so daß leicht Schwingungen entstehen. Dies bedingt in manchen Fällen den Einbau von Dämpfern.

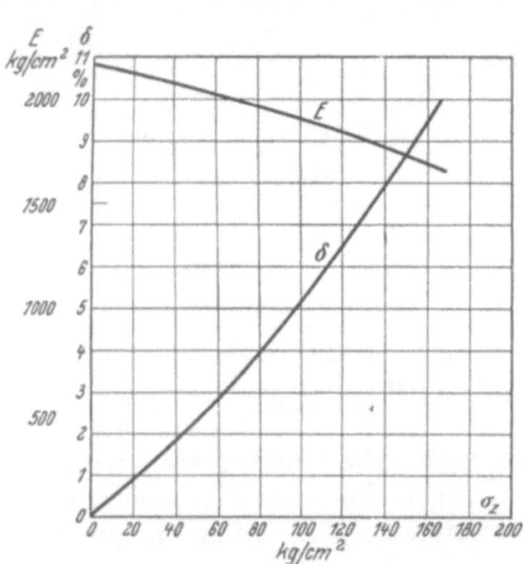

Abb. 27. Dehnung und Elastizitätsmaß eines normalen, lohgaren Lederriemens.

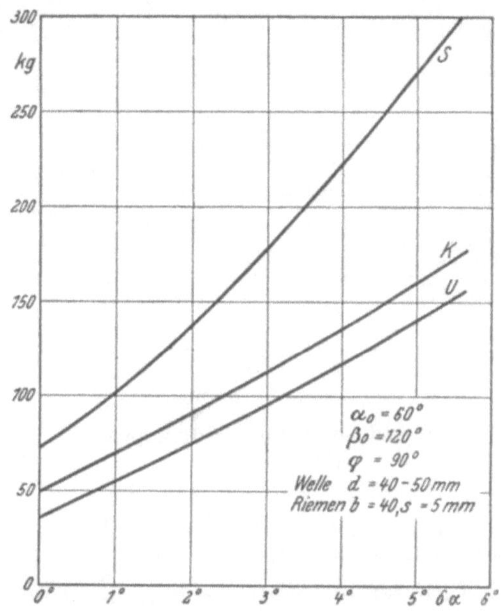

Abb. 28. Kräfte in den Bändern und Schlaufen der Waldsteinkupplung.

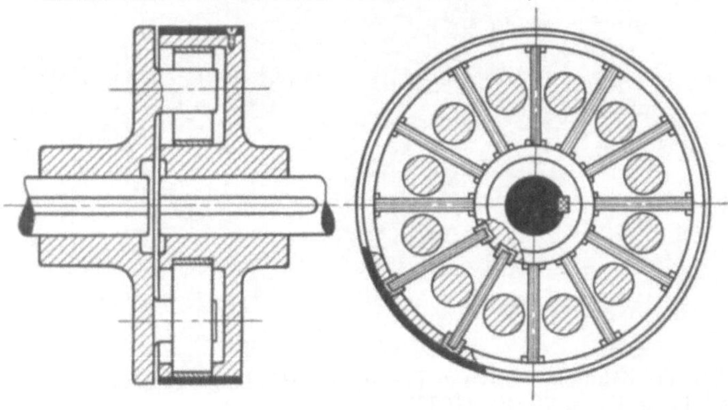

Abb. 29. Elastische Kupplung mit Bolzen und Federn. (AEG Berlin.)

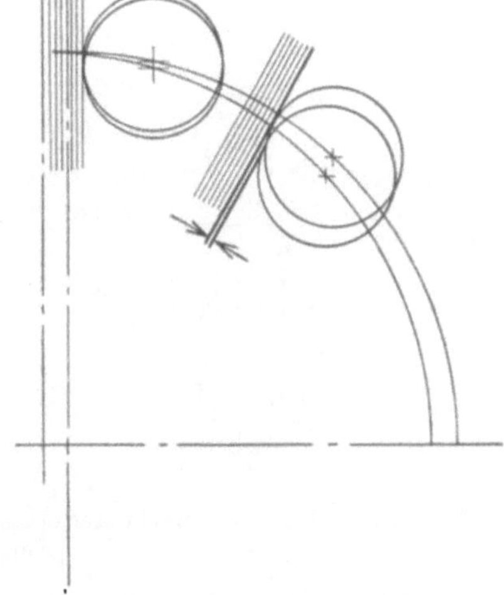

Abb. 30. Einstellung der Federkupplung bei versetzten Wellen.

Die Kupplung Abb. 29 ähnelt in ihrem Aufbau noch den bereits gezeigten einfachen Ausführungen. Die eine Hälfte trägt Bolzen, die sich gegen Federn legen, die in der anderen Hälfte befestigt sind. Eine geringe Schiefstellung ist noch möglich, wegen der ungleichmäßigen Anlage der Bolzen aber nicht erwünscht. Bei Versetzung der Wellen wird der Eingriff stark gestört, wie Abb. 30 zeigt. Es liegt nur noch ein Bolzen an und erst wenn sich die zu ihm gehörende Feder genügend durchgebogen hat, kommt der nächste Bolzen zum Anliegen. Die Umfangskraft wird also durch wenige, verschieden belastete Bolzen übertragen. Ist also ungenauer Einbau zu befürchten, so muß die Kupplung der zu erwartenden Versetzung entsprechend berechnet werden.

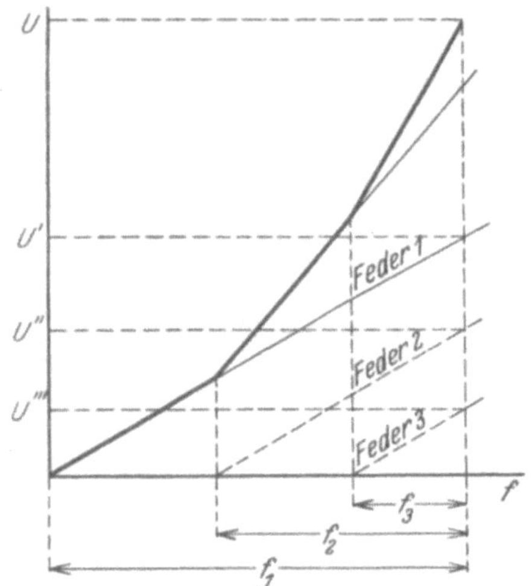

Abb. 31. Federdiagramm der Federkupplung Abb. 29.

Abb. 32. Blattfederkupplung der AEG für elektrische Vollbahnlokomotiven. (Aus Sachs: Elektr. Vollbahnlokomotiven.)

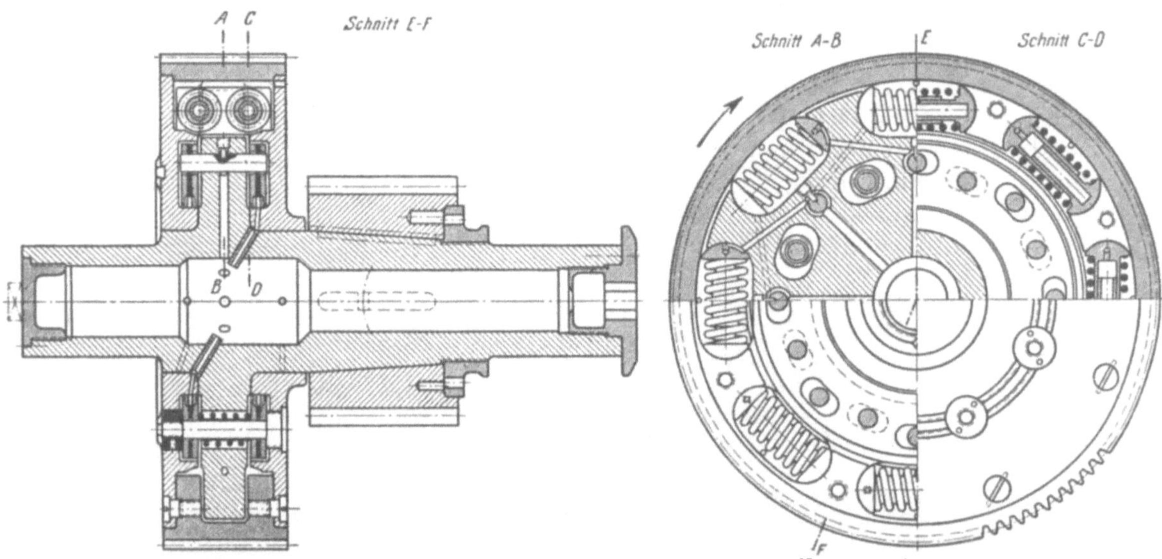

Abb. 33. Gefedertes Ritzel einer elektrischen Vollbahnlokomotive in Verbindung mit Lamellendämpfung. [Nach Imfeld: Z.V.d.I. 70, 47. (1926).]

Ist U die gesamte Umfangskraft und i die Anzahl der Bolzen, so ist im Normalfall bei genauem Einbau die Kraft je Bolzen

$$U' = \frac{U}{i}\,\text{kg}.$$

Hierfür werden die Federn als Balken auf zwei Stützen berechnet.

Bei Versetzung der Wellen wirkt U zunächst nur auf eine Feder. In diesem Falle sind die Federdiagramme dem Aufeinanderfolgen des Eingriffes der Bolzen entsprechend aufeinander zu legen (Abb. 31). Aus der Zeichnung ergeben sich die Anteile U', U'', U''' der einzelnen Federn an der gesamten Umfangskraft.

Bei elektrischen Lokomotiven und Schnellbahnwagen ist es wichtig, die von den Gleisunebenheiten ausgehenden Stöße und Schwingungen vom Motor fernzuhalten. Infolgedessen sind gerade auf diesem Gebiet die Federkupplungen besonders sorgfältig ausgebildet worden[1]. Bei dem direkten Antrieb mit auf der Achse sitzendem Motoranker ist dieser auf eine die Achse umschließende Hohlwelle gesetzt, die elastisch am Triebrad befestigt ist. Die Kupplung dient also nicht nur zur Übertragung des Drehmomentes, sondern muß außerdem noch den Motoranker tragen. Die AEG hat zu diesem Zweck eine Blattfederkupplung (Abb. 32) ausgebildet. Von den Federn überträgt die eine Hälfte das Drehmoment nur beim Vorwärts-, die andere nur beim

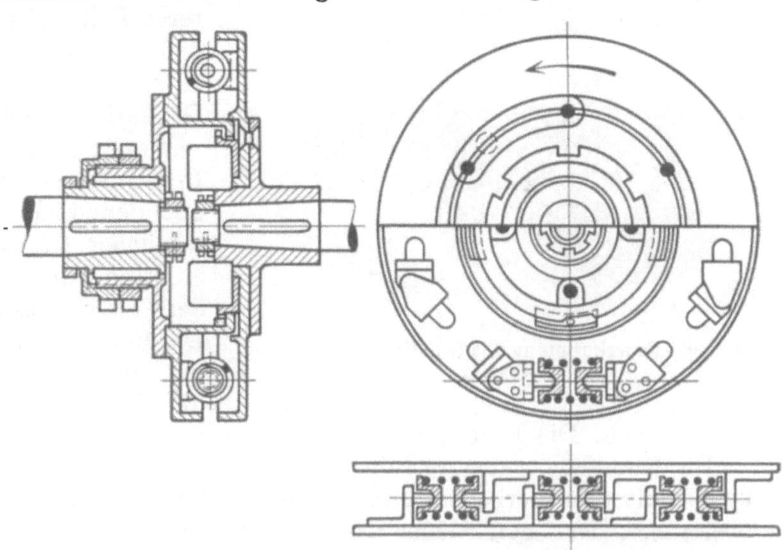

Abb. 34. Federkupplung zu einem Flugzeuggebläse.

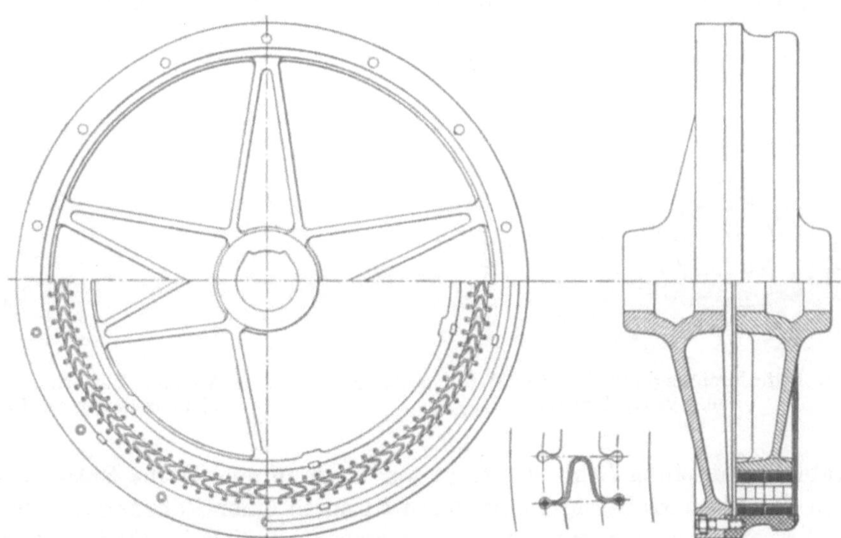

Abb. 35. Federkupplung Bauart Stauber. (Nach Stahleisen 1910, H. 29.)

Rückwärtsgang. Andere Lösungen sind mit Hilfe von Spiralfedern bzw. von Zug- und Druckfedern gefunden worden.

Beim Antrieb über ein Rädervorgelege müssen die Stöße in diesem abgefangen werden. Zu diesem Zweck hat man die gefederten Ritzel ausgeführt (Abb. 33), manch-

[1] Sachs, K.: Elektrische Vollbahnlokomotiven. Berlin 1928.

mal in Verbindung mit einer Lamellendämpfung. Zum Abfangen größerer Kräfte wird noch eine Rutschkupplung eingebaut. Nach demselben Grundsatz kann man auch eine normale Kupplung zur Verbindung zweier Wellen bauen (Abb. 34), die gegen Schiefstellen und Versetzung der Wellen ziemlich unempfindlich ist. Im letzteren Falle schwankt die Federlänge um den der Normallänge ohne Versetzung entsprechenden mittleren Wert um die Größe der Versetzung. Demgemäß ändert sich auch die je Feder übertragene Kraft. Der Unterschied zwischen dem größten und dem kleinsten Druck wirkt als zusätzlicher Druck auf die Lager.

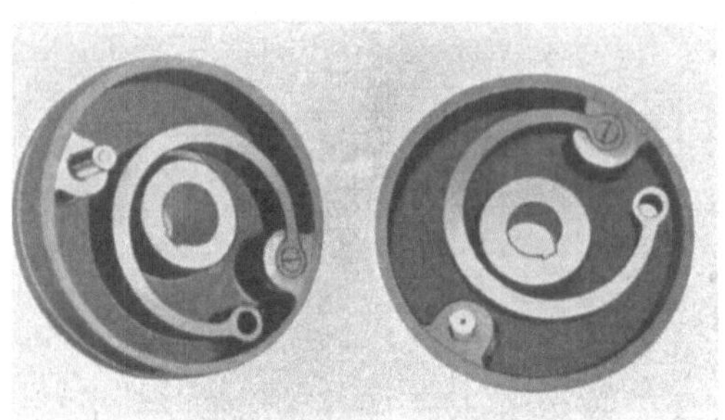

Abb. 36. Federkupplung mit Rundfeder für kleinere Kräfte.

Eine Kupplung mit V-förmigen Federn als elastische Glieder zeigt Abb. 35. Die Berechnung der Federn ist umständlich und wird ungenau; man bestimmt die Federbeanspruchung besser durch den Versuch. Die Federn werden auf Zug und auf Biegung beansprucht.

Die Rundfedern der Ausführung nach Abb. 36 und 37 werden bei den kleineren Typen mit veränderlichem und bei den größeren mit gleichbleibendem Querschnitt ausgeführt. Der gefährliche Querschnitt der Feder liegt in der Mitte derselben (Abb. 38). Die Spannung in ihm ist

$$\sigma_b = \frac{P \cdot 2r}{W} \text{ kg/cm}^2 .$$

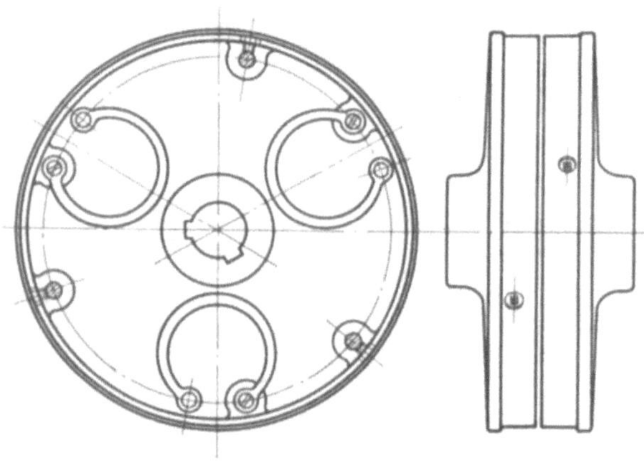

Abb. 37. Federkupplung mit Rundfeder für mittlere und große Kräfte.

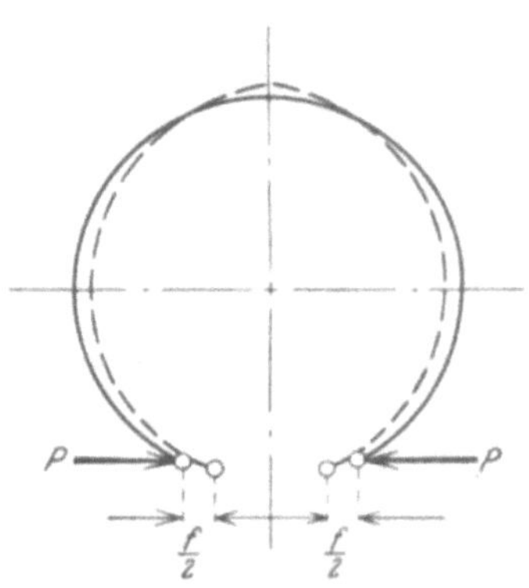

Abb. 38. Verformung der Rundfeder unter Last.

Die Stabfederkupplung (Abb. 39) trägt am Umfang eine Reihe Stäbe aus Federstahl, die in der einen Hälfte fest eingespannt und in einer Bohrung in der anderen Hälfte geführt sind, so daß eine axiale Bewegung möglich ist. Bei größeren Ausführungen wird für die Stäbe ein Anschlag vorgesehen. Diese, mit abgesetztem Querschnitt (Abb. 39) oder schwach konisch (Abb. 40) ausgeführt, werden als eingespannte Stäbe mit einer Einzellast am Ende berechnet (Abb. 41).

Die Elastizität der Kupplung hängt von der Durchbiegung f ab. Ist U die Umfangskraft und z die Stabzahl, so wird die je Stab übertragene aus dem Wellendrehmoment herrührende Kraft

$$U_1 = \frac{U}{z} \text{ kg} .$$

Im abgesetzten Stab werden die größten Biegungsspannungen σ_{b_1} und σ_{b_2} durch die Momente M_1 und M_2 hervorgerufen und sind

$$\sigma_{b_1} = \frac{U_1 \cdot l}{W_1} = \frac{U_1 \cdot l}{0{,}1\, d_1^3} \quad \text{kg/cm}^2,$$

$$\sigma_{b_2} = \frac{U_1 \cdot l_2}{W_2} = \frac{U_1 \cdot l_2}{0{,}1\, d_2^3} \quad \text{kg/cm}^2.$$

Die Durchbiegung ist

$$f = f_1 + f_2 = \frac{M_{b_1} \cdot l_1^2}{3\,E \cdot I_1} + \frac{M_{b_2} \cdot l_2^2}{3\,E \cdot I_2} \quad \text{cm},$$

worin

$$M_{b_1} = U_1 \cdot l \quad \text{cmkg},$$

$$M_{b_2} = U_1 \cdot l_2 \quad \text{cmkg}.$$

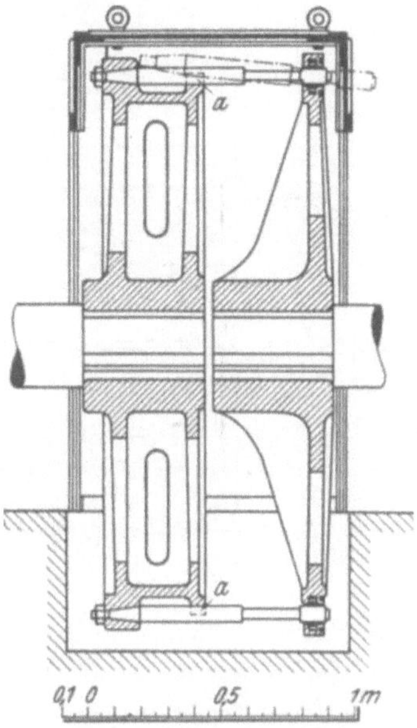

Bei dem glatten, nach dem Ende zu verjüngten Stab wird die Biegungsspannung im gefährlichen Querschnitt

$$\sigma_b = \frac{U_1 \cdot l}{0{,}1\, d_1^3} \quad \text{kg/cm}^2$$

und die Durchbiegung ist

$$f = \frac{M_{b_1} \cdot l^2}{3\,E \cdot I_m} = \frac{U_1 \cdot l^3}{0{,}15\,E \cdot d_m^4} \quad \text{cm}.$$

Abb. 39. Stabfederkupplung. [Nach Wendt: Stahleisen 28, 18 (1908).]

Sind die Wellen um den Betrag δ_1 gegeneinander versetzt (Abb. 42), so erleiden die Stäbe eine zusätzliche Durchbiegung um diesen Betrag. f und δ setzen sich dann zu einer Resultierenden zusammen, die in den Grenzfällen die Größen $f + \delta$ und $f - \delta$ annimmt. Im ersteren Fall wird der Stab also eine zusätzliche Spannung erhalten, die sich folgendermaßen berechnen läßt:

Beim Stab mit abgesetztem Querschnitt verteilt sich δ_1 auf die beiden Stabteile in der gleichen Weise wie f, also

$$\delta_a = \frac{\delta_1 f_1}{f} \quad \text{cm}, \qquad \delta_b = \frac{\delta_1 f_2}{f} \quad \text{cm},$$

woraus die Spannungen werden

$$\sigma_a = \frac{3\,E\, d_1 \delta_a}{2\, l_1^2} \quad \text{kg/cm}^2,$$

$$\sigma_b = \frac{3\,E\, d_2 \delta_b}{2\, l_2^2} \quad \text{kg/cm}^2.$$

Außerdem entsteht in den Stäben eine Querkraft von der Größe

$$q_a = \frac{3\,\delta_a \cdot E}{l_1^3} \cdot \frac{\pi\, d_1^4}{64} \quad \text{kg}$$

und

$$q_b = \frac{3\,\delta_b \cdot E}{l_2^3} \cdot \frac{\pi\, d_2^4}{64} \quad \text{kg}.$$

Abb. 40. Stabfederkupplung. [Nach Wendt: Stahleisen 28, 18. (1908).]

Die Summe dieser in der Richtung der Wellenversetzung wirkenden Querkräfte erzeugt einen zusätzlichen Lagerdruck. Dieser wird, wenn n die Stabzahl ist,

$$P = n \cdot q_1 = n(q_a + q_b) \quad \text{kg}.$$

Beim Stab mit schwach konischem Querschnitt wird

$$\sigma_1 = \frac{3\,E \cdot \delta_1}{2\, l^2} \cdot d_m \quad \text{kg/cm}^2$$

und

$$q_1 = \frac{3\,E\,\delta_1}{l^3} \cdot \frac{\pi\,d_m^4}{64} \quad \text{kg}$$

und die Lagerbelastung

$$P = n \cdot q_1 \quad \text{kg}\,.$$

Wenn die Wellen um den Winkel α gegeneinander geneigt sind (Abb. 42) erfährt jeder Stab eine Durchbiegung

$$\delta_2 = l\,\mathrm{tg}\,\alpha \quad \text{cm}\,.$$

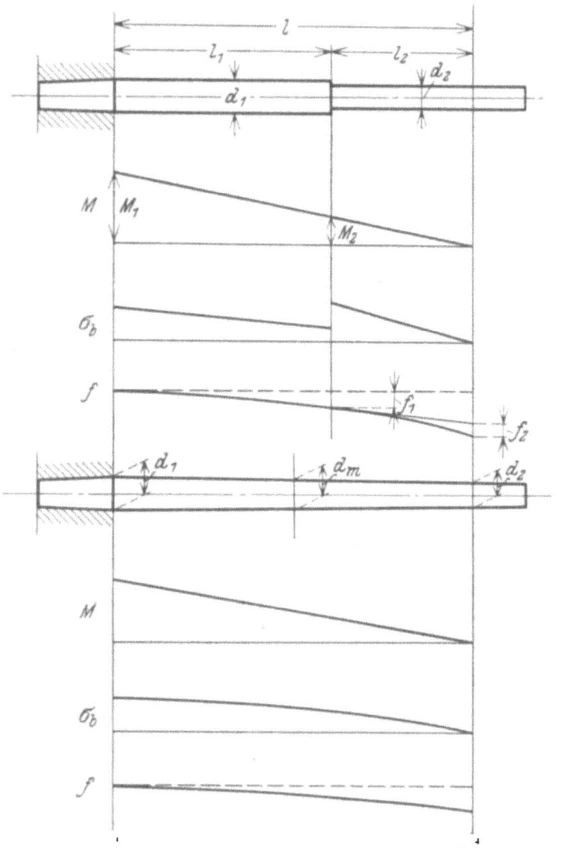

Abb. 41. Berechnung der elastischen Stäbe.

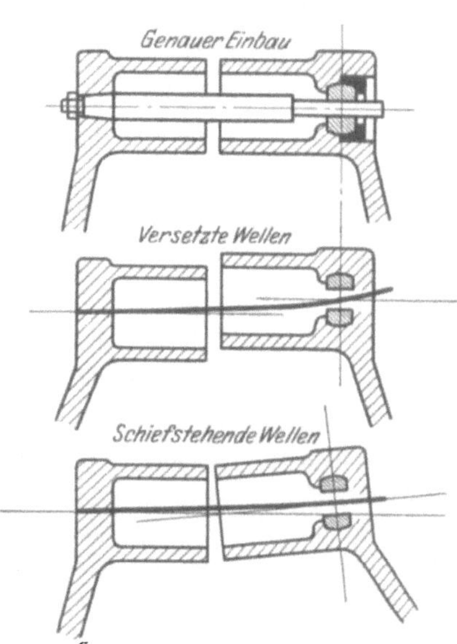

Abb. 42. Einfluß versetzter oder schiefstehender Wellen auf die Stabfederkupplung.

Daraus ergeben sich Biegungsspannungen σ_2 und Querkräfte q_2, die in der gleichen Weise wie diejenigen aus der Wellenversetzung zu berechnen wären.

Treten Versetzung und Schiefstellung gleichzeitig auf, so werden sich die Spannungen im Grenzfall addieren.

$$\sigma_{ges} = \sigma_b + \sigma_1 + \sigma_2 \quad \text{kg/cm}^2,$$

$$q_{ges} = q_1 + q_2 \quad \text{kg}\,.$$

Der Gesamtlagerdruck wird

$$P = n(q_1 + q_2) \quad \text{kg}\,.$$

Um diesen aufzunehmen, muß an jeder Seite der Kupplung ein Lager angeordnet werden, da sonst Verbiegung und Schleudern der Welle zu befürchten wäre.

Abb. 43. Die Bibby-Kupplung. [Nach Becker: Maschinenbau 6, 3 (1927).]

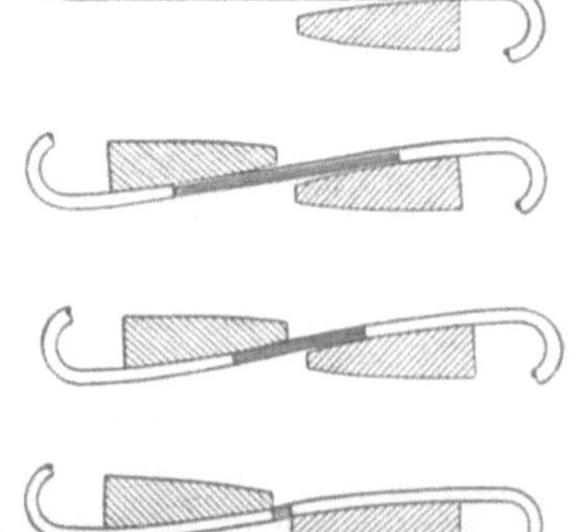

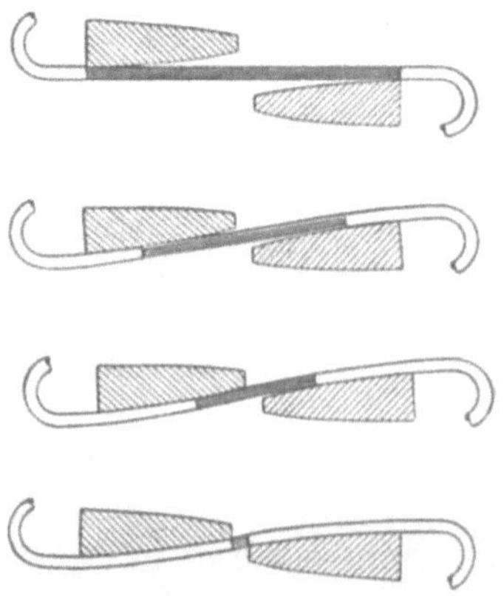

Abb. 44. Wirkungsweise der Bibby-Kupplung. [Nach Becker: Maschinenbau 6, 3. (1927).]

Eine für schwere Betriebe gut geeignete und beliebte Federkupplung ist die Bibby-Kupplung[1]. Sie besteht aus zwei Nabenscheiben, die auf ihrem Umfang Zähne

[1] Becker, H.: Die Bibby-Kupplung, Maschinenbau 6, 3 (1927); Stahleisen 1928, 1581/84.

tragen. Um diese wird eine aus mehreren Teilen bestehende, schlangenförmig gebogene Feder gelegt. Abb. 43 zeigt eine kleinere Ausführung.

Die Wirkungsweise geht aus Abb. 44 hervor. Unter der Last biegen sich die Federn durch und legen sich gegen die Backen. Ohne Last sind die Federn gestreckt und liegen nur an den Enden der Backen an. Mit steigender Belastung legen sie sich immer mehr an, so daß die freie Länge kürzer wird. Damit erhält die Kurve der Backen eine besondere Bedeutung für die Elastizität der Kupplung. Durch ihre Form kann die Beanspruchung der Feder begrenzt werden. Nach Abb. 45 kann man die Feder wie zwei einseitig eingespannte Balken mit einer Einzellast am Ende berechnen. Dann ist die Durchbiegung

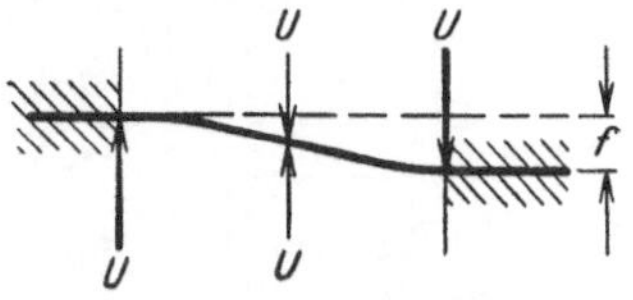

Abb. 45. Berechnung der Feder der Bibby-Kupplung.

$$\frac{f}{2} = \frac{U}{3E \cdot I} \cdot \left(\frac{l}{2}\right)^3 \quad \text{cm},$$

$$f = \frac{U}{E \cdot I} \cdot \frac{l^3}{12} \quad \text{cm}.$$

Wird nun die Kurve der Biegungslinie angepaßt, so ist die Spannung im gefährlichen Querschnitt

$$\sigma = \frac{U \cdot l}{W \cdot 2} \quad \text{kg/cm}^2.$$

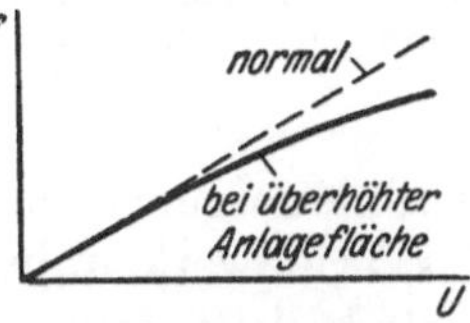

Abb. 46. Federdiagramm der Bibby-Kupplung.

Wird sie aber etwas flacher bzw. überhöht ausgeführt, so kommt die Feder zum Anliegen, ehe diese Spannung erreicht ist. Damit ist die Möglichkeit gegeben, die freie federnde Länge zu verkürzen, womit gleichzeitig eine Dämpfung bei Schwingungen erreicht wird. Würde nämlich die freie Länge gleich bleiben, so wären Resonanzerscheinungen zu befürchten. Durch die Verkürzung der federnden Länge wird jedoch die Periodizität aufgehoben. Die Beziehungen zwischen der Umfangskraft und der Durchbiegung werden in der Weise verändert, daß das Federdiagramm flacher verläuft (Abb. 46). Im Grenzfall (Abb. 44d) wird die Biegungsspannung, wenn a die Lücke zwischen den Kupplungshälften ist,

$$\sigma = \frac{U \cdot a}{W} \quad \text{kg/cm}^2.$$

C. Wellenschalter.

I. Reibungskupplungen.

1. Theorie des Einrückvorgangs[1].

Abb. 47 gibt das Schema einer Reibungskupplung an. Zwei auf den Wellenenden sitzende Reibflächen werden gegeneinander gedrückt und bewirken die Mitnahme. Dabei sind zwei Phasen zu unterscheiden. Zunächst muß die getriebene Welle beschleunigt werden, bis sie die gleiche Drehzahl wie die treibende Welle hat. Dabei spielt der Druck, mit dem die Flächen gegeneinander gepreßt werden, eine Rolle. Dieser kann während der Einrückperiode beliebig verändert werden. Er kann von 0 an bis zu einem Höchstwert stetig steigen, oder er kann von vornherein mit einem gleichbleibenden Höchstwert wirken. Dementsprechend werden sich die Kraft- und Bewegungsverhältnisse ändern. Nach beendigter Beschleunigung wird sich dann der den äußeren Widerständen entsprechende Zustand einstellen.

Legen wir der theoretischen Entwicklung den Fall zugrunde, daß eine mit der Drehzahl n/min umlaufende Welle mit einer stillstehenden gekuppelt werden soll, so hat die Kupplung zunächst die Kräfte zu übertragen, die notwendig sind, um die stillstehende Welle mit allen daran hängenden Massen in der Zeit T auf die Drehzahl n zu beschleunigen. Dazu muß die Beschleunigungsarbeit A_B aufgewendet werden. Wäh-

[1] Stoltersoht, M.: Die Klinken-Friktionskupplung, ZVDI. 1884, S. 993.

rend der Anlaufzeit gleiten die Reibflächen aufeinander, wobei Reibungsarbeit geleistet und in Wärme umgesetzt wird. Hat nun die getriebene Welle die Drehzahl n erreicht, so fällt der Aufwand für die Beschleunigung fort, und die Kupplung hat nur noch die äußeren Widerstände zu überwinden. Den hier angedeuteten Verhältnissen muß das von der Kupplung übertragbare Drehmoment entsprechen, was nachfolgend weiter ausgeführt werden soll.

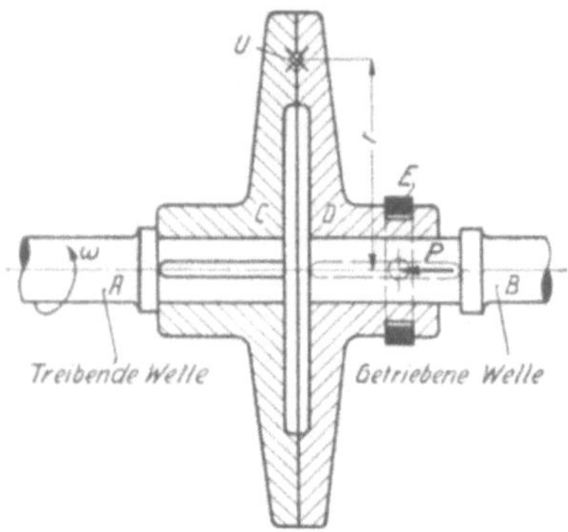

Abb. 47. Schema einer Reibungskupplung. (Aus Rötscher: Maschinenelemente.)

Nach dem Coulombschen Gesetz ist die durch Reibung übertragbare Kraft

$$U = P \cdot \mu \quad \text{kg},$$

wenn P der Druck in kg ist, mit dem die Reibflächen aufeinander gepreßt werden und μ die Reibungsziffer. Wirkt U am Hebelarm r (cm), so ist das erzeugte Drehmoment

$$M_d = P \cdot \mu \cdot r \quad \text{cmkg}.$$

Das übertragbare Drehmoment ist also vom Anpreßdruck P abhängig. Wir nehmen an, daß der in der Kupplung wirkende Anpreßdruck während der Beschleunigungszeit beliebig verändert werde. Ferner soll angenommen werden, daß das Triebwerk unbelastet eingeschaltet wird, so daß während der Beschleunigungsperiode kein äußerer Widerstand, sondern nur der Beschleunigungswiderstand zu überwinden ist.

Es sei

M_{d_1} = Durch die Kupplung von der Antriebswelle auf die getriebene Welle übertragbares Drehmoment in cmkg.

J = Trägheitsmoment der zu beschleunigenden Massen der getriebenen Welle in cmkg s² *.

ε = Winkelbeschleunigung der getriebenen Welle, $\frac{1}{\text{s}^2}$,

ω_1 = Winkelgeschwindigkeit der Antriebswelle, $\frac{1}{\text{s}}$,

ω_2 = Winkelgeschwindigkeit der getriebenen Welle, $\frac{1}{\text{s}}$.

Das übertragene Drehmoment habe während der Einrückzeit T (Abb. 48) einen beliebigen Verlauf. Die Winkelgeschwindigkeit der treibenden Welle sei konstant.

Die getriebene Welle erfährt dann eine Winkelbeschleunigung

$$\varepsilon = \frac{M_{d_1}}{J} \quad \frac{1}{\text{s}^2}.$$

Der Verlauf der Kurve für ε entspricht dem für M_{d_1}, da J konstant ist. Die jeweilige Winkelgeschwindigkeit der getriebenen Welle ist dann

$$\omega_2 = \int \varepsilon \, dt \quad \frac{1}{\text{s}}.$$

---

* An Stelle des Trägheitsmomentes kann auch mit dem Schwungmoment (GD^2) gerechnet werden. Es ist

$$J = m k^2 \quad \text{cmkg s}^2,$$

wo m die Masse der beschleunigten Teile und k der Trägheitshalbmesser derselben ist.

$$m = \frac{G}{g} = \frac{\text{Gewicht}}{\text{Erdbeschl.}} \quad \frac{\text{kg s}^2}{\text{cm}}.$$

Ist $D = 2k$ der Trägheitsdurchmesser und $D_a = \frac{D}{\alpha}$ der Außendurchmesser der Teile (Riemenscheibe, Schwungrad usw), so wird

$$J = \frac{G}{g} \cdot \frac{D^2}{4} = \frac{1}{4g} \cdot G D^2 = \frac{\alpha}{4g} G D_a^2 \quad \text{cmkg s}^2.$$

Die treibende Welle gibt dabei in der Zeiteinheit die Leistung her

$$N = M_{d_1} \cdot \omega_1 \quad \frac{\text{cmkg}}{\text{s}}.$$

Davon wird zur Beschleunigung der getriebenen Welle aufgewendet die Leistung

$$N_B = M_{d_1} \cdot \omega_2 \quad \frac{\text{cmkg}}{\text{s}}.$$

Der Rest, $N - N_B$, geht verloren und wird durch die Reibung in Wärme umgesetzt. Die in der Einrückzeit T von der treibenden Welle geleistete Arbeit ist

$$A = \int_0^T N\,dt = \int_0^T M_{d_1}\omega_1 dt \quad \text{cmkg}.$$

Nun ist entsprechend der Gleichung für ε

$$M_{d_1} = J \cdot \varepsilon \quad \text{cmkg}$$

und gemäß der Gleichung für ω_2

$$\varepsilon = \frac{d\omega_2}{dt}.$$

Damit wird die gesamte Arbeit

$$A = J \cdot \omega_1 \int_0^{\omega_1} d\omega_2 = J\omega_1^2 \quad \text{cmkg}.$$

Die zur Beschleunigung aufgewendete Arbeit ist dagegen

$$A_B = \int N_B dt = \int M_{d_1}\omega_2 dt$$

$$= J\int_0^{\omega_1} \omega_2 d\omega_2 = J\frac{\omega_1^2}{2} \quad \text{cmkg}.$$

Der Arbeitsverlust während des Einrückvorganges ist also

$$A_V = A - A_B = J\omega_1^2 - \frac{J\omega_1^2}{2} = \frac{A}{2} \quad \text{cmkg}.$$

Die Hälfte der der Kupplung zugeführten Arbeit wird in Reibungswärme umgesetzt.

Hat die getriebene Welle die Winkelgeschwindigkeit ω_1 erreicht, so ist keine weitere Beschleunigung notwendig. In diesem Augenblick wird also ganz plötzlich

$$M_{d_1} = 0,$$
$$\varepsilon = 0,$$
$$N = 0,$$
$$N_B = 0.$$

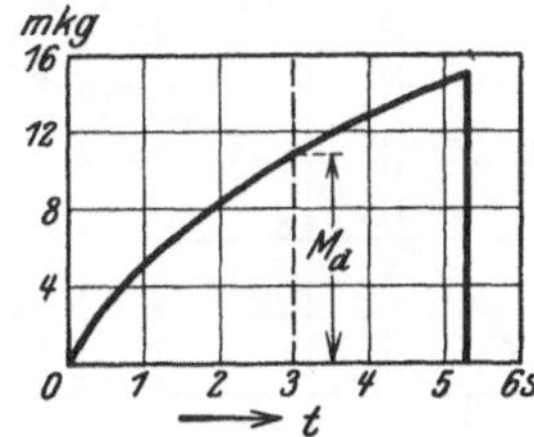

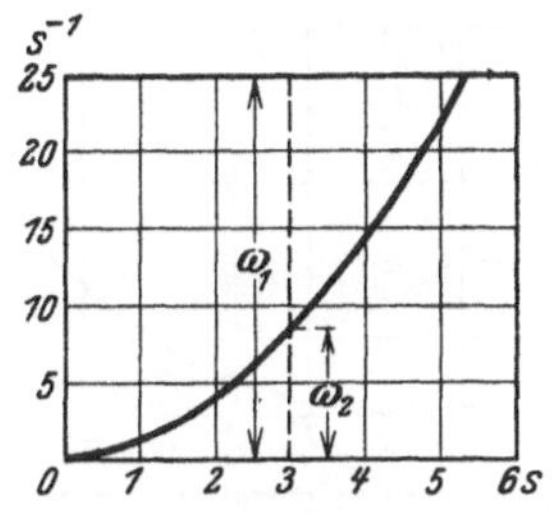

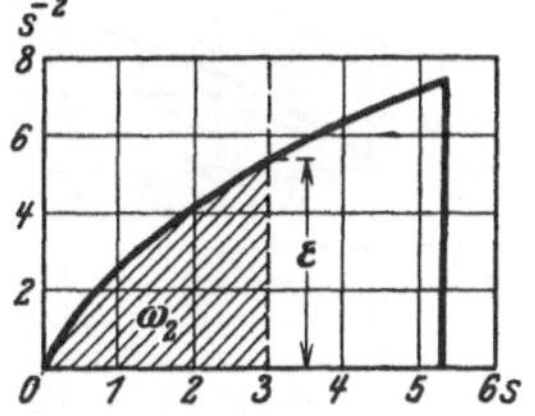

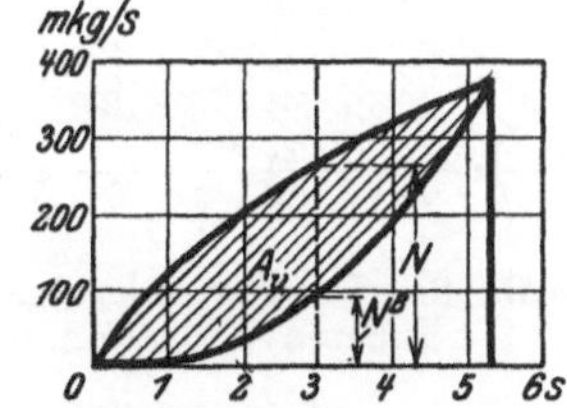

Abb. 48. Der Einrückvorgang ohne äußere Widerstände.

Sind noch äußere Widerstände vorhanden, so ist zu deren Überwindung ein bestimmtes Drehmoment M_{d_2} erforderlich. Solange das von der Antriebswelle hergegebene Moment das Moment M_{d_2} der äußeren Widerstände nicht überschreitet, ist zur Beschleunigung der Massen kein Überschuß vorhanden und die Kupplung gleitet, ohne die getriebene Welle mitzunehmen. Die gesamte Energie wird in Wärme umgesetzt und geht somit verloren. Abb. 49 zeigt die entsprechenden Diagramme. Bis zum Zeitpunkt t_1 tritt keine Beschleunigung auf.

Wird nun $M_{d_1} = M_{d_2}$, so tritt, wie eine Betrachtung eines Zeitpunktes t_2 zeigt, folgendes ein: Die gesamte, der Kupplung zugeführte Leistung ist

$$N = M_{d_1} \cdot \omega_1 = N_1 + N_2 \quad \frac{\text{cmkg}}{\text{s}}.$$

Zur Beschleunigung der getriebenen Massen steht zur Verfügung das Drehmoment

$$M_{d_1} - M_{d_2}$$

und dementsprechend die Leistung

$$N_1 = (M_{d_1} - M_{d_2})\,\omega_1 \quad \frac{\text{cmkg}}{\text{s}}\,.$$

Davon wird tatsächlich zur Beschleunigung aufgewendet die Leistung

$$N_{B1} = (M_{d_1} - M_{d_2})\,\omega_2 \quad \frac{\text{cmkg}}{\text{s}}$$

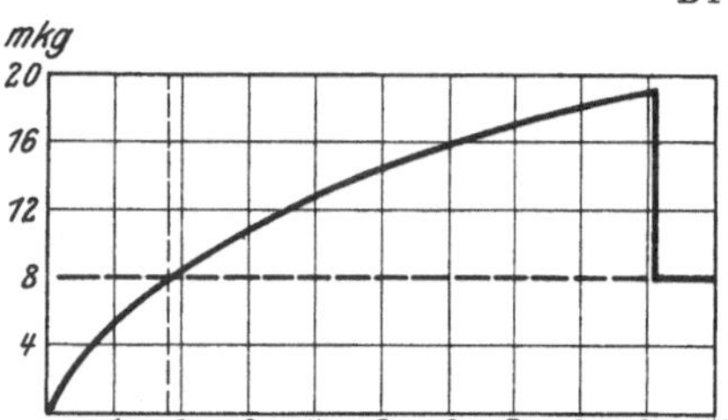

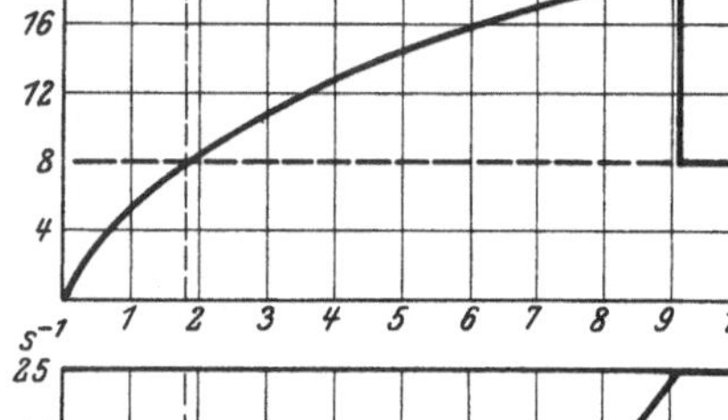

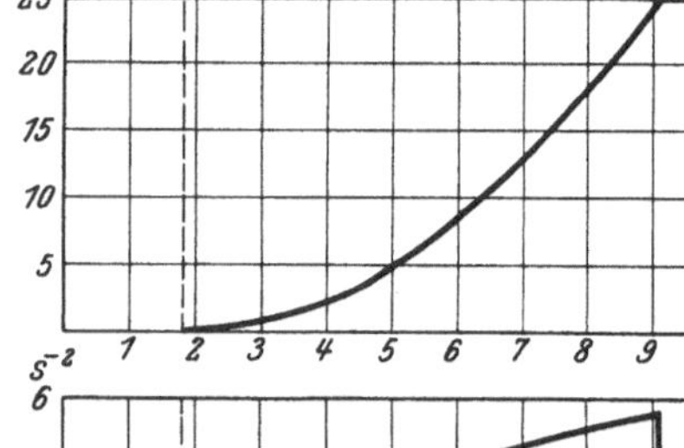

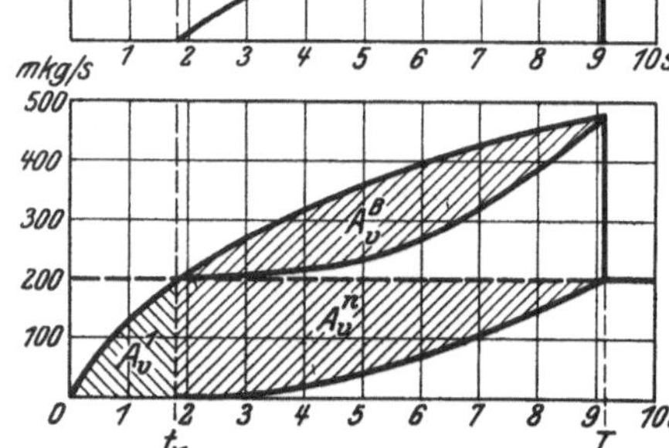

Abb. 49. Der Einrückvorgang mit äußeren Widerständen.

bei einem Leistungsverlust durch Reibung von

$$N_{V1} = (M_{d_1} - M_{d_2})\,(\omega_1 - \omega_2) \quad \frac{\text{cmkg}}{\text{s}}\,.$$

Zur Überwindung der äußeren Widerstände steht zur Verfügung die Leistung

$$N_2 = M_{d_2} \cdot \omega_1 \quad \frac{\text{cmkg}}{\text{s}}\,.$$

Davon wird als Nutzlast verbraucht

$$N_{n2} = M_{d_2} \cdot \omega_2 \quad \frac{\text{cmkg}}{\text{s}}\,.$$

Es geht also noch eine Leistung verloren von der Größe

$$N_{V2} = M_{d_2}(\omega_1 - \omega_2) \quad \frac{\text{cmkg}}{\text{s}}\,.$$

Die gesamte in der Zeit T aufgewendete Arbeit ist

$$A = \int_0^T M_{d_1}\,\omega_1\,dt = A_{V_1} + A_1 + A_2 \quad \text{cmkg}\,,$$

wobei A_1 die zur Beschleunigung und A_2 die zur Überwindung der äußeren Widerstände zur Verfügung stehende Arbeit ist.

Davon geht bis zur Zeit t_1 verloren

$$A_{V1} = \int_0^{t_1} M_{d_1}\,\omega_1\,dt \quad \text{cmkg}\,.$$

In der Zeit t_1 bis T steht zur Beschleunigung zur Verfügung

$$A_1 = \int_{t_1}^T (M_{d_1} - M_{d_2})\,\omega_1\,dt \quad \text{cmkg}\,.$$

Hiervon wird nutzbar verwendet

$$A_B = \int_{t_1}^T (M_{d_1} - M_{d_2})\,\omega_2\,dt = \frac{I\,\omega_1^2}{2} \quad \text{cmkg}$$

bei einem Reibungsverlust

$$A_{VB} = \int_{t_1}^T (M_{d_1} - M_{d_2})\,(\omega_1 - \omega_2)\,dt = \frac{I\,\omega_1^2}{2} \quad \text{cmkg}\,.$$

Zur Überwindung der äußeren Widerstände steht zur Verfügung

$$A_2 = \int_{t_1}^T M_{d_2}\,\omega_1\,dt = M_{d_2}\,\omega_1(T - t) \quad \text{cmkg}\,.$$

Davon wird als Nutzleistung verwendet

$$A_n = M_{d_2}\int_{t_1}^T \omega_2\,dt \quad \text{cmkg}\,.$$

Es tritt also ein Verlust auf

$$A_{V,n} = M_{d_2}\,\omega_1 (T - t_1) - M_{d_2} \int_{t_1}^{T} \omega_2\, dt \quad \text{cmkg}.$$

Der gesamte Arbeitsverlust setzt sich demnach aus drei Teilen zusammen (schraffierte Flächen in Abb. 49):

1. dem Gleitverlust A_{V1} vor Einsetzen der Beschleunigung,
2. dem Gleitverlust $A_{V,B}$ im Beschleunigungsdiagramm und
3. dem Gleitverlust $A_{V,n}$ im Arbeitsdiagramm

also

$$A_V = \omega_1 \int_0^{t_1} M_{d_1}\, dt + \frac{I\omega_4^2}{2} + M_{d_2}\left[\omega_1 (T - t_1) - \int_{t_1}^{T} \omega_2\, dt\right] \quad \text{cmkg}.$$

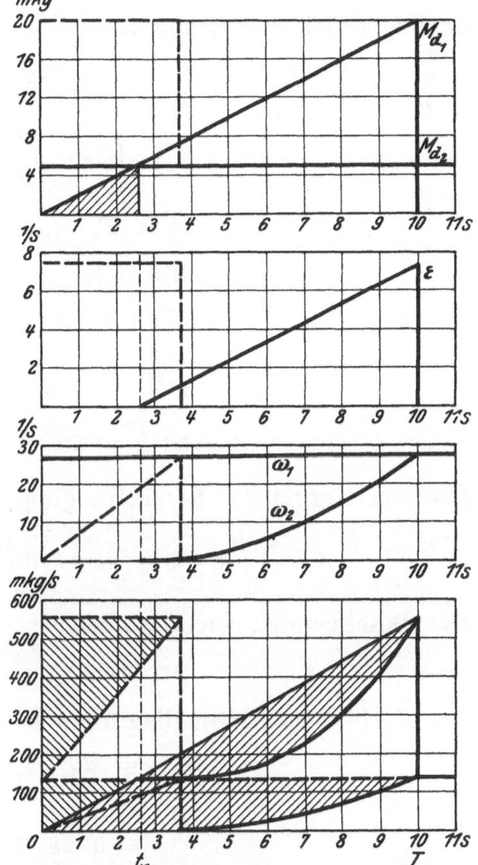

Abb. 50. Vergleich des Einrückens mit steigendem und gleichbleibendem Anpreßdruck.

Wann wird dieser Verlust am kleinsten?

1. Das erste Glied fällt fort, wenn von vornherein $M_{d_1} > M_{d_2}$, d. h. wenn die Kupplung mit einem solchen Druck eingerückt wird, daß das übertragene Drehmoment das Moment der äußeren Widerstände übertrifft.

2. Das zweite Glied hat stets den gleichen Wert und läßt sich nicht beeinflussen.

3. Das dritte Glied wird am kleinsten, wenn die Einrückzeit T möglichst kurz und der Wert ω_2 möglich groß ist. Nun ist

$$\omega_2 = \int_{t_1}^{T} \frac{M_{d_1} - M_{d_2}}{I}\, dt \quad \frac{1}{\text{s}}.$$

Dies wird ein Maximum, wenn M_{d_1} sofort seinen Höchstwert erreicht und konstant bleibt. Zur Erläuterung seien zwei in Abb. 50 dargestellte Fälle miteinander verglichen.

Einmal werde die Kupplung mit einem stetig steigenden Druck eingerückt. Die entsprechenden Kurven sind stark ausgezogen. Dann muß auch das übertragene Drehmoment stetig steigen. Der Verlauf der Drehmomentenlinie entspreche der Gleichung

$$M_{d_1} = 2t \quad \text{mkg}.$$

Im übrigen sei

$$M_{d_1\,\max} = 20 \quad \text{mkg},$$
$$M_{d_2} = 5 \quad \text{mkg},$$
$$I = 2 \quad \text{mkg}\,\text{s}^2,$$
$$n = 276 \text{ Umdr./min},$$

entsprechend

$$\omega_1 = \frac{\pi n}{30} = 28 \quad \frac{1}{\text{s}}.$$

Dann ist die Winkelbeschleunigung

$$\varepsilon = \frac{M_{d_1} - M_{d_2}}{I} = \frac{2t - 5}{2} = t - \frac{5}{2} = (t - 2{,}5) \quad \frac{1}{\text{s}^2}.$$

Beim Beginn der Beschleunigung ist

$$M_{d_1} = M_{d_2},$$
$$2\,t_1 = 5\,.$$

Die Beschleunigung beginnt nach

$$t_1 = \frac{5}{2} = 2{,}5 \quad \text{s}\,.$$

Das Ende der Beschleunigungszeit ergibt sich aus folgender Rechnung. Die Zeit der eigentlichen Beschleunigung sei

$$t_B = (T - t_1) \quad \text{s}\,,$$

dann wird

$$\omega_2 = \int_{t_1}^{T} \varepsilon\,dt = \int_{t_1}^{T} \frac{M_{d_1}}{I}\,dt = \frac{2}{I}\int_{t_1}^{T} t\,dt = \frac{t_B^2}{2} \quad \frac{1}{\text{s}}\,,$$
$$t_B^2 = (T - t_1)^2 = 2\,\omega_2 = 2\,\omega_1\,,$$
$$T = \sqrt{2\,\omega_1} + t_1 = \sqrt{50} + 2{,}5 = 10 \quad \text{s}\,.$$

Die gesamte, in dieser Zeit aufgewendete Arbeit ist

$$A = \int_0^T M_{d_1} = \omega_1\,dt = \int_0^T 2\,t\,\omega_1\,dt = 2\cdot 28\int_0^T t\,dt \quad \text{mkg}\,,$$
$$A = 56\,\frac{T^2}{2} = 56\cdot 50 = \mathbf{2800\ mkg}\,.$$

Bis zum Beginn der Beschleunigung gehen verloren

$$A_{V1} = \int_0^{t_1} M_{d_1}\,\omega_1\,dt = 2\cdot 28\int_0^{t_1} t\,dt = 56\cdot\frac{t_1^2}{2} = 56\cdot 3{,}125 = \mathbf{175\ mkg}\,.$$

Der Beschleunigungsverlust ist

$$A_{V,B} = \frac{I\,\omega_1^2}{2} = \frac{2\cdot 28^2}{2} = \mathbf{785\ mkg}\,.$$

Der Verlust im Arbeitsdiagramm beträgt

$$A_{V,n} = M_{d_2}\cdot\omega_1(T - t_1) - M_{d_2}\int_{t_1}^{T} \omega_2\,dt\,,$$
$$= 5\cdot 28\cdot 7{,}5 - \frac{5}{2}\int_{t_1}^{T} t^2\,dt\,,$$
$$= 1050 - 350 = \mathbf{700\ mkg}\,.$$

Demnach haben wir folgende Verhältnisse

Gesamtarbeitsaufwand	$A =$	2800 mkg,
Arbeitsverlust	$A_V = 175 + 785 + 700 =$	1660 „
Nutzarbeit.	$A_n =$	**1140 mkg**

Im zweiten Fall, der gestrichelt eingezeichnet ist, soll der volle Anpreßdruck bzw. das volle Drehmoment sofort wirken und während der Beschleunigungszeit konstant bleiben. Mit den vorher gegebenen Werten wird dann die Winkelbeschleunigung, die sofort beginnt,

$$\varepsilon = \frac{M_{d_1} - M_{d_2}}{I} = \frac{15}{2} = 7{,}5 \quad 1/\text{s}^2\,.$$

Die Beschleunigungszeit T ergibt sich aus

$$\omega_2 = \int_0^T \varepsilon\,dt = \varepsilon\int_0^T dt = \varepsilon\cdot T = 7{,}5\,T\,,$$
$$T = \frac{\omega_1}{7{,}5} = \frac{28}{7{,}5} = 3{,}75\ \text{s}\,.$$

Der gesamte Arbeitsaufwand ist

$$A = \int_0^T M_{d_1} \omega_1 \, dt = M_{d_1} \omega_1 T ,$$

$$A = 20 \cdot 28 \cdot 3{,}75 = 2100 \text{ mkg} .$$

Der Beschleunigungsverlust ist wieder

$$A_{V,B} = \frac{I \omega_1^2}{2} = 785 \text{ mkg} .$$

Der Verlust im Arbeitsdiagramm beträgt

$$A_{V,n} = M_{d_2} \omega_1 T - M_{d_2} \int_0^T \omega_2 \, dt$$

$$= M_{d_2} \omega_1 T - M_{d_2} \cdot 7{,}5 \int_0^T t_2 \, dt$$

$$= M_{d_2} \omega_1 T - M_{d_2} \cdot 7{,}5 \cdot \frac{T}{2} ,$$

Also wird

$$A_{V,n} = 5 \cdot 28 \cdot 3{,}75 - 5 \cdot 7{,}5 \cdot \frac{3{,}75^2}{2} = 265 \text{ mkg} .$$

Gesamtarbeitsaufwand	$A =$	2100 mkg
Arbeitsverlust	$A_V = 785 + 265 =$	1050 „
Nutzarbeit	$A_n =$	**1050 mkg**

Man beachte, daß der Inhalt des Beschleunigungsdiagrammes stets gleich bleibt und der Verlust in demselben auch stets die gleiche Größe behält, nämlich

$$A_{V,B} = \frac{I \omega^2}{2} \text{ mkg} .$$

Das ist die Hälfte der ganzen Beschleunigungsarbeit.

Der Inhalt des Arbeitsdiagrammes nimmt dagegen bei abnehmender Beschleunigungszeit ab. Der in dem Zahlenbeispiel errechnete Gewinn an Nutzarbeit von 90 mkg tritt nur in diesem Diagramm zutage. Er ergibt sich aus dem Unterschied der beiden unteren schraffierten Flächen. Dabei ist, abgesehen von dem Verlust bis zum Beginn der Beschleunigung, der Verlust im Arbeitsdiagramm bei stetig wachsendem Antriebsmoment ⅔ der ganzen Arbeit, während er bei gleichbleibendem Moment nur die Hälfte derselben beträgt.

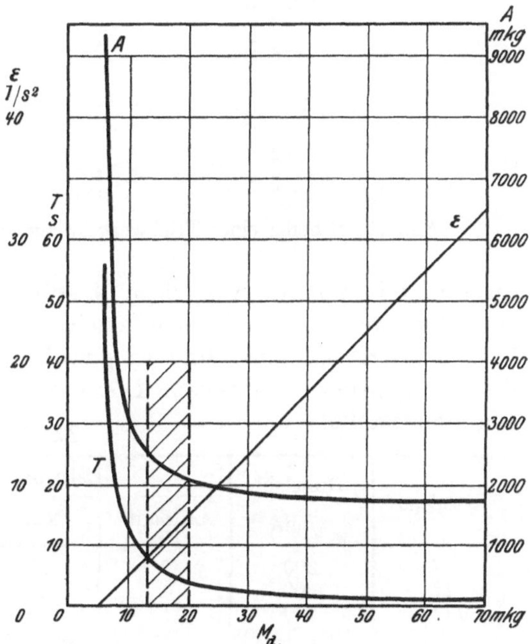

Abb. 51. Beziehung zwischen Drehmoment, Beschleunigung, Beschleunigungszeit und -arbeit.

In Abb. 51 sind für den zweiten Fall die Beschleunigung ε, die Beschleunigungszeit T und die Gesamtarbeit A in der Zeit T in Abhängigkeit von M_{d_1} aufgetragen. Es ist zu erkennen, daß eine beliebige Vergrößerung von M_{d_1} nicht zweckmäßig ist. Dessen Größe ist nämlich für die Festigkeitsrechnung der Kupplung und der Wellen maßgebend. Wird nun das Kupplungsmoment gegenüber dem im Beharrungszustand zu übertragenen Drehmoment sehr groß, so müssen alle Teile unnötig schwer gebaut werden, wobei der Arbeitsgewinn sehr gering ist. Bei zu kleinem Kupplungsmoment werden wieder die Beschleunigungszeiten sehr groß. Im vorliegenden Fall wäre ein zwischen 13 und 20 mkg liegendes Kupplungsmoment am günstigsten. Ungünstig ist der beim plötzlichen

Einschalten des Momentes auftretende starke Stoß. Ist der Wert $M_{d_1} - M_{d_2}$ sehr groß, so tritt am Ende der Beschleunigungszeit ebenfalls ein Stoß auf, der unter Umständen schädlich sein kann.

Man wird also M_{d_1} nicht zu groß machen, d. h. man wird die Kupplung nicht größer wählen, als unbedingt nötig ist und sie nicht plötzlich voll einschalten. Am besten ist sanftes Einschalten mit schnell wachsendem Druck unter Anwendung der Kniehebelwirkung. Ist der Beschleunigungsvorgang beendet, so kann die Belastung bis zur Höhe des Momentes M_{d_1} gesteigert werden. Dies bedingt, daß die Kupplung in vielen Fällen wohl ohne Berücksichtigung des Beschleunigungsmomentes gewählt werden kann, daß aber die äußeren Widerstände erst später auf ihre volle Höhe gebracht werden dürfen. Dies sei an einem Beispiel erläutert (Abb. 52).

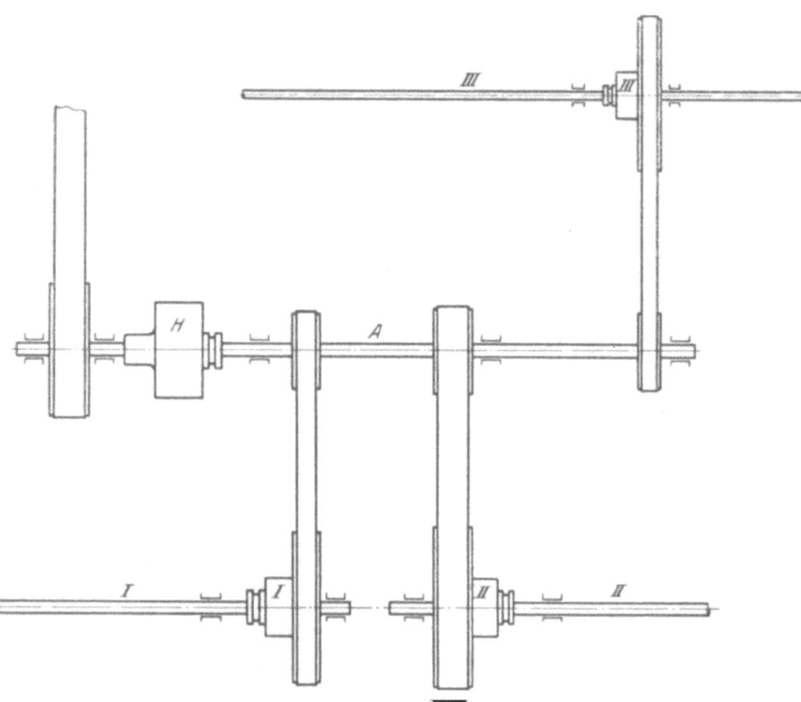

Abb. 52. Schema einer Triebwerksanlage mit 4 Kupplungen.

Über die Hauptkupplung H und das Vorgelege A sollen die drei Wellenstränge I, II und III angetrieben werden, die ihrerseits wieder durch je eine Kupplung abschaltbar sind. Sämtliche Kupplungen sind so gewählt, daß sie wenig mehr als die Nennleistung ihres Vorgeleges übertragen. Die notwendigsten Daten sind in Zahlentafel 2 zusammengestellt.

Zahlentafel 2.

Vorgelege	Drehzahl n/min	Leistung PS			Drehmoment mkg		
		Leerlauf-	Nutz-	Gesamt-	Leerlauf-	Nutz-	Gesamt-
I	300	2	18	20	4,8	43,2	48
II	300	4	36	40	9,4	84,6	94
III	250	1	9	10	2,9	26,1	29
		Auf Vorgelege *A* bezogen					
I	600	2	18	20	2,4	21,6	24
II	600	4	36	40	4,7	42,3	47
III	600	1	9	10	1,2	10,8	12
A	600	6	70	76	9,0	83,0	92

Dementsprechend sind die Kupplungen für folgende Drehmomente gewählt:

Zahlentafel 3.

Kupplung	Drehmoment
H	100
I	50
II	100
III	30

Wären sämtliche Maschinen von vornherein eingeschaltet, so bliebe zur Beschleunigung der Massen nichts mehr übrig. Sind dagegen die Maschinen stillgesetzt, aber die Kupplungen I, II und III eingeschaltet, so betragen die Leerlaufsmomente der drei Wellenstränge auf das Vorgelege A bezogen

$$2,4 + 4,7 + 1,2 + 9,0 = 17,3 \text{ mkg}.$$

Zur Beschleunigung der leerlaufenden Wellen stehen also zur Verfügung

$$M_d = 100 - 17,3 = 82,7 \text{ mkg}.$$

Sind die Kupplungen *I, II, III* auch noch ausgeschaltet, so ist nur noch der Leerlaufwiderstand des Vorgeleges *A* zu überwinden. Es stehen also zur Beschleunigung des Hauptwellenstranges zur Verfügung

$$M_d = 100 - 9,0 = 91,0 \text{ mkg}.$$

Werden die vier Kupplungen nacheinander eingeschaltet, so erhält man das in Abb. 53 stark ausgezogene Momentendiagramm.

Wirken demgegenüber die sämtlichen Widerstände dauernd in gleicher Höhe, so muß die Kupplung *H* größer gewählt werden. Würde man sie z. B. entsprechend einem Höchstmoment von 150 mkg wählen, so nähme die Momentenlinie den in Abb. 53 gestrichelt gezeichneten Verlauf. Abb. 54 gibt den Verlauf der Drehzahlen der angetriebenen Wellen in den beiden berechneten Fällen wieder.

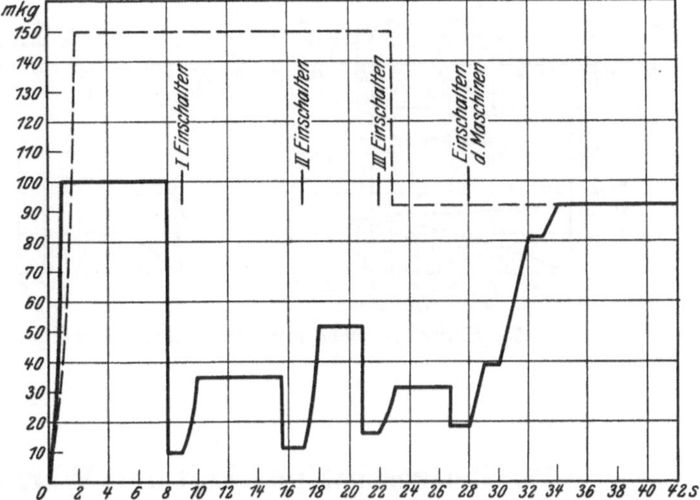

Abb. 53. Vergleich der Momente bei stufenweise und voll eingeschalteter Last.

Die Größe des Kupplungsmomentes ergibt sich aus dem Anpreßdruck P, mit dem die kuppelnden Reibungsflächen gegeneinander gepreßt werden und der Reibungszahl μ. Ist r_m der mittlere Halbmesser der Reibflächen, an dem die Umfangskraft U angreift, so ist

$$M_d = U \cdot r_m = P \cdot \mu \cdot r_m \text{ mkg}.$$

Der Reibungsradius ist von der Gestaltung, der Anpreßdruck von der Reibungszahl und diese wieder vom gewählten Werkstoff abhängig.

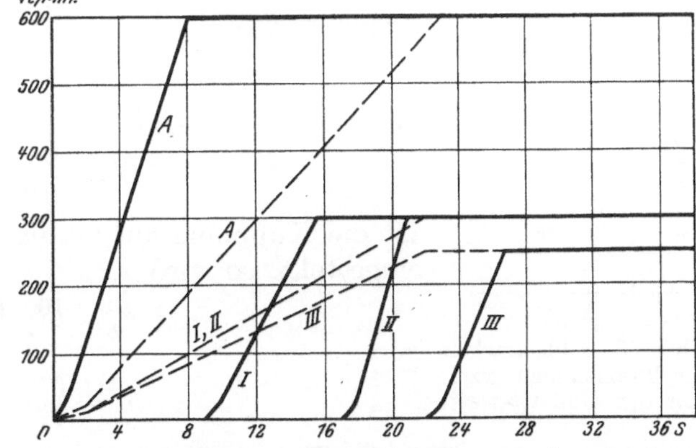

Abb. 54. Vergleich der Beschleunigungen der einzelnen Triebwerkswellen in Abb. 52 bei stufenweise und voll eingeschalteter Last.

Die Richtigkeit der Theorie läßt sich leicht nachweisen. Abbildung 55 zeigt das Ergebnis von Versuchen, die im Versuchsfeld für Maschinen-Elemente an der Technischen Hochschule zu Berlin mit einer Einscheiben-Kraftwagen-Kupplung vorgenommen wurden[1]. Man erkennt die Verkürzung der Beschleunigungszeit durch Erhöhung des Anpreßdruckes. Der Stoß beim Einschalten machte sich im Originaldiagramm nur schwach geltend, da die Kupplung zwischen zwei Torsionsdynamometern eingebaut war, deren Meßstäbe

[1] vom Ende, E.: Untersuchung von Kraftwagenkupplungen. Versuchsergebnisse des Versuchsfeldes für Maschinen-Elemente, H. 6. München-Berlin: R. Oldenbourg.

den Stoß als elastische Glieder abfingen. Je steifer die Wellen sind, um so höher wird die Stoßbeanspruchung sein. Abb. 56 zeigt die Abhängigkeit der Beschleuni-

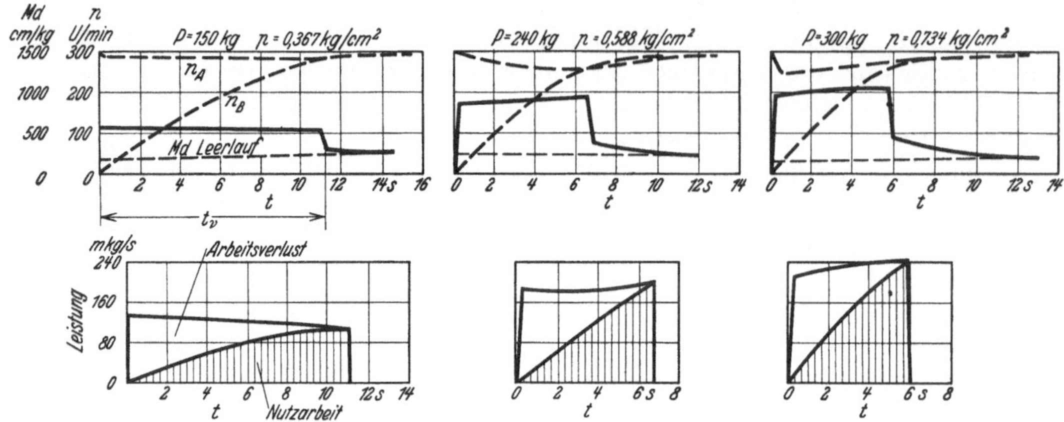

Abb. 55. Einrückversuche mit einer Scheibenkupplung für einen Kraftwagen.

gungszeit von der Umfangskraft $P \cdot \mu_m$. Der Verlauf der Kurven entspricht dem der theoretischen Kurve in Abb. 51.

2. Gleitgeschwindigkeit und Wärmeentwicklung.

Zur Betrachtung soll das Beispiel (Abb. 52) herangezogen werden. Die Hauptkupplung soll ein Höchstdrehmoment von 92 mkg bei einer Drehzahl von 600 Umdr./min übertragen. Dem würde z. B. eine Bennkupplung Type H 1 mit einem Nenndrehmoment von 195 mkg entsprechen. Diese hat einen Außendurchmesser von $D = 285$ mm, also am Außenrand eine Umfangsgeschwindigkeit $v = 9$ m/s. Der mittlere Reibungsdurchmesser ist etwa $D_R \approx 195$ mm, woraus sich eine größte Gleitgeschwindigkeit $v_g = 6{,}25$ m/s ergibt. Bei gleichförmiger Beschleunigung fällt diese nach Abb. 54 im Laufe von 8 s bis auf 0 ab. Der in Reibungswärme umgesetzte Arbeitsverlust ist

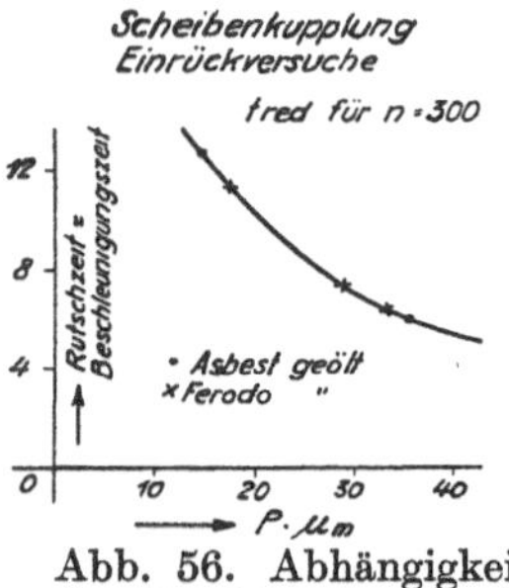

$$A_{V,B} = J \cdot \frac{\omega^2}{2} = \frac{N \cdot t}{2} = \frac{M_d \cdot n \cdot t}{716 \cdot 2} \quad \text{mkg}.$$

Die erzeugte Wärme ist

$$W = \frac{M_d \cdot n \cdot t}{716 \cdot 2} \cdot \frac{1}{427} \quad \text{kcal}.$$

Ist die Kupplung auf ein übertragbares Drehmoment 100 mkg eingestellt, so wird

$$A_{V,B} = \frac{100 \cdot 600 \cdot 8}{716 \cdot 2} = 336 \text{ mkg}$$

und

$$W = \frac{336}{427} = 0{,}79 \text{ kcal}.$$

Abb. 56. Abhängigkeit der Beschleunigungszeit von der Umfangskraft.

Für den zweiten Teil des Beispieles ist ein übertragbares Moment von 150 mkg vorgesehen. Dem würde eine Bennkupplung Type H 2 mit einem Nenndrehmoment von 168 mkg entsprechen. Die Rutschzeit beträgt 23 s. Dann wird der Arbeitsverlust beim Einrücken

$$A_{V,B} = \frac{150 \cdot 600 \cdot 23}{716 \cdot 2} = 1450 \text{ mkg}.$$

Das ist eine Wärmemenge

$$W = \frac{1450}{427} = 3{,}4 \text{ kcal}.$$

Die Kupplung hat einen Außendurchmesser von $D = 335$ mm und einen mittleren Durchmesser an den Reibflächen $D_R \approx 230$ mm. Dementsprechend ist die

Außengeschwindigkeit $v = 10{,}5$ m/s und die mittlere Gleitgeschwindigkeit im Beginn des Einrückens $v_R = 7{,}2$ m/s.

Bei seltenem Einrücken spielen diese Verluste keine Rolle. Dem sei das folgende Beispiel gegenübergestellt:

Eine Kraftwagenkupplung mit einem Reibradius $r_m = 140$ mm übertrage $N = 1000$ PS bei $n = 1200$ Umdr./min, die Rutschzeit beim Einrücken betrage 3 s. Dann wird die Verlustarbeit

$$A_{V,B} = \frac{N \cdot t}{2} = \frac{100 \cdot 3}{2} = 150 \text{ mkg}.$$

Bei 2000 Schaltungen am Tage sind das

$$2000 \cdot 150 = 300000 \text{ mkg}$$

oder etwa die Arbeit, die 1 PS in 1 Std. 40 min leistet. Die größte Gleitgeschwindigkeit beträgt

$$v_g = 18 \text{ m/s}.$$

3. Wahl der Kupplung.

Bei der Wahl der Kupplung sind demnach eine Reihe von Umständen zu beachten, die teils rechnerisch erfaßt werden können, teils erfahrungsgemäß berücksichtigt werden. Zunächst muß das Höchstdrehmoment bekannt sein, das entweder im Beharrungszustand oder beim Einschalten auftreten kann. Außerdem müssen aber der Charakter der Maschinen, zu deren Verbindung die Kupplung dient, und die Betriebsverhältnisse bekannt sein. Ob gleichmäßiger oder ungleichmäßiger, staubiger oder feuchter Betrieb vorliegt und ob Stöße besonders zu beachten sind. Ob das Einschalten bei Leerlauf oder bei Vollast geschieht und wie oft es täglich erfolgt. Ob die Maschinen mit Unterbrechung oder Tag und Nacht ununterbrochen laufen. Über die Einflüsse dieser Umstände liegen bei den ausführenden Firmen reiche Erfahrungen vor, die zahlenmäßig ausgewertet sind, was sich teilweise bereits auf die Angaben in den Listen ausgewirkt hat. In manchen Fällen werden die Schwingungsverhältnisse zu prüfen sein.

Bei der Gelegenheit wäre noch zu erörtern, mit welcher Sicherheit das geforderte Drehmoment übertragen werden soll. In manchen Fällen wäre erwünscht, daß die Kupplung bei einem bestimmten, vorher genau einstellbaren Drehmoment durchrutscht. Diese Forderung ist jedoch nicht ohne weiteres erfüllbar. Selbst wenn sie zunächst erfüllt ist, so wird sie auf die Dauer doch nicht zu halten sein. Die Änderung der Reibungsverhältnisse, die Abnutzung an den Reibflächen und in den Gelenken, die Ermüdung der Federn und gegebenenfalls auch die Veränderungen in der Lagerung bewirken eine Änderung des übertragbaren Drehmomentes, die um so größer ist und um so schneller eintritt, je mehr Schaltungen am Tage erfolgen und je schwerer die Betriebsbedingungen sind. In den meisten Fällen wird jedoch nur verlangt, daß die Kupplung das geforderte Drehmoment mit Sicherheit überträgt. Dabei wird man mit einer ausreichenden Sicherheit rechnen.

4. Die Reibung in der Kupplung.

Die Reibung richtet sich nach den aufeinander gleitenden Werkstoffen und steht in enger Beziehung zum Druck und zur Gleitgeschwindigkeit. Man unterscheidet die trockene Reibung, die Teilschmierung und die flüssige Reibung. Während bei der trockenen Reibung die Unebenheiten der aufeinander gleitenden Flächen ineinandergreifen, und dadurch den Reibungswiderstand hervorrufen, gelten bei der flüssigen Reibung, wie sie zwischen geschmierten Flächen auftritt, die hydrodynamischen Gesetze. Bei der Teilschmierung, die bei geschmierten Kupplungen im allgemeinen vorausgesetzt werden darf, überlagern sich die für die Grenzfälle geltenden Gesetze.

a) Die Reibflächen.

Es kommen folgende Werkstoff-Zusammenstellungen vor:

Gußeisen auf Gußeisen Stahl auf Bronze oder Messing Stahl auf Gußeisen oder Stahlguß Holz auf Gußeisen oder Stahl Asbestbelag auf Gußeisen oder Stahl Leder auf Gußeisen oder Stahl	trocken und geschmiert

Zu den einzelnen Werkstoffen ist zu sagen: Gußeisen hat bekanntlich gute Gleiteigenschaften und verhältnismäßig geringe Neigung zum Fressen. Bedingung ist jedoch, daß die Flächen gut geschmiert sind. Nur in untergeordneten Fällen, wo es sich um geringe Kräfte handelt, bleiben die Reibflächen trocken.

Holz wird von jeher wegen seiner hohen Reibungsziffer gern zu Kupplungen und Bremsen verwendet. Als Reibfläche wählt man zweckmäßig die Stirnfläche. Dünne Scheiben lassen sich jedoch quer zur Faserrichtung schlecht herstellen und schlecht befestigen, werden auch meist zu schnell abgenutzt. Man nimmt deshalb Klötze, die in die Kupplung eingebaut werden. Die Reibflächen können trocken oder geschmiert sein. Der Abnutzung wegen soll das Holz möglichst hart sein (z.B. Pappelholz). Damit es nicht schmiert, brennt oder verkohlt, soll es möglichst harzfrei sein. Vielfach werden ausländische Harthölzer verwendet. Holz hat, da es aus harten und weichen Ringen besteht, den Nachteil, daß es sich ungleichmäßig abnutzt und durch Feuchtigkeit leidet. Als Werkstoff für die Gegenfläche dient Gußeisen oder Stahl. Ein bemerkenswerter Unterschied bezüglich der Reibungsverhältnisse zwischen diesen beiden Stoffen besteht nicht. Normales Pappelholz ist bis zu etwa 18 m/s Gleitgeschwindigkeit verwendbar. Für höhere Geschwindigkeiten muß es unverbrennbar gemacht werden, was durch Imprägnieren mit schwefel- und phosphorsaurem Ammoniak unter hohem Druck geschieht.

Im Asbestbelag hat man neuerdings einen Werkstoff gefunden, der sich für diese Zwecke hervorragend eignet. Seine in den letzten Jahren erfolgte Verbesserung läßt ihn geeignet erscheinen, in vielen Fällen das Holz zu verdrängen. Die Bremstechnik ist durch ihn auf eine neue Stufe gestellt worden. So ist es z. B. nunmehr möglich, bei Straßenbahnen eine besondere Bremse anzuordnen und die an den Radreifen angreifenden Bremsklötze fortfallen zu lassen. Somit brauchen nämlich nur noch die billigen Asbestbeläge erneuert zu werden an Stelle der teuren Bremsklötze, die außerdem noch die Bandagen angreifen.

Es gibt mehrere Arten von Asbestbelägen[1].

1. Aus Asbestfäden mit eingesponnener Messingseele, von denen mindestens drei Einzelfäden zu einem dreifachen Faden zusammengezwirnt sind, werden zwei- oder mehrmalige Gewebe hergestellt. Aus diesen wird dann der Belag ausgestanzt. Kupplungsringe, bei denen der Innendurchmesser ein Mehrfaches der Breite des Ringes ist, können auf besonderen Webstühlen spiralgewebt werden. Bei solchen Ringen entsteht dann eine Naht- oder Stoßstelle. Diese Gewebe werden mit Kunstharzen (Bakeliten) Asphalt oder Gummi getränkt, in Formen gepreßt und durch Erhitzen gehärtet. Danach werden sie auf besonderen Schleifmaschinen genau maßhaltig geschliffen.

2. Zum Verspinnen eignen sich nur Asbestfasern über eine bestimmte Länge. Der größere Teil der Fasern ist aber kürzer. Diese werden mit Metallsplittern, Messingfädchen und Kautschuk gemischt, mit Schwefel beschwert und vulkanisiert und zu Pappe verarbeitet bzw. zu Formstücken gepreßt. An Stelle des Kautschuks können auch wieder Kunstharze treten.

3. Aus beiden Arten können noch Kombinationen hergestellt werden.

[1] Geisler, K.: Asbest und seine Verarbeitung. Z.V.d.I. **73**, 21 (1929).

Ein guter Belag soll die Gegenreibfläche möglichst wenig angreifen, Temperaturen von 200 bis 300° C aushalten und dabei einen gleichmäßigen Reibungswert haben.

Leder ist früher in Kupplungen und Bremsen sehr viel verwendet worden. Es ist aber sehr empfindlich und verbrennt leicht. Neuerdings ist es durch die Asbestbeläge fast vollkommen verdrängt worden.

b) Der Reibungswert[1].

Man unterscheidet den Reibungswert der Ruhe (Haftreibung) und den der Bewegung (Gleitreibung). Über die Größe des ersteren sind die Ansichten noch geteilt. Erfahrungsgemäß haben trockene Flächen, die einige Zeit ruhig gegeneinandergepreßt werden, die Neigung zu kleben, so daß der Widerstand beim Übergang von der Ruhe zur Bewegung größer ist als während der letzteren. Dies wird bestätigt durch Versuche des Verfassers[2]. In Abb. 57a und b ist der Verlauf eines Versuches dargestellt. Eine Einscheibenkupplung wurde im eingerückten Zustand auf 300 Umdr./min gebracht und dann durch Abbremsen der einen Seite das Drehmoment bestimmt, bei dem sie zum Rutschen kam. War sie dann ins Rutschen geraten, so sank das zum Drehen erforderliche Moment plötzlich auf einen um ⅓ kleineren Wert. Eine Mitnahme der gebremsten Seite erfolgte erst, nachdem die Bremsbelastung um ein weiteres Drittel verringert worden war, da nun noch die Reibung an der Bremse zu überwinden war und die gebremste Seite beschleunigt werden mußte. Dem oberen Rutschmoment müßte der Reibungswert der Ruhe und dem unteren der der Bewegung entsprechen. Offensichtlich spielt dabei die Oberflächenbeschaffenheit eine große Rolle.

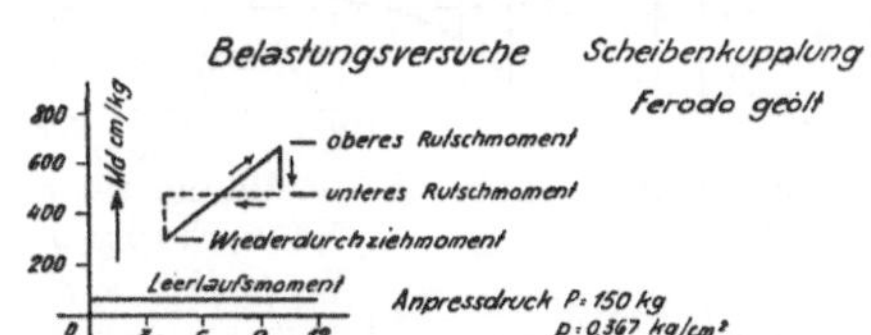

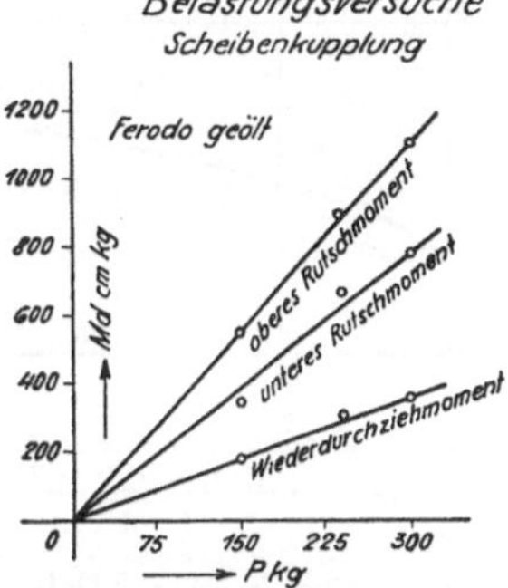

Abb. 57a und b. Belastungsversuch mit einer Scheibenkupplung.

Man kann sich den Vorgang folgendermaßen vorstellen: Liegen die Flächen ruhig aufeinander, so greifen die Unebenheiten, wie in Abb. 58 angedeutet, ineinander und beim Beginn des Gleitens muß zunächst der Widerstand an den Seitenflächen der Zacken überwunden werden bzw. diese müssen abgebogen werden. Ist dann der in Abb. 59 gezeigte Zustand des Ausklinkens erreicht, so fällt dieser Widerstand fort. Je länger die Flächen ruhig aufeinander liegen, um so mehr werden sie sich einander anpassen und um so größer muß der Anlaufwiderstand werden. Nach dem Ausklinken wird der Widerstand geringer, je weniger Gelegenheit die Zacken haben, in die Lücken der Gegenfläche einzugreifen, d. h. je größer die Gleitgeschwindigkeit ist. Es wird sehr schnell ein Kleinstwert erreicht. Bei weiter steigender Geschwindigkeit steigt dann der Widerstand je nach dem Zustand der Flächen wieder mehr oder weniger stark an bis zu einem Größtwert, der konstant bleibt. Bei geschmierten Flächen kommt noch hinzu, daß sich die Vertiefungen mit Schmiermittel füllen und sich nach dem Ausklinken ein Schmierfilm bildet, der die Flächen trennt. In diesem Fall gelten die Gesetze der flüssigen Reibung[3].

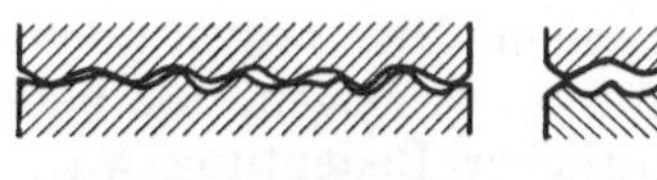

Abb. 58. Berührung rauher Oberflächen.

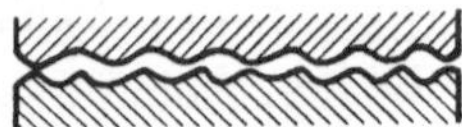

Abb. 59. Ausklinken.

[1] Hort, W. u. P. Stephan: Reibung fester Körper. Handbuch der Mechanik von Auerbach und Hort, Kap. 18. Leipzig 1929.

[2] Siehe Anmerkung 1, S. 27.

[3] Ich habe einmal zwei mit fast absoluter Genauigkeit geschliffene, ebene Glasplatten gesehen,

Versuche[1] mit kleinen sorgfältig gereinigten und geglätteten Versuchskörpern auf ebenso geglätteten und gereinigten Glasplatten im Vakuum lassen allerdings den Schluß zu, daß der Reibungswert bis auf 0 sinken kann. Diese Verhältnisse sind aber von denen in der Kupplung wesentlich verschieden.

Mohr[2] und Nickel[3] haben gleichfalls das Auftreten einer Reibung der Ruhe (Haftreibung) festgestellt, die größer war als die der Bewegung. Abb. 60 zeigt ein Versuchsergebnis von Mohr. Demgegenüber hat Florig[4] bei einer Gruppe von

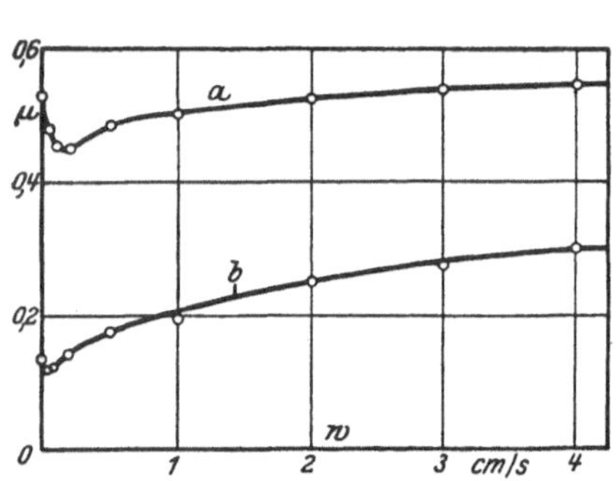

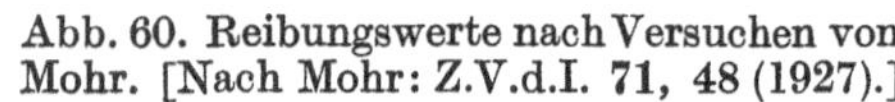
Abb. 60. Reibungswerte nach Versuchen von Mohr. [Nach Mohr: Z.V.d.I. 71, 48 (1927).]

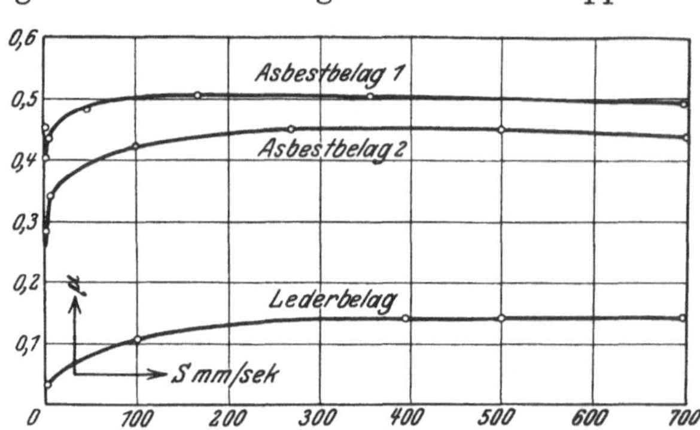

Abb. 61. Reibungswerte nach Versuchen von Florig. [Nach Florig: Z.V.d.I. 71, 1. (1927).]

Versuchen in der Ruhe einen kleineren Reibungswert als in der Bewegung ermittelt. Abb. 61 zeigt ein Ergebnis seiner Versuche. Bei einer anderen Gruppe ist diese Erscheinung jedoch nicht mehr mit der gleichen Regelmäßigkeit aufgetreten.

Das gleiche gilt von Versuchen, die Achilles[5] mit Leder auf Gußeisen vorgenommen hat. Geht man bei den Versuchen so vor, daß man die Geschwindigkeit vom Höchstwert ausgehend immer mehr verringert, so kann der Fall eintreten, daß die Zacken der Flächen keine Gelegenheit haben, ineinander zu greifen. Der Zustand der Haftreibung tritt dann bei einer nicht mehr meßbar kleinen Gleitung ein und man erhält das Ergebnis, daß die Reibung der Ruhe kleiner ist als die der Bewegung.

Zusammenfassend kann man sagen, daß bei Versuchen, die unter ganz bestimmten Voraussetzungen durchgeführt werden, Gesetzmäßigkeiten für den Verlauf des Reibungswertes festgestellt werden können. Man muß sich aber vergegenwärtigen, daß in Kupplungen die verschiedensten Einflüsse gleichzeitig wirken, die die Gesetzmäßigkeit verwischen. Dies zeigen auch die vom Verfasser durchgeführten Betriebsversuche. Abb. 62 bis 64 zeigen, daß bei diesen Versuchen nur der Grad der Schmierung von wesentlicher Bedeutung war.

---

die allein unter dem Druck der Atmosphäre so fest aufeinander hafteten, daß sie sich nicht mehr gegeneinander verschieben ließen. Der Reibungswert muß also sehr hoch gewesen sein. Auch die Größe der aufeinander liegenden Flächen spielt eine Rolle. Die erwähnten Glasplatten hatten eine Größe von etwa 15 × 15 cm. Wären die Flächen nur ein Bruchteil davon, so würde das Lösen vielleicht keine Schwierigkeiten mehr bieten. Man könnte einwenden, daß bei der Geschwindigkeit 0 auch keine Reibung auftreten kann, da diese an das Gleiten gebunden ist. Es handelt sich hier aber um den Übergang von der Ruhe zum Gleiten.

[1] Jakob: Über gleitende Reibung. Diss. Königsberg 1911.

[2] Mohr: Die Reibungsziffern für Treibriemen und Stahlbänder bei kleinen Gleitgeschwindigkeiten. Diss. Danzig 1921.

[3] Nickel: Beitrag zur Kenntnis der Reibungsziffern für Reibungskupplungen mit gußeisernen, zylindrischen Gleitflächen. Diss. Danzig 1924.

[4] Florig: Beiträge zur Kenntnis der Reibungsverhältnisse bei Konus- und Scheibenkupplungen im Automobilbau. Diss. Dresden 1925. — Bericht über Versuche zur Ermittlung des Reibungskoeffizienten von Belegmaterial trockenlaufender Automobilmotorenkupplungen. Autotechn. **15**, 11 (1926).

[5] Achilles: Untersuchungen über die Reibungskräfte in gleitenden Kupplungsflächen. Ölmotor **1915/16**, 314.

In der Kupplung treten folgende Einflüsse auf:

1. Anpreßdruck,
2. Gleitgeschwindigkeit (Schlupf),
3. Werkstoffeigenschaften,
4. Oberflächenbeschaffenheit,
5. Verunreinigung der Flächen,
6. Größe der Reibflächen,
7. Temperatur,
8. Genauigkeit des Anliegens der Flächen,
9. Erschütterungen, denen die Kupplung ausgesetzt ist.

Alle diese Einflüsse zahlenmäßig festzulegen, ist nicht möglich. Man muß sich deshalb darauf beschränken, die aus den Versuchen ermittelten mittleren Werte den Berechnungen zugrunde zu legen.

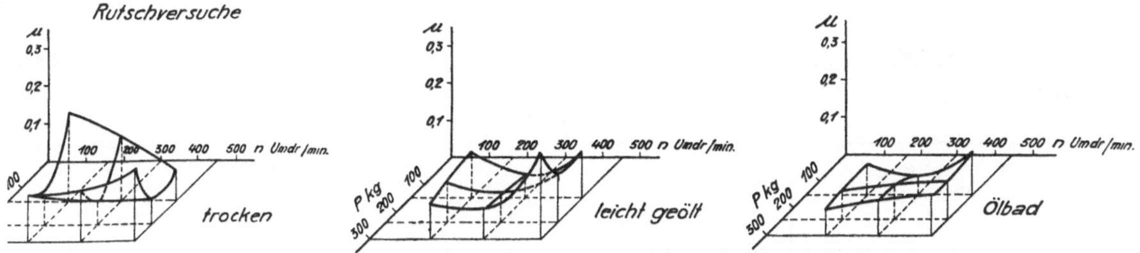

Abb. 62 bis 64. Reibungswerte nach Versuchen des Verfassers.

Ließe sich der Unterschied zwischen dem Wert der Haftreibung und dem der Gleitreibung zahlenmäßig bestimmen, so müßte der erstere im Beharrungszustand und der letztere für die Einrückperiode eingesetzt werden. Den Unterschied kann man aber nicht mit Sicherheit machen. Man wählt deshalb bei der Berechnung mittlere Werte und gleicht die Fehler durch Einstellung der Kupplung beim Einbau aus.

c) Reibungsziffern.

Infolge der Unsicherheit bezüglich der wahren Größe der Reibungsziffer war es erforderlich, sie im Einzelfalle immer wieder besonders durch Versuche zu ermitteln. Infolgedessen sind bereits umfangreiche Feststellungen erfolgt. Um eine weitere Auswertung zu ermöglichen und den Kupplungsgestalter in die Lage zu versetzen, die für seinen Fall geeigneten Werte den bereits vorhandenen Unterlagen entnehmen zu können, sollen die in Betracht kommenden Zahlen zusammengestellt werden.

Zahlentafel 4.

Reibungsziffern nach Rennie		
p	Gußeisen auf Schweißeisen	Gußeisen auf Messing
kg/cm²	wenig gefettet	
8,97	0,174	0,157
15,75	0,292	0,219
20,95	0,329	0,211
26,22	0,351	0,206
31,50	0,365	0,208
36,77	0,366	0,223
39,37	0,367	0,233
44,58	0,367	0,235
49,92	0,434	0,234

Die ersten Versuche wurden bereits vor 100 Jahren von Rennie[1] gemacht, und zwar mit Gußeisen auf Schweißeisen und Messing (Zahlentafel 4), wenig gefettet. Der Einfluß des Anpreßdruckes zeichnet sich schon sehr deutlich ab.

Weitere Zahlen wurden von Morin[2] ermittelt, die durch die Aufnahme in die Taschenbücher die weiteste Verbreitung gefunden haben. Sie sind in Zahlentafel 5 zusammengestellt.

Achilles[3] ist weiter vorgedrungen und hat auch den Einfluß der Gleitgeschwindigkeit und der Temperatur beachtet. Seine Versuche sind sehr umfangreich und liefern

[1] Rennie, G.: Royal Soc. Trans. **119**, 143—170. London 1829.
[2] Morin, A.: Neuves expériences sur le frottement, faites à Metz en 1831—1833.
[3] Siehe Anmerkung 5, S. 32.

Zahlentafel 5.

Werkstoff	Reibungsziffern nach Morin Zustand	μ Ruhe	μ Bewegung
Gußeisen auf Gußeisen . . .	trocken geschmiert	— 0,16	— 0,10—0,08
Stahl auf Gußeisen	trocken geschmiert	0,19 —	0,18—0,17 0,08—0,07
Holz auf Gußeisen	trocken geschmiert	0,6—0,65 0,11	0,5—0,3 0,19
Leder auf Gußeisen	trocken geschmiert	0,5—0,3 0,12	0,56 0,15

brauchbare Ergebnisse. In Zahlentafel 6 und 7 ist eine Übersicht über dieselben gegeben.

Zahlentafel 6.

Werkstoff	Reibungsziffern nach Achilles Zustand	Druck p kg/cm²	Reibungsziffer μ
Holz auf Gußeisen . . .	Anlaufreibung nach längerem Stillstand	0,2—2,0 < 0,2	0,27—0,30 stark ansteigend
Leder auf Gußeisen . .	Anlaufreibung	0,2—2,0 0,2—2,0	Haarseite 0,28—0,20 Fleischseite 0,17—0,16
	leicht geölt	< 0,2 0,2—2,0 < 0,2	stark ansteigend 0,17—0,12 stark ansteigend
	trocken während des Gleitens	Gesetzmäßige Abhängigkeit von p und v	

Die Abhängigkeit der Anlaufreibung von der Gleitgeschwindigkeit bei Leder auf Gußeisen zeigt Zahlentafel 7, aus der auch zu ersehen ist, daß die Reibung bei eingelaufenen Flächen geringer ist. Weitere Versuche haben noch ergeben, daß die Reibungszahl bei dauerndem Gleiten mit zunehmender Temperatur erst schnell und dann langsamer abnimmt, und zwar bei $p = 0,5$ kg/cm² und $v = 7$ bis 9 m/s von 0,4 auf 0,28.

Zahlentafel 7.

Werkstoff	p	ohne Einlauf μ	nach Einlauf bei 80° μ
Reibungsziffern nach Achilles $v = 0$ bis 9 m/s			
Leder auf Gußeisen	1,0	0,12—0,30	0,11—0,18
	0,7	0,13—0,35	0,12—0,20
	0,5	0,14—0,38	0,13—0,23
	0,4	0,17—0,42	0,13—0,27
	0,2	0,27—0,58	0,15—0,34
	0,1	—	0,18—0,47

Die Versuche von Klein[1], Hannover, hatten den Zweck, Unterlagen für die Bemessung der Bremsen von Fördermaschinen zu schaffen. Die Ergebnisse können auch für Kupplungen verwendet werden. Sie schwanken in weiten Grenzen und zeigen damit die Unsicherheit, die der Reibungsziffer stets anhaftet. Bei einer Veränderung des Anpreßdruckes in den Grenzen $p = 2$ bis 10 kg/cm² und gleichbleibender Geschwindigkeit $v = 11$ m/s ändert sich bei seinen Versuchen μ nicht. Er findet z. B. mit Pappel auf Schmiedeeisen $\mu = 0,67$ bis 0,70. Diese Erscheinung mag darauf zurückzuführen sein, daß er zur Erhöhung des Druckes die Reibfläche immer mehr verkleinert hat, so daß sie schließlich so klein wurde, daß sich die Einflüsse von selbst ausschalteten.

[1] Mitteilungen aus Forschungsarbeiten H. 10.

Zahlentafel 8.

Werkstoff	Reibungsziffern nach Klein $p = 0{,}5$ bis 10 kg/cm² $v = 1$ bis 20 m/s				
	Buche	Eiche	Pappel	Ulme	Weide
Gußeisen glatt bearbeitet	0,29—0,37 0,28—0,38	0,2 —0,37 0,19—0,40	0,31—0,40 0,29—0,41	0,36—0,37 0,32—0,39	0,46—0,47 0,43—0,50
Schmiedeeisen glatt bearbeitet	0,35—0,54 0,28—0,55	0,40—0,51 0,38—0,59	0,60—0,65 0,52—0,74	0,40—0,60 0,34—0,64	0,38—0,63 0,33—0,93

Zahlentafel 9 gibt die Ergebnisse der Mohrschen Versuche an. Sie decken sich im großen und ganzen mit den anderwärts gefundenen Zahlen.

Zahlentafel 9.

Werkstoff	Reibungsziffern nach Mohr		
	Anpreßdruck p kg/cm	Gleitgeschwindigkeit v m/s	Reibungsziffer μ
Stahlband auf Gußeisen . .	0,1—0,6	0—4,0	0,4—0,6
Leder auf Gußeisen	0,1—0,6	0—4,0	0,2—0,4

Nickel hat seine Versuche an einer zylindrischen Reibfläche ausgeführt. Als Werkstoff wählt er Gußeisen auf Gußeisen bei voller Schmierung, bei sparsamer Schmierung und trocken. Der Verlauf der Kurve für μ in Abhängigkeit von der Gleitgeschwindigkeit zeigt bei voller Schmierung den gleichen Charakter wie die von Stribeck bei seinen Lagerversuchen gefundenen Kurven, die durch die hydrodynamische Theorie bestätigt worden sind. Die Grenzen der Versuchsbedingungen waren

$$p = 0{,}9 \text{ bis } 10{,}1 \text{ kg/cm}^2,$$
$$v = 0 \text{ bis } 9 \text{ m/s}.$$

Die Reibungszahl nahm mit steigendem Druck ab. Im Stillstand zeigte sich Haftreibung. Mit zunehmender Geschwindigkeit sank die Reibungszahl erst sehr schnell bis auf etwa 0,005 um dann wieder zu steigen. Die Temperaturen lagen zwischen 20° und 50°. Ein Beharrungszustand wurde bei etwa 5 m/s erreicht. In diesem Fall wurden folgende Werte gemessen:

Zahlentafel 10.

Werkstoff	Reibungsziffern nach Nickel		
	p kg/cm²	v m/s	μ
Gußeisen auf Gußeisen geschmiert	0,91 1,95 4,11 5,8 8,14 10,1	5	0,1 0,07 0,05 0,011 0,035 0,03

Bei trockenen Flächen schwankte die Reibungszahl im gesamten untersuchten Gebiet zwischen 0,4 und 0,7. Ein ausgesprochener Unterschied zwischen Haftreibung und Gleitreibung trat nicht auf.

Im Versuchsfeld für Maschinenelemente an der Technischen Hochschule zu Berlin sind umfangreiche Versuche teils von G. Weber teils vom Verfasser ausgeführt worden. Die von Weber geprüften Werkstoffe waren Ferodo, Leder, Zellstoff und Gußeisen auf Gußeisen. Druck, Gleitgeschwindigkeit und Temperatur wurden verändert. Das Ergebnis war eine Reihe von Schichtlinien. Zusammenfassend kann man feststellen, daß Leder trocken schlecht zu verwenden ist. Auch Zellstoff, dessen Reibungsziffern etwas niedriger lagen, ist sehr empfindlich und dürfte für diesen Zweck ausscheiden. Außerdem schwankt die Reibung bei trockenen Belägen meist ziemlich stark. Durch die Schmierung wird sie gleichmäßiger. Zahlentafel 11 enthält einen Auszug aus den von ihm ermittelten Zahlen.

Zahlentafel 11.

Werkstoff auf Gußeisen	Reibungsziffer nach G. Weber			
	Zustand	p kg/cm²	v m/s	μ
Ferodo	trocken geschmiert	0,3—1,25	0—4	0,4 —0,7 0,16—0,4
Leder	trocken geschmiert	0,3—1,25	0—4	0,4 —0,7 0,15—0,4
Zellstoff.......	trocken geschmiert	0,3—1,25	0—4	0,25—0,35 0,15—0,3
Gußeisen	gefettet	0,3—1,25	0—4	0,1 —0,5

Die Versuche des Verfassers wurden mit Ferodo, Zellstoff und einer größeren Anzahl von Asbestbelägen auf Gußeisen und Stahl durchgeführt. Sie ergaben, daß Zellstoff ungeeignet ist, während die Asbestbeläge recht gut waren. Trotzdem sie sich äußerlich sehr glichen, war ihr Verhalten doch verschieden. Zum Teil hielten sie Temperaturen von 300° C noch gut aus, ohne große Schwankungen der Reibungsziffer zu zeigen. Bei trockenen Belägen war eine Abhängigkeit von der Temperatur und der Dauer des Rutschens festzustellen. Schmierung hat großen Einfluß, der darauf zurückzuführen ist, daß die neueren Asbestbeläge sehr hart und homogen sind, so daß sie das Schmiermittel nicht oder nur in sehr geringem Maße ansaugen. Es bildet sich also ein regelrechter Schmierfilm aus.

Eine Gruppe von Versuchen wurde bis zu hohen Gleitgeschwindigkeiten durchgeführt, wobei Temperaturen bis zu 300° erreicht wurden. Die Reibungsziffern schwankten im Mittel zwischen 0,3 und 0,5. Man kann etwa folgende Werte annehmen.

Zahlentafel 12.

Werkstoff	Reibungsziffern nach vom Ende			
	p kg/cm²	v m/s	t °C	μ
Asbestbelag auf Eisen . .	0,4—1,5	2 4 6 10 20 30	bis 300°	0,15—0,3 0,2 —0,3 0,25—0,35 0,3 —0,4 0,4 —0,5 0,4 —0,5

Es empfiehlt sich, beim Bezug des Werkstoffes die Reibungszahlen mit angeben zu lassen.

Weiter wurde gefunden, daß sich bei Kupplungen im Betriebszustand die Gesetzmäßigkeiten nicht mehr so scharf abzeichnen, wie bei systematischen Versuchen mit einer besonderen Einrichtung. Bei Betriebsversuchen mit einer Kraftwagenkupplung schwankten die Reibungszahlen stark. Sie lassen sich etwa in folgende Mittelwerte zusammenfassen.

Zahlentafel 13.

Werkstoff auf Gußeisen	Reibungsziffern nach vom Ende		
	Druck p kg/cm²	Gleitgeschwindigkeit v m/s	Reibungsziffer μ
Ferodo trocken	0,734	4,08	0,12—0,16
Asbestbelag trocken	0,734	4,08	0,13—0,42
Asbestbelag leicht geölt ...	0,734	4,08	0,08—0,20

Umfangreiche Versuche sind von Florig im Versuchs- und Materialprüfungsamt des Herrn Prof. Kutzbach an der Technischen Hochschule in Dresden im Auftrage der Kraftwagenindustrie und des Reichsverkehrsministeriums durchgeführt worden[1].

[1] Forschungsinstitut für das Kraftfahrwesen beim Reichsverband der Automobilindustrie. Versuchsbericht Nr. 1 März 1929, Versuche mit Kupplungs- und Bremsbelägen.

Untersucht wurden Leder, Baumwolle und zahlreiche Asbestbremsbeläge auf Eisen. Die Reibungsziffer der Ruhe war teils niedriger teils höher als die der Bewegung. Mit steigendem Druck nahm sie ein wenig ab und mit steigendem Schlupf zunächst ein wenig zu, um dann nahezu gleich zu bleiben. Die Temperatur hatte auf die einzelnen Beläge verschiedenen Einfluß. Eine erste Gruppe der Versuche wurde bei einem Anpreßdruck von 0,5 bis 2,0 kg/cm² und einem Schlupf von 0 bis 0,6 m/s vorgenommen. Das Ergebnis zeigt Zahlentafel 14.

Zahlentafel 14.

Werkstoff auf Eisen	Reibungsziffern nach Florig			
	p kg/cm²	v m/s	μ	Bemerkungen
Leder	0,5—2,0	0—0,6	0,1 —0,25	Nur mit Tran oder Öl getränkt
Baumwolle			0,4 —0,65	Nur für geringe Drücke und niedrige Temperaturen geeignet
Asbest			0,45—0,65	

Eine weitere Gruppe von Belägen wurde höheren Beanspruchungen ausgesetzt. Das Ergebnis deckt sich im wesentlichen mit dem des Versuchsfeldes für Maschinenelemente an der Technischen Hochschule zu Berlin. Auch diese Versuche zeigen, daß in der Herstellung der Bremsbeläge in den letzten Jahren erhebliche Fortschritte gemacht worden sind. Mit zunehmender Temperatur nahmen die Reibungsziffern zunächst ab, um dann verhältnismäßig konstant zu bleiben. Die Beläge waren nicht alle den hohen Beanspruchungen gewachsen. Es ist aber zu bedenken, daß in Kupplungen die Drücke im allgemeinen geringer sind und das Gleiten nur kurze Zeit dauert.

Zahlentafel 15.

Werkstoff	Reibungsziffern nach Florig			
	p kg/cm²	v m/s	Temperatur °C	μ
Asbestbelag auf SM-Stahl von 50 kg/cm² Festigkeit	4,0	6	200	Bei Beginn 0,5—0,6 Später 0,3—0,4
	2,6	6	300	
	8,0	6	300	

5. Die Ausführungsformen der Reibungskupplungen.

Die mannigfaltigen Möglichkeiten der Ausführung haben zu einer ganzen Anzahl brauchbarer Konstruktionen geführt. Für die Verwendung der einzelnen Systeme lassen sich keine allgemein gültigen Regeln aufstellen. Man wird in jedem Einzelfall gesondert entscheiden müssen. Bei Gleichwertigkeit werden die Preise in den Vordergrund treten, während bei weiten Entfernungen der Fracht wegen die Gewichte eine Rolle spielen können. Wie der in Abb. 65 durchgeführte Vergleich zeigt, wird man in diesem Punkt bei einigen Systemen eine weitere Verbesserung anstreben müssen.

Die Grundformen sind:

die Scheibenkupplung, die Backenkupplung,
die Kegelkupplung, die Feder- oder Bandkupplung.

Aus ihrem Aufbau (Abb. 66 bis 80) ergibt sich folgende Einteilung:

A. Einteilung nach der Form der Reibflächen.

1. Die Scheibenkupplungen:
   a) Einscheibenkupplung,
   b) Doppelscheibenkupplung,
   c) Lamellenkupplung.
2. Die Kegelkupplungen:
   a) Einfacher Kegel,
   b) Doppelkegel.
3. Kombinierte Scheiben- und Kegelkupplung.
4. Backenkupplungen:
   a) Innenbacken,
   b) Außenbacken,
   c) Doppelbacken (innen und außen).
5. Die Feder- und Bandkupplungen:
   a) Innenfeder,
      α) Spreizring,
      β) Schraubenfeder,
   b) Außenfeder,
   c) Außenband.

B. Erzeugung des Anpreßdruckes bzw. Betätigung der Kupplung:

1. durch Hebel,
2. durch Feder,
   a) direkt,
   b) in Verbindung mit Kniehebel.
3. durch Elektromagnet,
4. durch Druckluft,
5. durch Druckwasser,
6. durch Fliehkraft.

C. Ausführung des Stellzeuges.

1. Stellzeug entlastet,
2. Stellzeug nicht entlastet.

a) Die Scheibenkupplungen.

Typische Ausführungen dieser Gattung sind die Scheibenkupplungen für Kraftwagen in der Form von Einscheiben- und Lamellenkupplung, sowie die Doppelscheiben-Reibungskupplung von Lohmann & Stolterfoht, die Bennkupplung und die Jordankupplung. Eine etwas abweichende Form hat die Isfortkupplung.

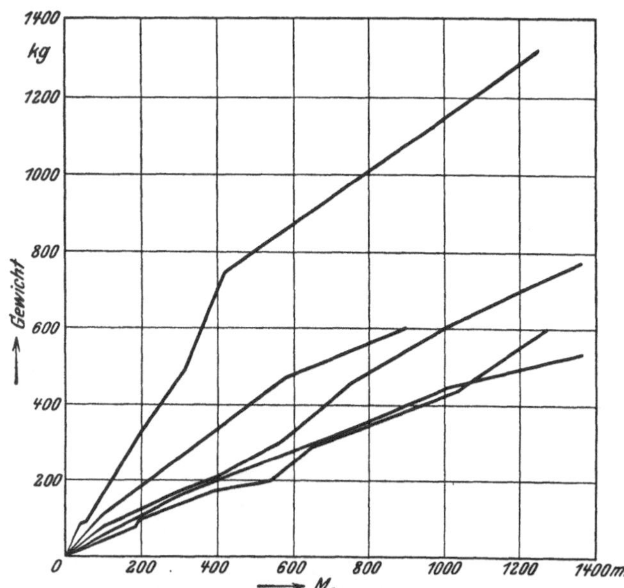

Abb. 65. Vergleich der Gewichte von Reibungskupplungen.

Im Kraftwagenbau sind Einscheibenkupplungen nach Abb. 81 vielfach üblich. Die Darstellung entspricht einer Ausführung der Stoewerwerke, Stettin. Die auf dem einen Wellenende sitzende Mitnehmerscheibe wird zwischen zwei Druckscheiben gepreßt, die auf dem anderen Wellenende sitzen. Die Mitnehmerscheibe ist axial verschiebbar angeordnet. Bei andere Ausführungen sitzt sie fest, ist aber elastisch, um die axiale Einstellung der Reibfläche zu ermöglichen. Der Anpreßdruck wird durch Federn erzeugt, die auf den Umfang verteilt sind. Zwischen Mitnehmer- und Druckscheiben sind Reibscheiben aus Asbestgewebe eingelegt. Die Schmierung der Kupplung fällt infolgedessen fort. In diesem Falle sind die Reibscheiben lose eingelegt. Versuche haben ergeben, daß es zweckmäßiger ist, die Scheiben zu befestigen[1]. Hierbei ist nun die Frage zu erörtern, in welchem Verhältnis der Innendurchmesser der Reibfläche zum Außendurchmesser stehen soll.

[1] Automot.-Ind. 48, 26 S. 1394/97 (1923). Dort sind 14 amerikanische Konstruktionen dargestellt.

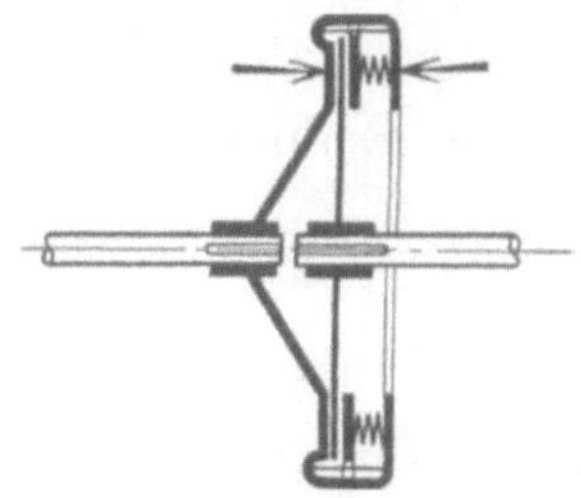
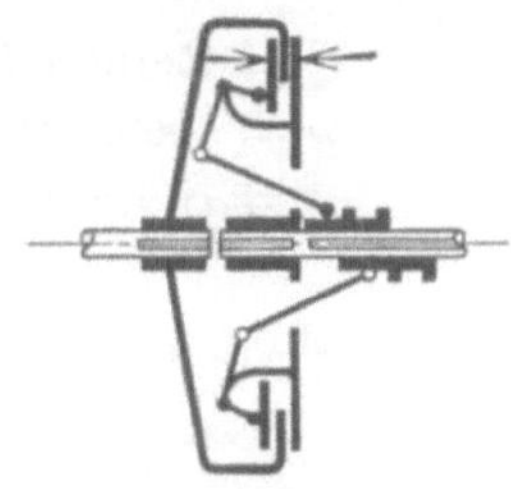
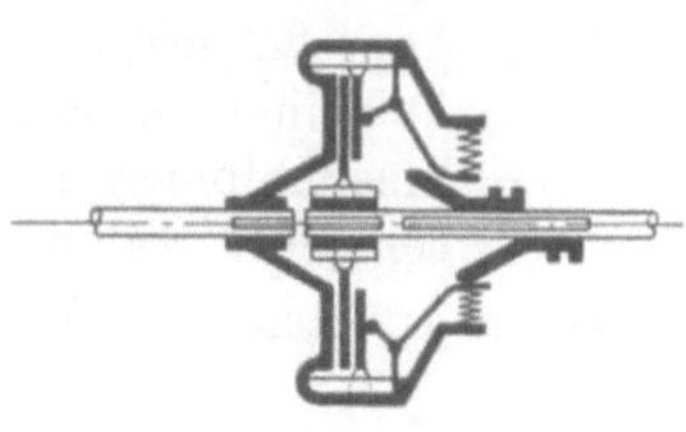

Abb. 66 bis 68. Einscheibenkupplungen.

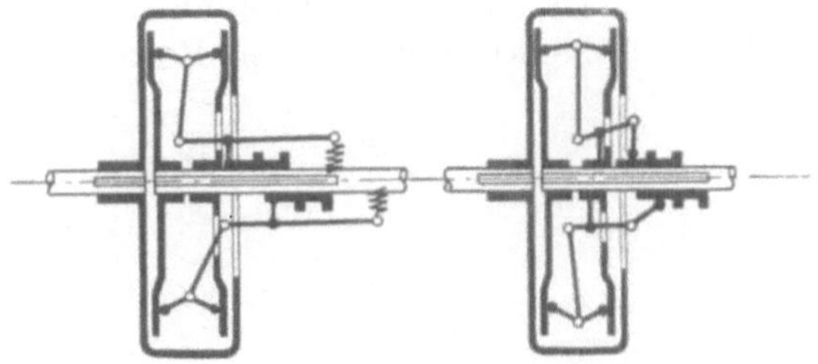

Abb. 69 und 70. Doppelscheibenkupplungen.

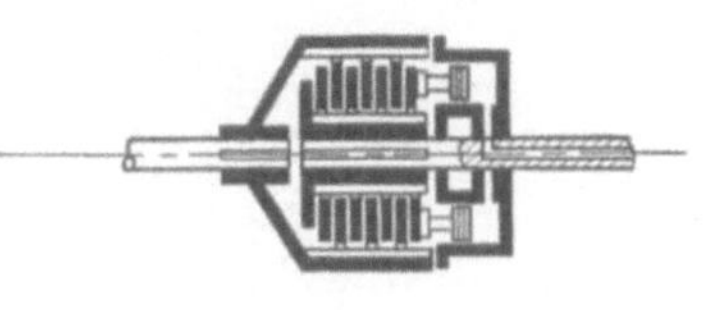

Abb. 71. Lamellenkupplung.

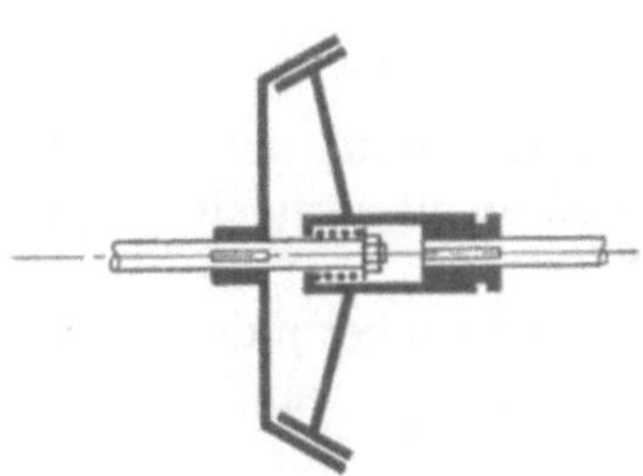

Abb. 72. Kegelkupplung.

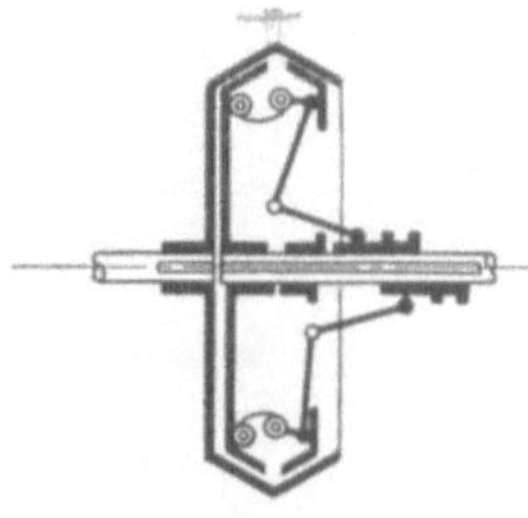

Abb. 73. Doppelkegelkupplung.

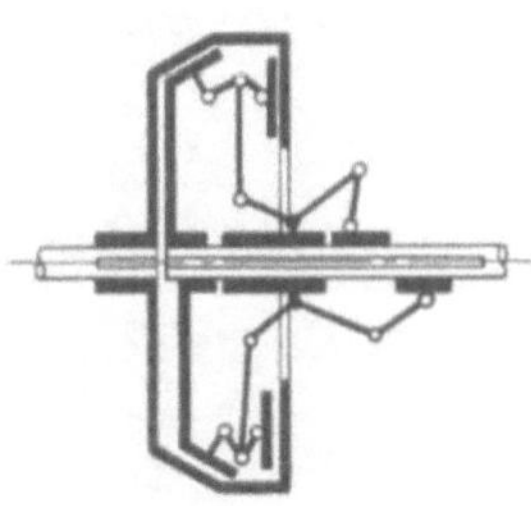

Abb. 74. Vereinigte Scheiben- und Kegelkupplung.

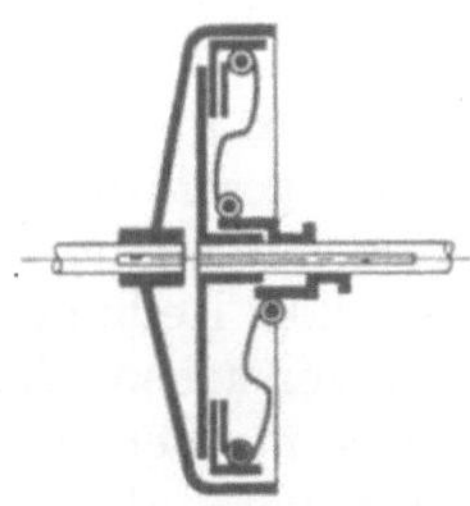

Abb. 75. Innenbackenkupplung.

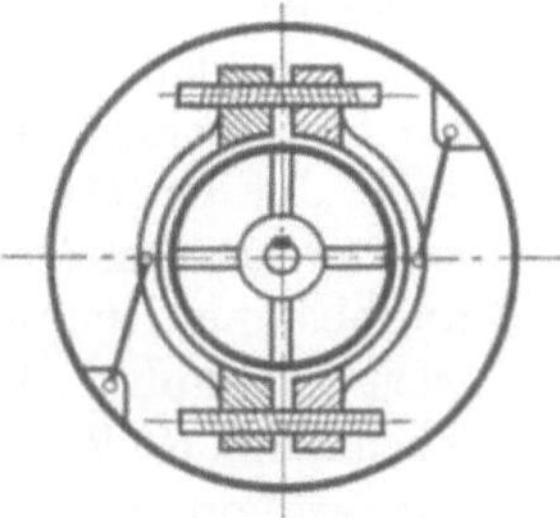

Abb. 76. Außenbackenkupplung.

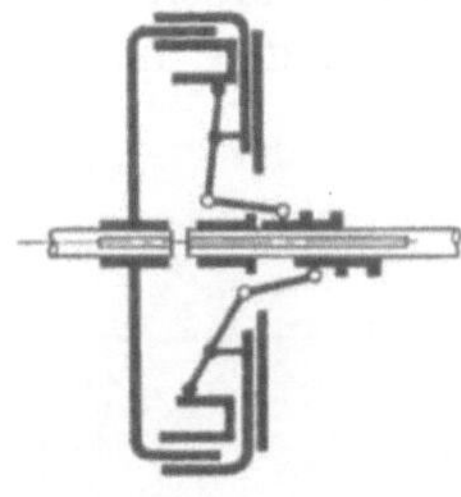

Abb. 77. Doppelbackenkupplung (Innen- und Außenbacken).

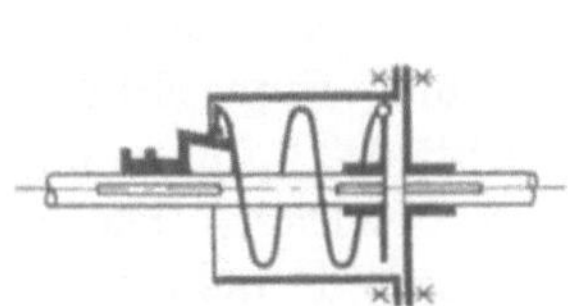

Abb. 78. Federbandkupplung mit Innenfeder.

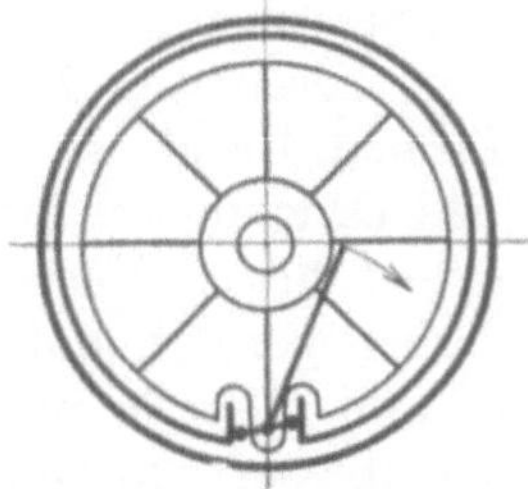

Abb. 79. Innenbandkupplung (Spreizringkupplung).

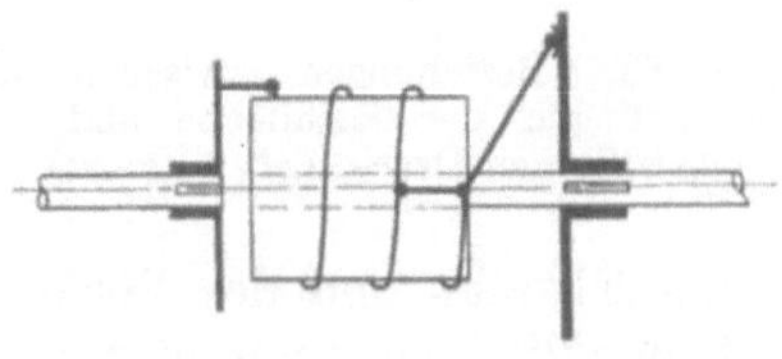

Abb. 80. Federbandkupplung mit Außenfeder.

Es sei (Abb. 82):

P = Anpreßdruck, F = Reibfläche,

R_a = Außenhalbmesser, p = spez. Druck auf die Reibfläche,

R_i = Innenhalbmesser, μ = Reibungsziffer.

ϱ = beliebiger Halbmesser,

Dann ist nach einer bekannten Ableitung das Reibungsmoment

$$M_d = 2\pi\mu\cdot p\int_{R_i}^{R_a}\varrho^2\,d\varrho,$$

$$M_d = \tfrac{2}{3}\pi\cdot\mu\cdot p(R_a^3 - R_i^3).$$

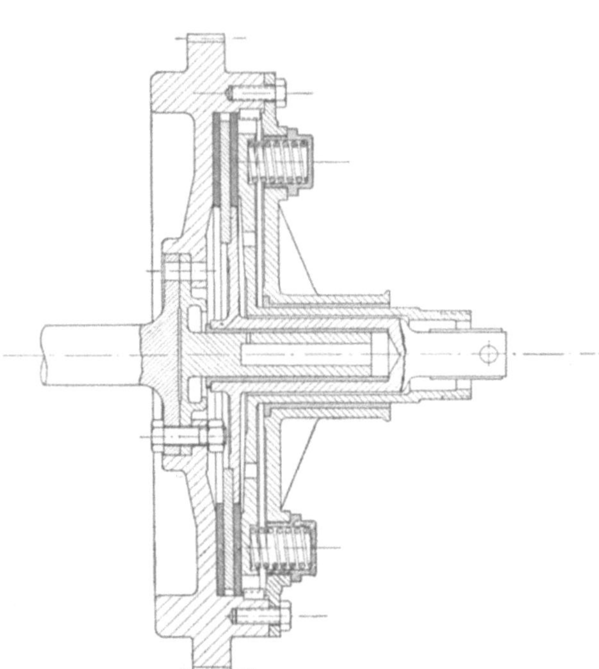

Abb. 81 u. 82. Einscheiben-Kraftwagenkupplung, Bauart Stoewer, Stettin.

Da bei der normalen Einscheibenkupplung zwei Reibflächen

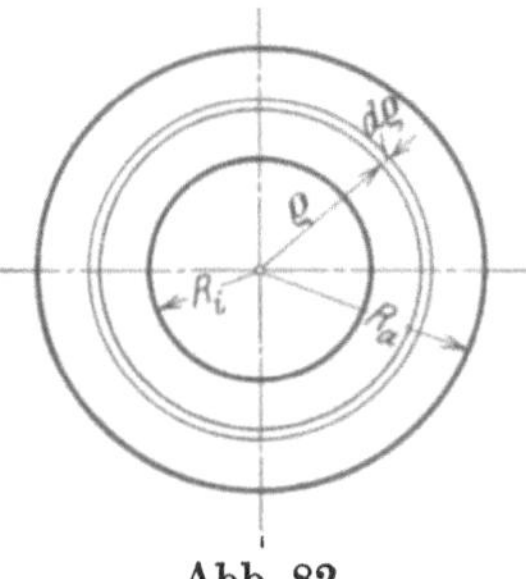

Abb. 82.

vorhanden sind, ist das Reibungsmoment doppelt so groß.

Setzt man an Stelle des spezifischen Druckes p den Gesamtanpreßdruck P ein, so nimmt die Formel die Form an

$$M_d = \frac{2}{3}\,\mu\cdot P\,\frac{R_a^3 - R_i^3}{R_a^2 - R_i^2}.$$

Bei gleichbleibendem spezifischen Druck p ist das Drehmoment vom Verhältnis R_i/R_a abhängig, das möglichst klein sein soll. Je kleiner dies jedoch ist, d. h. je größer der Unterschied der Radien ist, um so größer ist auch der Unterschied in den Gleitgeschwindigkeiten auf den Reibflächen. Dies hat wiederum unliebsame Rückwirkungen auf den Reibungswert zur Folge. Man wird also versuchen, das Verhältnis R_i/R_a möglichst groß zu machen, was wieder von der Wahl von p abhängt. Abb. 83 veranschaulicht die gegenseitige Beeinflussung der beiden Werte bei der im Versuchsfeld für Maschinenelemente an der Technischen Hochschule Berlin untersuchten Kraftwagenkupplung. Bei dieser war $R_i/R_a = 0{,}68$ bei einem spezifischen Druck $p = 0{,}7\ \text{kg/cm}^2$. Eine Erhöhung des Druckes auf etwa 1,0 bis 1,2 kg/cm² würde eine fühlbare Verbesserung bewirken. Die Versuche Florigs und des Verfassers haben gezeigt, daß eine solche Druckerhöhung unbedenklich vorgenommen werden kann. Gerade in den letzten Jahren sind die Kupplungs- und Bremsbeläge derart verbessert worden, daß sie eine erhebliche Erhöhung der Beanspruchung vertragen, und es ist zu überlegen, ob man nicht in allen Reibungskupplungen das Holz durch die Asbestbeläge ersetzen soll.

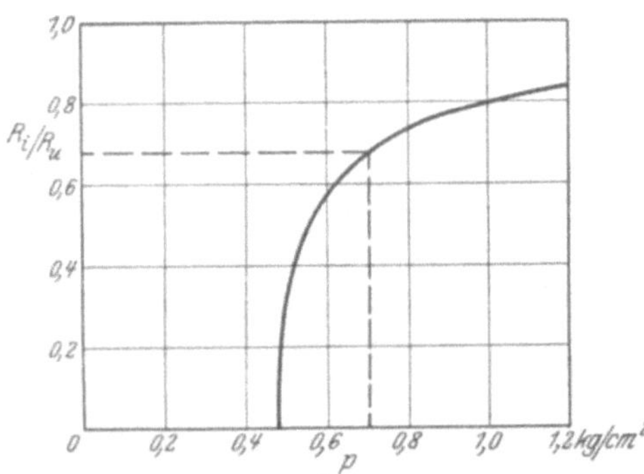

Abb. 83. Beziehungen zwischen den Abmessungen der Reibfläche und dem spezifischen Druck. (M_d = const).

Die Erhöhung des Druckes würde außerdem eine Verkleinerung der Kupplungen bewirken, was bei hohen Drehzahlen sehr erwünscht ist. Abb. 84 zeigt das Ergebnis entsprechender Versuche des Verfassers. Bei der erwähnten Kraftwagenkupplung wurden die Versuche zunächst mit dem vollen Ring im Anlieferungszustand gemacht. Dann wurde der Ring durchgeschnitten, so daß ein innerer und ein äußerer Ring entstand. Das Verhältnis der Radien war gemäß Zahlentafel 16.

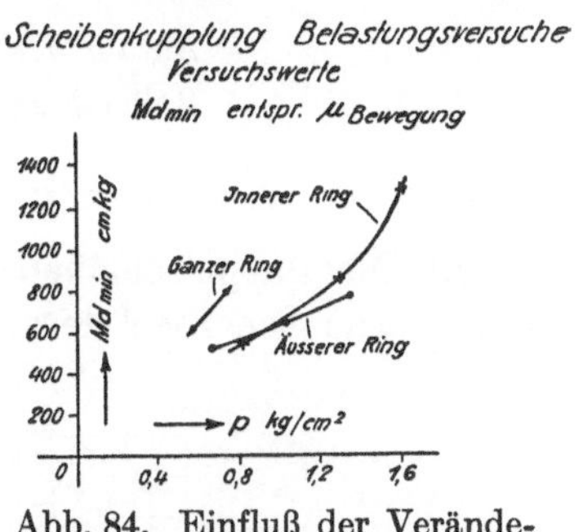

Abb. 84. Einfluß der Veränderung der Reibfläche auf das übertragbare Moment.

Zahlentafel 16.

	R_i/R_a
Ganzer Ring	0,68
Innerer Ring	0,81
Äußerer Ring	0,84

Wie die Abbildung zeigt, konnte der Verlust an Reibungsfläche ohne weiteres durch die Druckerhöhung ausgeglichen werden. Wichtig ist jedoch die Beherrschung der Reibungswärme. Dazu ist die Häufigkeit der Betätigung und die Schleifdauer der Kupplung zu beachten.

Abb. 85 zeigt die Bennkupplung als Einscheibenkupplung. Die Anordnung der Feder ist etwas anders als bei der normalen Bennkupplung.

Soll das übertragbare Moment ohne wesentliche Vergrößerung der Kupplung stark erhöht werden, so werden mehrere Reibscheiben hintereinander gelegt und

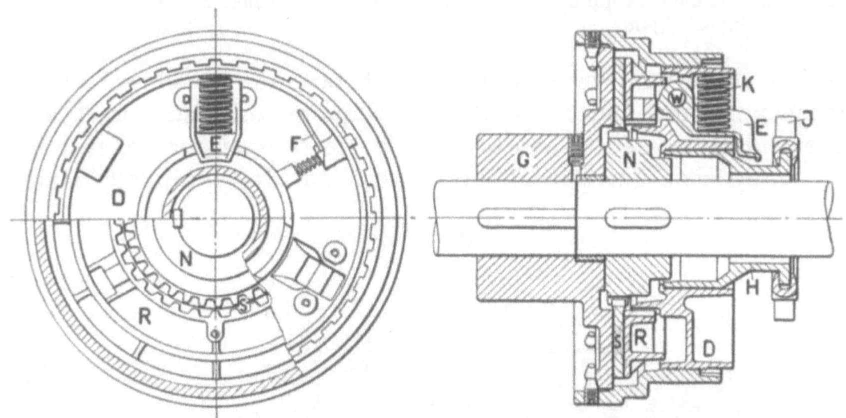

Abb. 85. Einscheibenkupplung, Bauart Benn.

es entsteht die Lamellenkupplung (Abb. 86). Die Übertragungsfähigkeit steigt entsprechend der Anzahl der Reibflächen. Der Anpreßdruck wird bei dieser Type nicht so hoch gewählt. Sie rücken nicht so plötzlich ein wie Einscheibenkupplungen, da die Reibflächen nacheinander zum Eingriff kommen. Der Einrückstoß wird dadurch gemildert, und zwar um so mehr, je mehr Reibflächen vorhanden sind. Es kommt jedoch vor, daß die Lamellen beim Ausrücken nicht alle völlig voneinander abrücken und teilweise schleifen, was ungleichmäßige Abnützung zur Folge hat. Außerdem wird die Reibungswärme schlecht abgeführt.

Berechnungsbeispiel einer Scheibenkupplung.

Leistung . . . . $N = 40$ PS,

Drehzahl . . . . $n = 300/\text{min}$,

Drehmoment . . . . . $M_d = 716 \frac{N}{n} = \frac{716 \cdot 40}{300} = 96$ mkg,

Wellendurchmesser. . . $d = \sqrt[3]{\frac{5 M_d}{k_d}} = \sqrt[3]{\frac{5 \cdot 9600}{200}} = 6{,}0$ cm,

Reibradius . . . . . . $r = 28$ cm,

Umfangskraft . . . . . $U = \frac{M_d}{r} = \frac{9600}{28} = 340$ kg,

Anzahl der Reibflächen $i = 2$,

Reibungsziffer . . . . . $\mu = 0{,}15$,

Anpreßdruck . . . . . $Q = \frac{U}{\mu \cdot i} = \frac{340}{0{,}15 \cdot 2} = 1130$ kg.

α) **Die Doppelscheiben-Reibungskupplung.** Mit dem einen Wellenende sind zwei gußeiserne Scheiben R derart verbunden, daß sie sich in der Längsrichtung bewegen

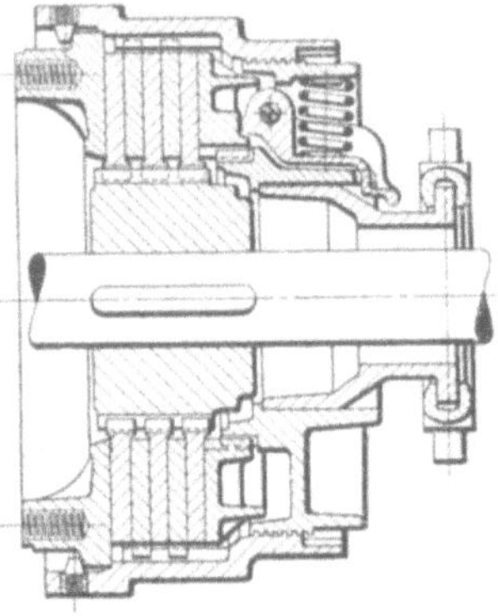

Abb. 86. Lamellenkupplung, Bauart Benn.

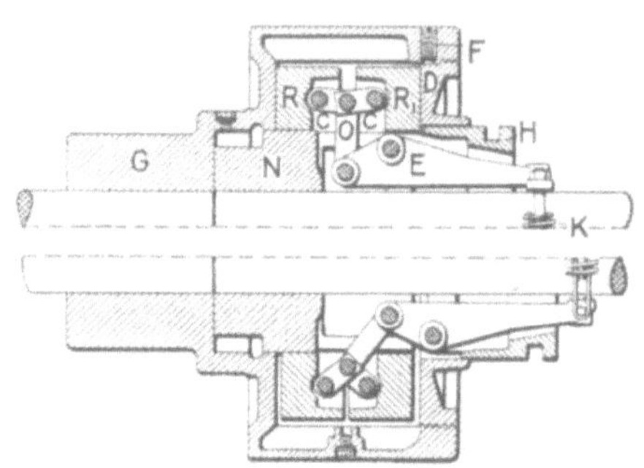

Abb. 87. Doppelscheiben-Reibungskupplung, Bauart Benn.

können. Durch einen von der Ausrückmuffe betätigten Hebelmechanismus werden sie auseinander gerückt und von innen gegen die Seitenwände eines auf dem anderen Wellenende sitzenden Gehäuses gepreßt. Letzteres ist reichlich mit Öl gefüllt, so daß die Reibflächen gut mit Öl geschmiert sind. Da durch die Schmierung die

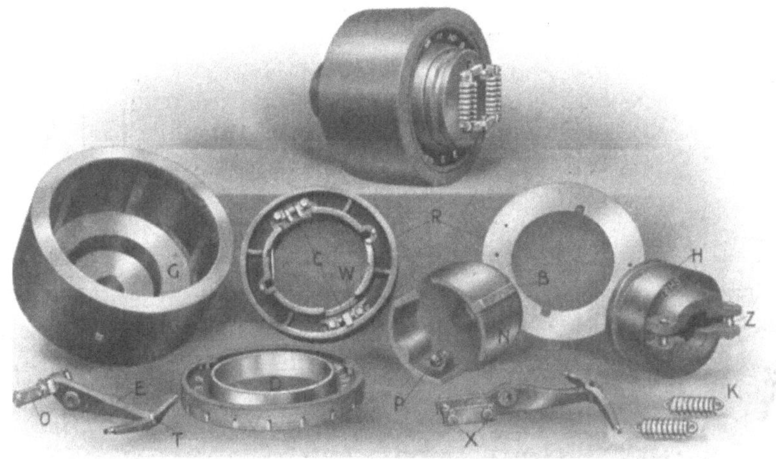

Abb. 88. Doppelscheiben-Reibungskupplung, Bauart Benn.

Reibungszahl sehr stark herabgesetzt wird — sie kann höchstens mit $\mu = 0{,}05$ bis 0,15 eingesetzt werden —, muß der Anpreßdruck hoch gewählt werden. Zum Zweck der Nachstellung ist die eine Gehäusewand, die des Einbaues wegen abnehmbar sein muß, eingeschraubt und infolgedessen einstellbar. Abb. 87 und 88 zeigen die Bennkupplung. Der Anpreßdruck ist 16 bis 18 kg/cm^2.

Der Anpreßdruck wird durch Verstellen des Deckels eingestellt. In der Nachgiebigkeit des Hebelsystems liegt eine gewisse Elastizität, die noch durch die eingebauten

Federn erhöht wird. Diese haben außerdem ausgleichende Wirkung, so daß die Reibringe auf dem ganzen Umfang gleichmäßig stark anliegen. Die Muffe wird soweit eingerückt, daß der an die Kniehebel anschließende Hebel über den Totpunkt hinausgeschoben wird. Dadurch wird die Muffe entlastet.

Bei der Anordnung der Hebel ist zu beachten, daß im Leerlauf kein selbsttätiges Einrücken der Kupplung durch die Wirkung irgendwelcher Fliehkräfte eintreten

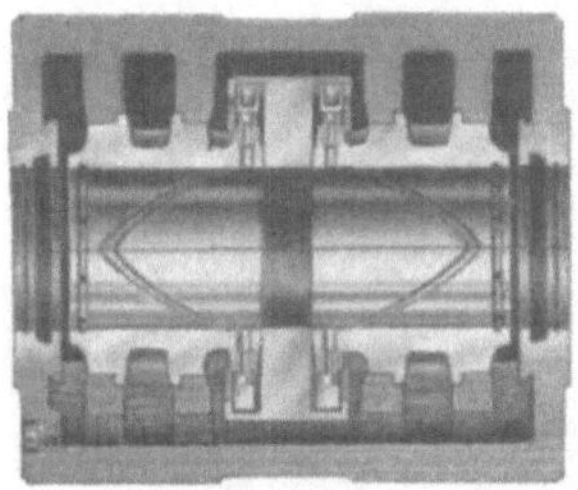
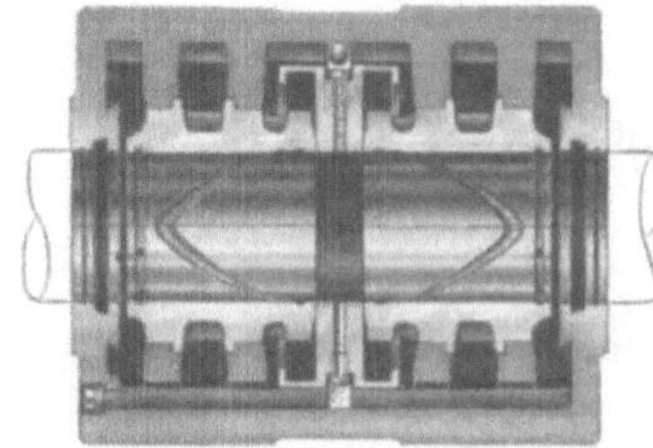
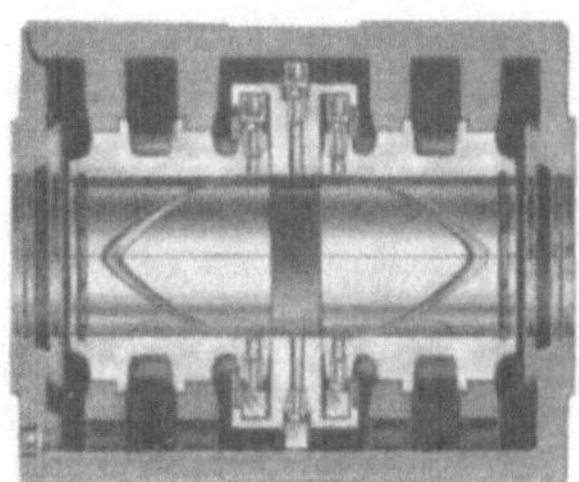

Abb. 89a bis c. Leerlaufbüchse, Bauart Wülfel, für wechselnde Drehrichtung bei abwechselndem Stillstand von Kupplung und Welle.

darf. Andererseits ist es bei hohen Drehzahlen unerwünscht, wenn die Fliehkraft so hohe Werte annimmt, daß das Einrücken erschwert wird. Bei der Bennkupplung wirkt die Fliehkraft im Sinne des Einrückens, wird jedoch von den Federn aufgenommen.

Je nach dem Verwendungszweck werden sämtliche Kupplungen als Wellenendkupplungen oder in Verbindung mit Leerlaufbüchsen oder Hohlwellen ausgeführt, wobei die Art des unterbrochenen Betriebes sowie die Leerlaufdauer eine Rolle spielen. Die Leerlaufbüchsen werden mit Gleit- und Kugellagerung ausgeführt.

Die Firma Eisenwerk Wülfel hat für den gleichen Zweck eine Leerlaufbüchse gebaut, die Laufflächen aus Weißmetall hat und eine selbsttätige Schmiervorrichtung, die in beiden Drehrichtungen sowohl bei stillstehender Welle und laufender Scheibe als auch umgekehrt wirkt (Abb. 89a bis c). Sie tritt bei über 70 Umdr./min in Tätig-

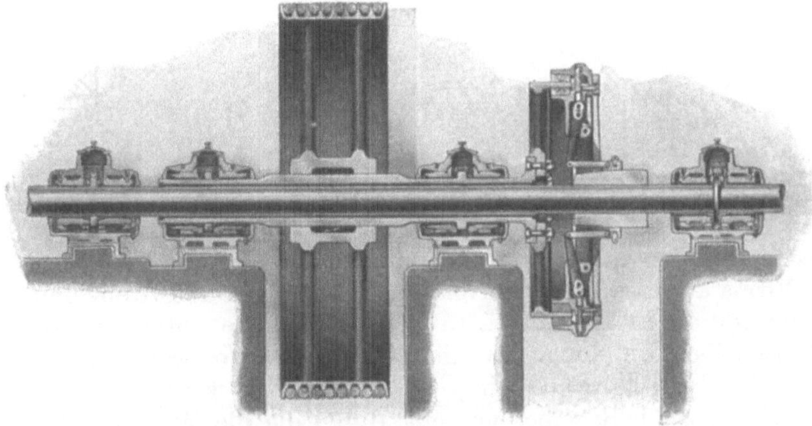

Abb. 90. Reibungskupplung mit Hohlwelle.

keit. Die Durchbiegung der Welle darf auf die Länge der Lauffläche 0,006 mm nicht überschreiten. Um ungleichmäßige Belastung zu vermeiden, wird die Scheibe nicht breiter als die Büchse gemacht.

Abb. 90 zeigt die übliche Anordnung mit Hohlwelle. Diese ermöglicht auch die Übertragung größter Leistungen, wird aber durch die Hohlwelle und deren Lager teurer als die Ausführung zur Verbindung zweier Wellenenden. Die Hohlwellen werden je nach der Beanspruchung aus Gußeisen oder Stahlguß hergestellt. Letztere sind wohl teurer aber bei gleicher Beanspruchung dünner und brauchen Lager mit kleinerer Bohrung, so daß der Gesamtpreis nahezu gleich bleibt. Der Flansch der Hohlwelle gestattet ein gutes Zentrieren der einen Kupplungshälfte, einen bequemen Einbau derselben und ergibt eine kurze Baulänge.

Soll eine Bennkupplung Type L 4 ein Drehmoment $M_d = 270$ mkg übertragen, so wird die Umfangskraft

$$U = \frac{M_d}{r} = \frac{270}{0,16} = 1690 \text{ kg},$$

der Anpreßdruck

$$Q = \frac{U}{2 \cdot \mu} = \frac{1690}{2 \cdot 0,15} = 5630 \text{ kg},$$

der spezifische Druck auf die Reibflächen

$$p = \frac{Q}{F} = \frac{5630}{310} = 18 \text{ kg/cm}^2.$$

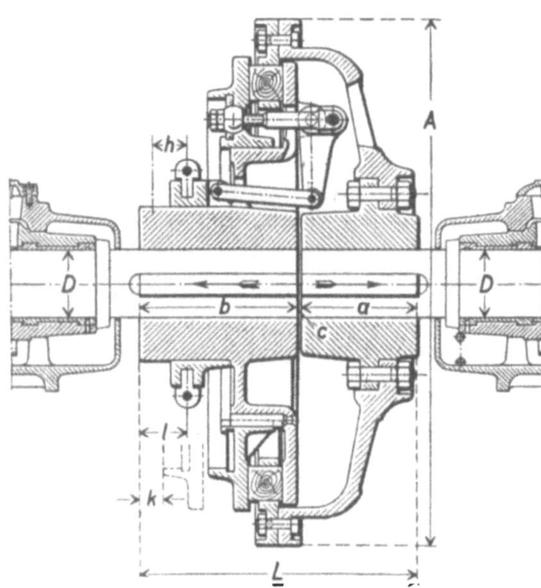

Abb. 91. Isfortkupplung, Bauart Lohmann & Stolterfoht.

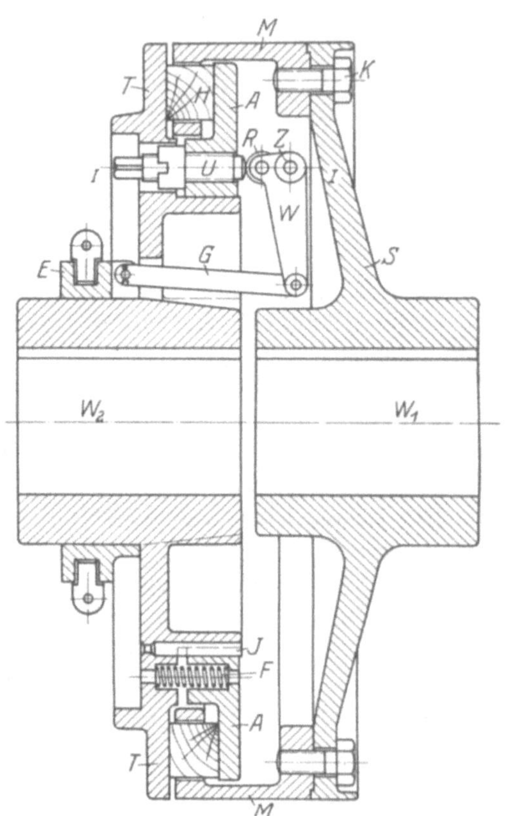

Abb. 92. Isfortkupplung, Bauart Flender. (Aus Rötscher: Maschinenelemente.)

β) Die Isfortkupplung. Von dieser Kupplung bestehen zwei Ausführungen, und zwar von der Firma Lohmann & Stolterfoht A. G. in Witten a. d. Ruhr und der Firma Friedr. Flender & Co. in Düsseldorf. In der Hauptsache entspricht sie einer sogenannten Einscheibenkupplung. Die eine Kupplungsseite besteht aus einem Mitnehmerring, in den Holzklötze lose eingesetzt sind. Diese werden zwischen zwei auf der anderen Seite sitzende Scheiben gepreßt, durch die die Mitnahme bewirkt wird. Die beiden Druckscheiben sind axial gegeneinander verschiebbar und werden durch einen Kniehebel gegeneinander gepreßt. Abb. 91 zeigt die Ausführung der Firma Lohmann & Stolterfoht. Von der Muffe wird ein Kniehebel betätigt, dessen einer Drehpunkt auf der inneren Druckscheibe sitzt. Der andere Drehpunkt ist durch einen Lenker mit der anderen Druckscheibe verbunden. Beim Ausrücken werden die Scheiben zwangläufig auseinander geschoben.

Bei der Flenderkupplung (Abb. 92) sitzt der Drehpunkt des Kniehebels auf der äußeren Druckscheibe. Das Ende des kleinen Hebelarmes legt sich gegen die innere

Druckscheibe. Dadurch wird das Zusammenschieben der Scheiben bewirkt. Bei dieser Ausführung werden die Scheiben beim Ausrücken durch besondere Federn auseinander gedrückt.

In beiden Fällen handelt es sich um starre Anpressung, d. h. der Anpreßdruck ist einstellbar, aber im Betrieb nicht regelbar und nicht nachgiebig, da kein elastisches Glied vorhanden ist. Die Reibflächen sind nicht geschmiert. Die Reibungsziffer kann daher höher eingesetzt werden. Der Verschleiß der Reibhölzer ist des rechtzeitigen Auswechselns wegen zu beobachten. Die Kniehebel sind so weit durchzuschieben, daß ein selbsttätiges Ausrücken der Kupplung vermieden wird. Abb. 93 zeigt eine Isfortkupplung der Firma Lohmann & Stolterfoht für kleine Leistungen mit einer durch die Kleinheit bedingten veränderten Hebelanordnung.

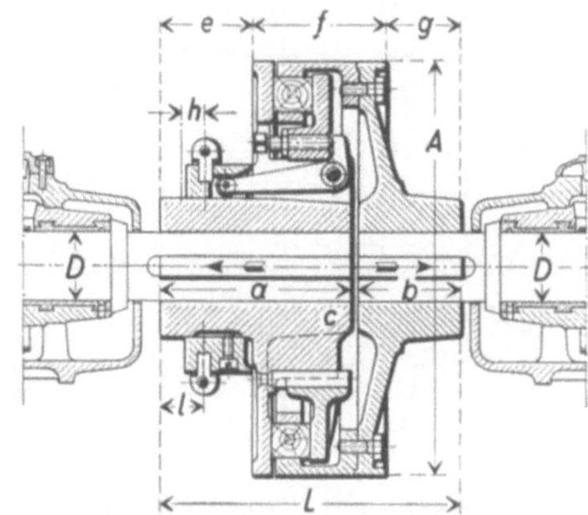

Abb. 93. Isfortkupplungen für kleine Leistungen, Bauart Lohmann & Stolterfoht.

b) Kupplungen mit Druckluft und Druckwasserbetrieb.

Die Firma Jordan-Bremsen-Gesellschaft baut eine direkt wirkende Druckluftkupplung, bei der der Axialschub aufgehoben ist (Abb. 94). Diese ist als Lamellenkupplung mit Lamellen aus Flußeisen und Zwischenlagen aus Rotbuche ausgebildet. Falls erforderlich, kann die Reibungswärme durch umlaufendes Öl abgeführt werden. In der einen Kupplungshälfte ist ein Ringkolben eingesetzt. Dieser trägt Stifte, die die Lamellen zusammendrücken. Der Kolben wird durch Druckluft betätigt, die durch eine Bohrung in der Welle zugeführt wird. Bemerkenswert ist die Abdichtung am Ende der Welle, die nachgiebig ist und dem Verschleiß an der Schleifstelle Rechnung trägt. Der übliche Luftdruck beträgt 3 bis 4 at. Vorteilhaft ist bei der Verwendung von Luft als Druckmittel die Unwirksamkeit der Fliehkraft.

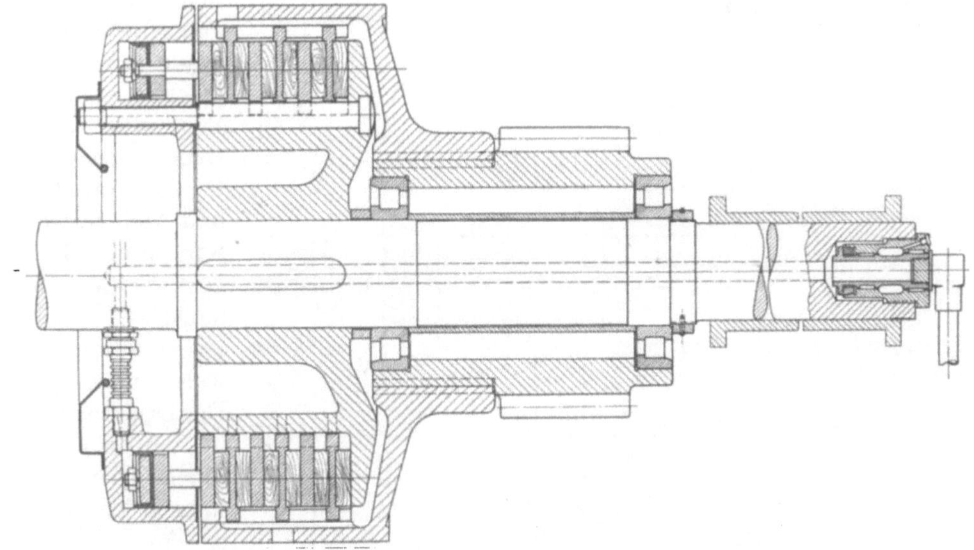

Abb. 94. Lamellenkupplung mit Druckluftanpressung.

Abb. 95 zeigt eine Ausführung, wie sie von der Firma Krupp im Baggerbau verwendet wird. Bei dieser wird eine größere Fläche dem Luftdruck ausgesetzt, der infolgedessen auch nur 2 at beträgt. Das Prinzip ist sonst das gleiche wie bei der vorigen Kupplung. Für die Zuführung der Druckluft hat man hier eine ähnliche

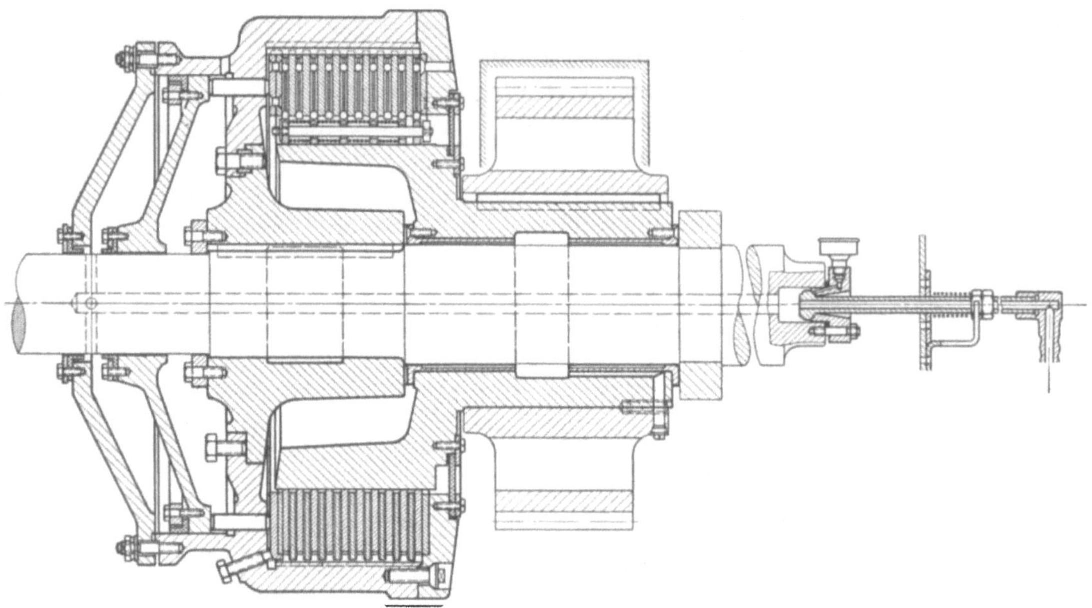

Abb. 95. Druckluftgesteuerte Kupplung für den Baggerbau der Firma Friedr. Krupp A.G.

Lösung gefunden wie bei der Jordankupplung. Günstig ist dabei die Schmierung der Gleitfläche.

Bei der Ausführung der Maschinenfabrik Buckau R. Wolf (Abb. 96), die der Kruppschen Kupplung ähnelt, wird die Abdichtung des Druckkolbens nicht durch eine Leder- oder Gummimanschette bewirkt, sondern es ist ein geschlossener Boden eingesetzt, der den Druckkörper trägt.

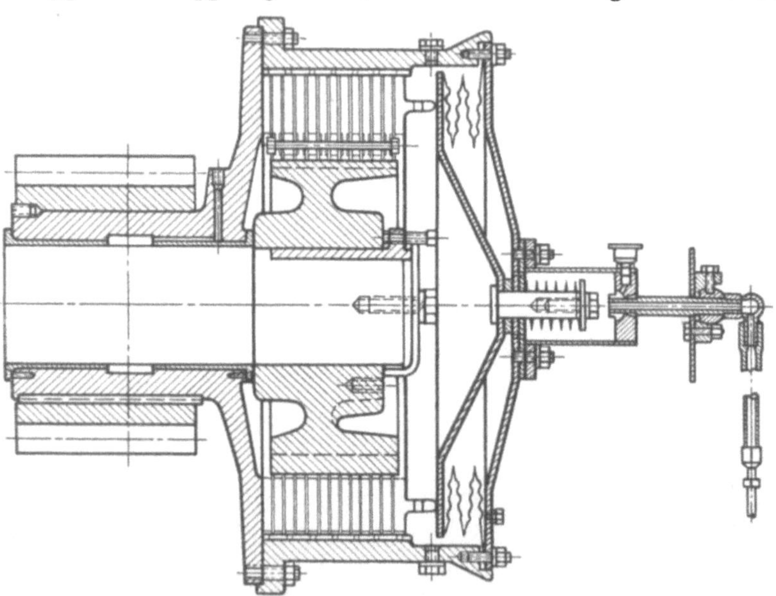

Abb. 96. Druckluftgesteuerte Kupplung für den Baggerbau der Firma Maschinenfabrik Buckau, R. Wolf.

Die im Baggerbau viel verwendete Kupplung der Lübecker Maschinenbau-Ges. (Abb. 97) arbeitet mit Druckwasser oder Preßluft. Das Druckmittel tritt in den Raum zwischen den Kupplungsteilen *a* und *b* ein und drückt sie auseinander, so daß sie sich gegen den Teil *c* legen, der daraufhin von *a* mitgenommen wird. Die Abdichtung geschieht bei Preßluft durch eine Manschette aus Gummi und bei Druckwasser durch eine solche aus Leder.

Infolge der guten Einstellmöglichkeit des Anpreßdruckes lassen sich diese Kupplungen als feinfühlige Überlastungskupplungen ausnützen.

c) Scheibenkupplungen mit elektromagnetischer Betätigung.

Diese Kupplungen haben einige Vorteile, die sie für manche Zwecke besonders geeignet erscheinen lassen. Bei ihnen fällt das Stellzeug zur mechanischen Betätigung fort, da das Einrücken durch Schließen eines Stromkreises geschieht. Infolgedessen kann das Ein- und Ausschalten von jeder beliebigen Stelle aus geschehen, das Einrücken kann stoßfrei gemacht und das übertragbare Moment elektrisch feinstufig geregelt werden.

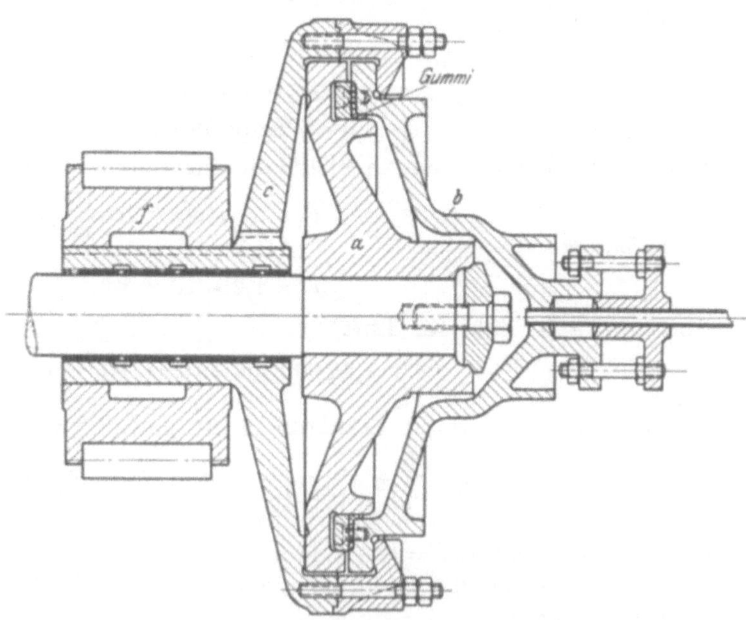

Abb. 97. Mit Druckwasser gesteuerte Kupplung für den Baggerbau der Firma Lübecker Maschinenfabrik.

Die Wirkungsweise ist folgende. In einem Magnetgehäuse b (Abb. 98), das auf der einen Welle sitzt, liegt eine Drahtspule d, der über zwei Schleifringe e Gleichstrom zugeführt wird. Unter der Wirkung des elektrischen Stromes werden die freien Enden b_1 und b_2 des Magnetkörpers zu starken Magnetpolen und ziehen den ihnen gegenüberstehenden Anker i an, der auf der am anderen Wellenende sitzenden Nabe h axial beweglich befestigt ist. Der Anker legt sich dann mit dem Reibbelag l gegen den Reibring g. Damit beim Ausschalten der Anker nicht infolge des remanenten Magnetismus am Magnet klebt, muß zwischen beiden dauernd ein Luftspalt bestehen bleiben. Allerdings wird die magnetische Kraft dadurch etwas geschwächt. Im Ruhezustand wird der Anker außerdem durch die gefederten Bolzen k zurückgezogen. n und o sind Gleitstücke, die eine unzulässige Annäherung der Kupplungsteile verhindern.

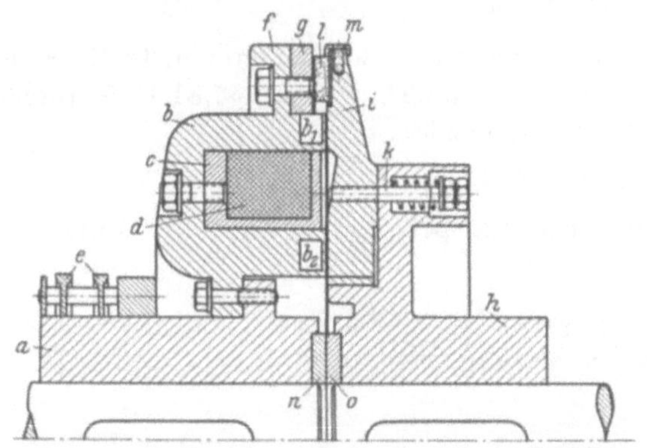

Abb. 98. Elektromagnetisch betätigte Scheibenkupplung der Firma Magnetwerk Eisenach.

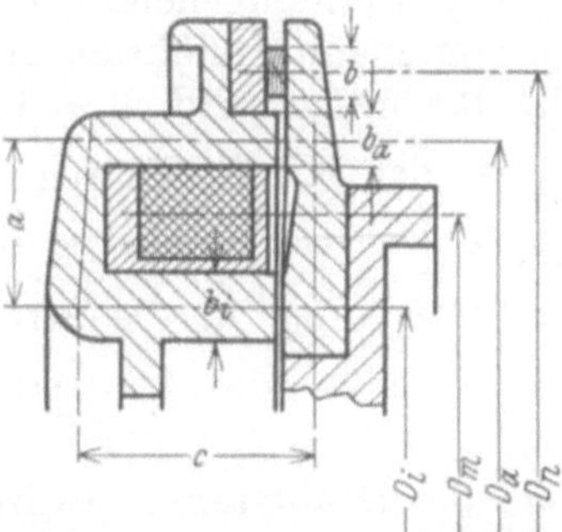

Abb. 99. Berechnung der Amperewindungszahl der Erregerspule.

Zur Vermeidung der Lösungsfedern k und um nicht den schmalen, genuteten Anker auf einer Feder gleiten zu lassen, kann man diesen auf eine an der Nabe h befestigte Membran setzen. — Zu berechnen ist die Amperewindungszahl der Erregerspule. Es ist (Abb. 99) nutzbare Reibfläche

$$F = D_n \cdot \pi \cdot b \text{ in cm}^2,$$

Haftfläche des Magneten

$$f = f_a + f_i = \pi \cdot D_a \cdot b_a + \pi D_i b_i \text{ in cm}^2,$$

Drehmoment

$$M_d = U \cdot \tfrac{1}{2} D_n = P \cdot \mu \cdot \tfrac{1}{2} D_n \text{ in kgcm},$$

worin

U = Umfangskraft in kg,

μ = Reibungsziffer,

P = Anpreßdruck in kg ist.

Der Anpreßdruck P ist, in elektromagnetischen Größen ausgedrückt,

$$P = \frac{1}{2\mu'} \cdot \mathfrak{B}^2 \cdot f \text{ in } \frac{\text{W s}}{\text{cm}}.$$

Es bedeutet

$$\mu' = 1{,}25 \cdot 10^{-8} \text{ in } \frac{\Omega\,\text{s}}{\text{cm}}$$

eine konstante Zahl für Luft,

$$\mathfrak{B} = 12\,000 \text{ bis } 15\,000 \cdot 10^{-8} \text{ in } \frac{\text{V} \cdot \text{s}}{\text{cm}^2}$$

die Kraftliniendichte für Stahlguß (kann gewählt werden). P in kg wird

$$P_{\text{kg}} = \frac{1}{2\mu'_{\left(\frac{\Omega\,\text{s}}{\text{cm}}\right)}} \cdot \mathfrak{B}^2_{\left(\frac{\text{V}\cdot\text{s}}{\text{cm}^2}\right)} \cdot f_{(\text{cm}^2)} \cdot 10{,}2 \text{ kg}.$$

Der Eisenquerschnitt $f = f_a + f_i$ läßt sich nun bestimmen, da P, μ' und $\mathfrak{B}$ bekannt sind.

Um überall die gleiche Kraftliniendichte $\mathfrak{B}$ im Stahlgußquerschnitt zu erreichen, wird zweckmäßig

$$f_a = f_i.$$

Für die Erzeugung der erwähnten Kraftliniendichte $\mathfrak{B}$ sind eine bestimmte Anzahl Amperewindungen (AW) notwendig. Diese sind

$$\Sigma AW = \mathfrak{H}_{\text{Luft}} \cdot l_{\text{Luft}} + \mathfrak{H}_{\text{Stahlguß}} \cdot l_{\text{Stahlguß}}.$$

Hierin bedeutet $\mathfrak{H}$ die Feldstärke, und zwar ist

$$\mathfrak{H}_{\text{Luft}} = \frac{\mathfrak{B}}{\mu'} \left(\frac{AW}{\text{cm}}\right), \quad \mu' = 1{,}25 \cdot 10^{-8},$$

$$\mathfrak{B} = 12\,000 \text{ bis } 15\,000 \cdot 10^{-8},$$

$\mathfrak{H}$ entspricht dem bisherigen $\mathfrak{H}' = \frac{10}{4\mu'} \cdot \mathfrak{H} = 0{,}8\ \mathfrak{H}$.

$\mathfrak{H}_{\text{Stahlguß}}$ ist entsprechend $\mathfrak{B}$ der Magnetisierungskurve zu entnehmen. In DIN 1681 ist die min. magn. Induktion für die Stähle Stg. 38.81 D und 45.81 D festgelegt. Für die Rechnung wird $\mathfrak{B} = 13\,000 \cdot 10^{-8}$ eingesetzt.

l_{Luft} ist der Kraftlinienweg im Luftspalt, $l_{\text{Luft}} \approx 2 \cdot 0{,}1$ cm,

$l_{\text{Stg.}}$ ist der Kraftlinienweg durch den Eisenkörper, $l_{\text{Stg.}} = 2a + 2c$ cm.

Aus der Gleichung für die Stromstärke

$$A = \frac{E}{R} = \frac{E \cdot \delta^2 \cdot \pi}{D_m \cdot \pi \cdot W \cdot c \cdot 4} \text{ Amp}$$

läßt sich die Drahtstärke bestimmen

$$\delta = \sqrt{\frac{(AW) \cdot D_m \cdot c \cdot 4}{E}} \text{ mm}.$$

Hierin ist

AW = Amperewindungszahl in Amp,

D_m = mittl. Spulendurchmesser in m,

$c = 0{,}0175 \frac{\Omega}{\text{m}} \cdot \text{mm}^2$ = Widerstandszahl für Kupfer,

E = Spannung in Volt.

Mit Rücksicht auf die Erwärmung der Spule muß die Drahtstärke der Gleichung genügen

$$\delta = \frac{A \cdot 4}{\pi \cdot i} \text{ mm},$$

i hängt von der Gestaltung der Kupplung und der Wärmeabfuhr ab und kann erfahrungsgemäß mit 1 bis 3 Amp/mm² gewählt werden.

Da nun

$$A = \frac{i \pi \delta^2}{4} = \frac{E \delta^2 \pi}{D_m \cdot \pi \cdot W \cdot c \cdot 4}$$

ist, so ist die Windungszahl

$$W = \frac{E}{D_m \cdot c \cdot i \cdot \pi},$$

die Stromstärke

$$I = \frac{AW}{W} \text{ Amp},$$

die Dicke des isolierten Drahtes

$$\delta_1 = 1{,}2\, \delta,$$

der Spulenquerschnitt

$$F' = W \cdot \delta_1^2,$$

der Wattverbrauch

$$L = I \cdot E \text{ W}.$$

Berechnungsbeispiel.

Drehmoment . . . . . . $M_d = 100$ mkg,

Durchmesser der Reibfläche $D_n = 430$ mm,

Umfangskraft . . . . . . $U = \frac{2 M_d}{D_n} = \frac{100}{0{,}215} = 465$ kg,

Anpreßdruck. . . . . . . $P = \frac{U}{\mu} = \frac{465}{0{,}15} = 3100$ kg,

Reibfläche . . . . $F = \pi D_n \cdot b = \pi \cdot 43 \cdot 6{,}4 = 860$ cm²,

spez. Druck . . . . $p = \frac{P}{F} = \frac{3100}{860} = 3{,}6$ kg/cm².

Es ist

$$P = \frac{1}{2 \mu^1} \cdot B^2 \cdot f \cdot 10{,}2 = \frac{1 \cdot (13000 \cdot 10^{-8})^2 \cdot 10{,}2}{2 \cdot 1{,}25 \cdot 10^{-8}} \cdot f,$$

$$P = 5{,}9\, f,$$

$$f = \frac{P}{5{,}9} = \frac{3100}{5{,}9} = 525 \text{ cm}^2,$$

$$\pi D_a \cdot b_a = \pi D_i \cdot b_i = \frac{f}{2} = \frac{525}{2} \text{cm}^2.$$

Der Entwurf ergibt

$$D_a \approx 375 \text{ mm},$$

$$D_i \approx 230 \text{ mm},$$

also wird

$$b_a = \frac{f}{2 \pi D_a} = \frac{525 \cdot 10}{2 \cdot \pi \cdot 37{,}5} = 22 \text{ mm},$$

$$b_i = \frac{f}{2 \pi D_i} = \frac{525 \cdot 10}{2 \pi \cdot 23} = 36 \text{ mm}.$$

Weiterhin wird

$$\Sigma AW = H_{\text{Luft}} \cdot l_{\text{Luft}} + H_{\text{Stahlguß}} \cdot l_{\text{Stahlguß}},$$

$$\Sigma AW = \frac{12000 \cdot 10^{-8}}{1{,}25 \cdot 10^{-8}} \cdot 2 \cdot 0{,}1 + 8{,}2 \cdot 30 = 1920 + 246 = 2166 \text{ Amp}.$$

Dann ist die Drahtstärke

$$\delta = \sqrt{\frac{(AW) \cdot D_m \cdot c \cdot 4}{E}} \text{ mm}.$$

Der mittlere Spulendurchmesser wird nach dem Entwurf etwa $D_m \approx 320$ mm. Bei einer Spannung von $E = 220$ V wird

$$\delta = \sqrt{\frac{2166 \cdot 0{,}32 \cdot 0{,}0175 \cdot 4}{220}} = \sqrt{0{,}22} = 0{,}47 \text{ mm}.$$

Die Windungszahl wird

$$W = \frac{E}{D_m \cdot c \cdot i \cdot \pi} = \frac{220}{0,32 \cdot 0,0175 \cdot 2,8 \cdot \pi} = 4500 \text{ Windungen}.$$

Stromstärke

$$I = \frac{AW}{W} = \frac{2166}{4500} = 0,48 \text{ Amp},$$

Dicke des isolierten Drahtes

$$\delta_1 = 1,2\,\delta = 1,2 \cdot 0,47 = 0,58 \text{ mm},$$

Spulenquerschnitt

$$F' \approx W \cdot \delta_1^2 = 4500 \cdot 0,58^2 \approx 1300 \text{ mm}^2,$$

$$F' = 36 \times 36 \text{ mm}^2,$$

Wattverbrauch

$$L = I \cdot E = 0,48 \cdot 220 = 106 \text{ Watt}.$$

Bei der Ausführung ist zu bedenken, daß das Maß b_i entsprechend dem kleineren Durchmesser D_i größer werden muß als b_a. Zur Erregung ist Gleichstrom erforderlich. Wo dieser nicht vorhanden ist, muß also ein Gleichrichter, ein Umformer oder eine Erregerdynamo aufgestellt werden. Die Höhe der Spannung liegt bei 110 bis 550 Volt. Der Wattverbrauch beträgt je nach der Größe der Kupplung 1 vT bis 1 vH der Übertragungsfähigkeit.

Wegen der bequemen Schaltmöglichkeit sind diese Kupplungen als Umkehrkupplungen hervorragend geeignet und finden deshalb vielfach Verwendung an Hobelmaschinen. Abb. 100 zeigt eine Ausführung der „Vulkan" Maschinenfabriks A. G.

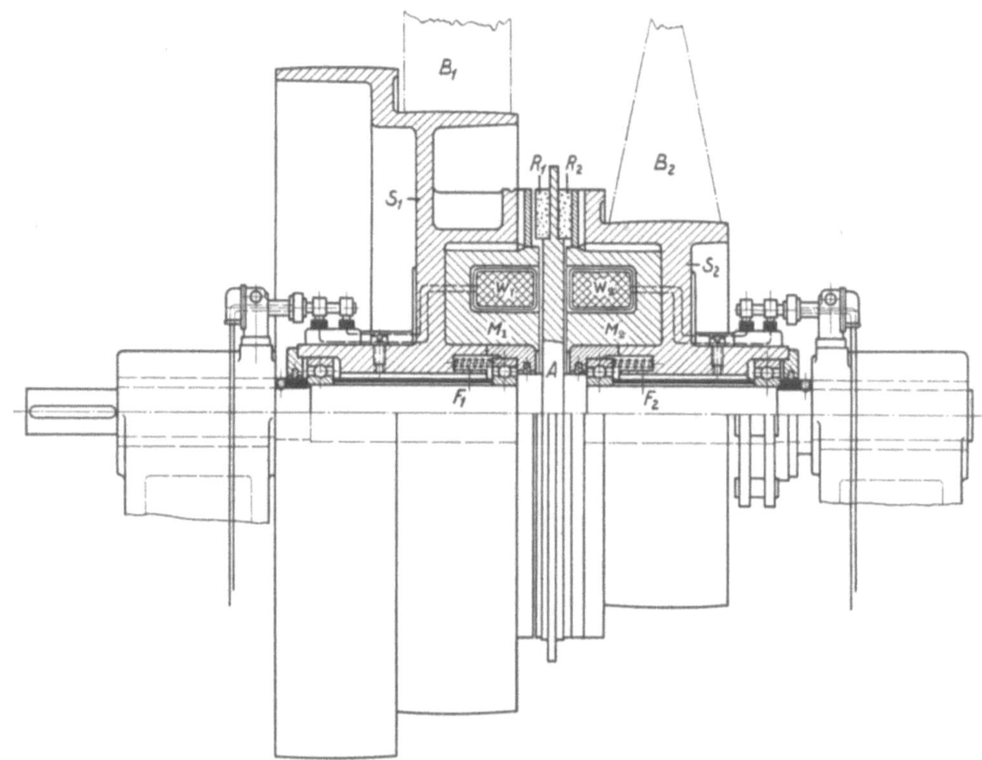

Abb. 100. Elektromagnetisch betätigte Umkehrkupplung. (Aus Rötscher: Maschinenelemente.)

Berlin-Wien. Des Leerlaufes wegen sind die Scheiben S_1 und S_2 mit Kugellagern ausgerüstet. Zum Abheben des Ankers dienen die Federn F_1 und F_2. Ein Vorteil ist, daß die Riemen durch den Wegfall des Verschiebens geschont werden. Bei direktem elektrischen Antrieb der Kupplung mit einem Gleichstrommotor, der ständig in gleicher Richtung umläuft, kann die Umschaltvorrichtung mit einem Regulierwiderstand vereinigt werden und gibt die Möglichkeit, die Hin- und Rücklaufgeschwindigkeit selbsttätig zu regeln.

Um die Kupplung als selbsttätige Überlastungskupplung verwendbar zu machen, hat das Magnetwerk Eisenach[1] eine besondere Schaltung (D.R.P.) herausgebracht, die beim Gleiten der Kupplung das Ausschalten bewirkt. Abb. 101 zeigt die Gesamtschaltung. Zum Einschalten wird ein Hilfsstromkreis geschlossen, der das den Hauptstromkreis schließende Schütz betätigt. Die Wirkungsweise ergibt sich aus Abbildung 102a bis c. An jeder Kupplungshälfte sitzt ein Schleifring mit einer Unterbrechung, auf dem je zwei Hilfsbürsten schleifen. Durch diese geht ein das Schütz betätigender Hilfsstrom, der bei Stellungen gemäß Abb. 102a und b ungehindert durchströmen kann. Kommt aber die Kupplung ins Rutschen, so wird bei einer Stellung entsprechend c der Hilfsstromkreis geöffnet und das Schütz fällt heraus. Damit wird die Magnetspule stromlos und die Kupplung ist ausgeschaltet.

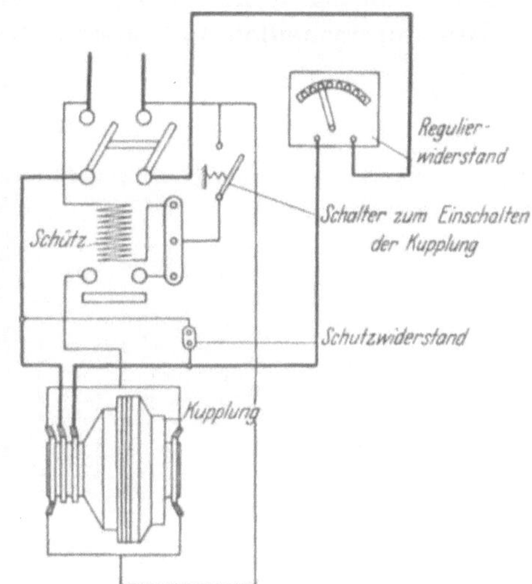

Abb. 101. Sonderschaltung zum Zwecke der Verwendung einer elektromagnetischen Kupplung als Überlastungskupplung, D.R.P. Magnetwerk Eisenach.

Zur Erhöhung des übertragbaren Drehmomentes können die Kupplungen auch mit mehreren Lamellen ausgerüstet werden. Bei Ausführungen für sehr große Leistungen werden jedoch das Gewicht und die mechanischen Beanspruchungen des umlaufenden Magnetkörpers zu groß. Für solche Fälle hat das Magnetwerk Eisenach eine Type entwickelt, bei der die elektromagnetische Einrichtung stillsteht (Abb. 103). Die Schleifringe fallen fort, und die Kupplung ist in sich vollkommen kraftschlüssig. Ebenfalls mit feststehender Spule ist die mit konischen Reibflächen versehene Forsterkupplung ausgerüstet.

d) Die Kegelkupplung.

Die Scheibenkupplungen haben den Nachteil, daß sie einen hohen Anpreßdruck erfordern. Dem kann man durch Anordnung konischer Reibflächen abhelfen (Abb. 104). Der zur Überwindung des Drehmomentes erforderliche Normaldruck auf die Reibfläche ist auch hier wie bei der Scheibenkupplung

$$N = \frac{U}{\mu}\,\text{kg},$$

und die Umfangskraft

$$U = \frac{M_d}{D_m/2}\,\text{kg}.$$

Der von der Muffe auszuübende Anpreßdruck ist dann

$$Q = N \sin\alpha\,\text{kg}.$$

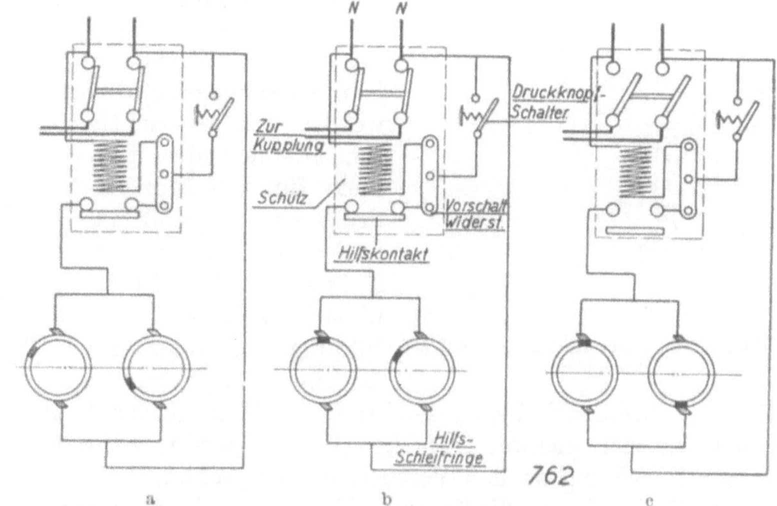

Abb. 102a bis c. Wirkungsweise der Sicherheitsschaltung einer Magnetkupplung als Überlastungskupplung, Magnetwerk Eisenach.

Dies ist gewissermaßen die allgemeine Gleichung für den Anpreßdruck. Die Scheiben-

[1] Jetzt Bamag, Berlin.

kupplung stellt den Grenzfall mit dem Winkel $\alpha = 90^0$ dar und ergibt, da $\sin 90^0 = 1$,

$$Q = N \,\text{kg}.$$

Je kleiner der Winkel α wird, um so kleiner wird auch der erforderliche Anpreßdruck. Nun unterscheidet man aber außerdem noch den Einrückdruck und den Ausrückdruck. Dabei geht man von der Überlegung aus, daß beim Ineinanderschieben der Kegel ein zusätzlicher Reibungswiderstand auftritt, der durch den Einrückdruck überwunden werden muß. Er hat die Größe

$$N \cdot \mu \cdot \cos \alpha .$$

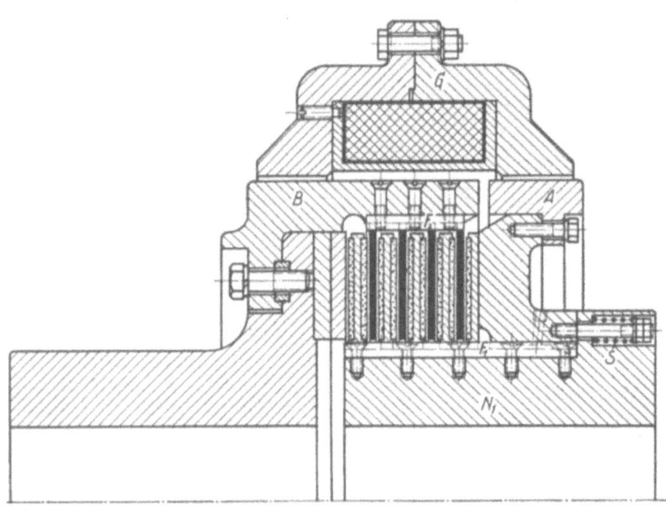

Abb. 103. Elektromagnetisch betätigte Lamellenkupplung mit feststehender Spule. (Aus Rötscher: Maschinenelemente.)

Demnach wird der Einrückdruck

$$Q_E = N (\sin \alpha + \mu \cos \alpha) \,\text{kg}.$$

Beim Ausrücken wirkt dem Widerstand $N \cdot \mu \cdot \cos \alpha$ der Gegendruck zum Anpreßdruck entgegen. Also wird der Ausrückdruck

$$Q_A = N (\mu \cos \alpha - \sin \alpha) \,\text{kg}.$$

Dieser Wert wird 0, wenn $\mu \cos \alpha = \sin \alpha$ ist. Man wird versuchen, den Winkel α dieser Bedingung anzupassen. In Abb. 105 sind die Werte $\sin \alpha$ und $\mu \cos \alpha$ als Ordinaten über den Winkel α entsprechend dem auf der Ordinatenachse aufgetragenen Reibungswert μ aufgezeichnet. Rechnet man mit $\mu = 0{,}1$ bis $0{,}3$, so wird der Winkel

$$\alpha = 6 \div 16^0 .$$

In der Regel liegt er bei 11 bis 12°, manchmal auch höher.

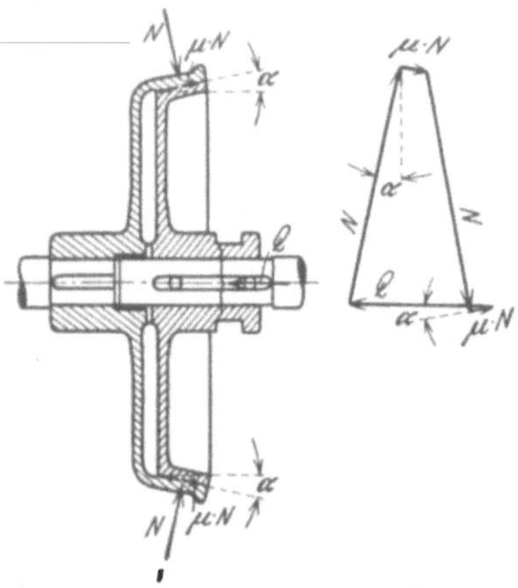

Abb. 104. Berechnung der Kegelkupplung.

Von drei Seiten, und zwar von **Bonte**, **Florig** und dem Verfasser, ist nun die Frage geprüft worden, ob es richtig ist, mit den drei Formeln für den Einrückdruck, den Anpreßdruck und den Ausrückdruck zu rechnen. Die Ergebnisse decken sich. Abbildung 106 zeigt das Ergebnis der Versuche **Florigs**. Demnach liegen die durch den Versuch ermittelten Werte in der Nähe der Linie, die sich aus der einfachen Formel ergibt, während die anderen Formeln in keiner Beziehung zu den Versuchswerten stehen.

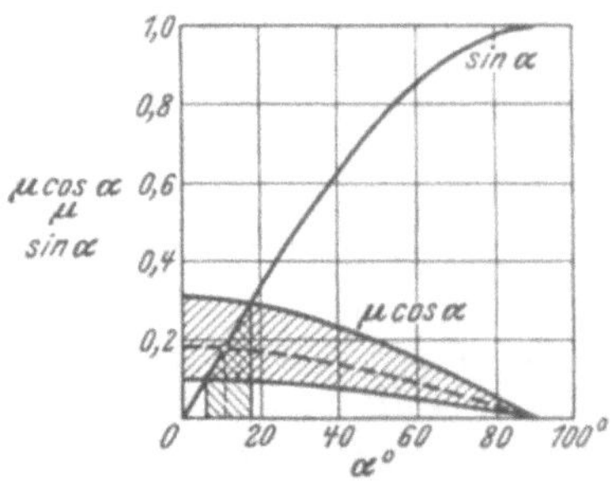

Abb. 105. Die Beziehungen zwischen dem Kegelwinkel und dem Reibungswert bei Kegelkupplungen.

Die Versuche des Verfassers (Abb. 107) zeigen folgendes: Wird die Kupplung in Bewegung eingerückt, so ist die zum Ausrücken nötige Kraft größer als nach dem Einrücken in Ruhe. Im ersteren Fall schraubt sich also der innere Konus in den äußeren hinein und sitzt fester als im zweiten Fall. Außerdem löst sich die in Bewegung befindliche Kupplung leichter als die in Ruhe befindliche. Damit sie sich beim Einrücken nicht zu fest schraubt, soll der Winkel α nicht unter 10^0 betragen.

Sonst ist das Verhalten der Kegelkupplungen gleich dem der Scheibenkupplungen. Abb. 108 zeigt Einrückversuche mit einer Kraftwagenkupplung für einen 24-PS-Personenwagen. Rutschzeit, Rutschmoment und Reibungsziffer sind wieder vom Anpreßdruck abhängig. Auffallend ist hier nur das gegen Ende des Rutschens auftretende Ansteigen des Reibungsmomentes, eine Erscheinung, die bei diesen Kupplungen immer wieder aufgetreten ist. Beim Gleiten schrauben sich nämlich die Reibflächen spiralförmig ineinander und fressen sich fest.

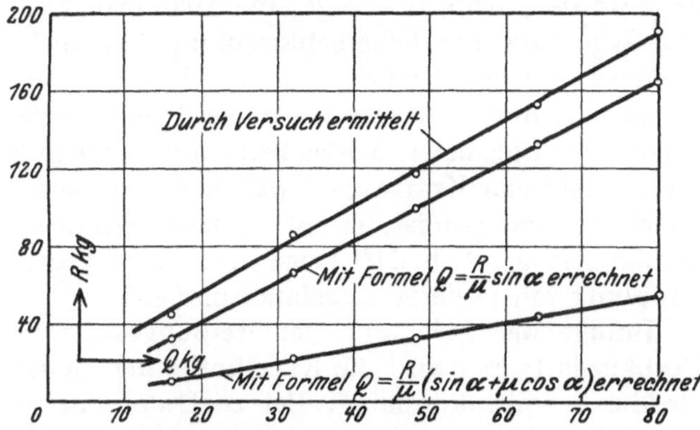

Abb. 106. Vergleich der durch Versuche ermittelten Reibungskräfte einer Kegelkupplung mit den aus den Formeln für Einrück- und Ausrückdruck berechneten Werten. [Nach Florig: Z.V.d.I. 71, 1 (1927).]

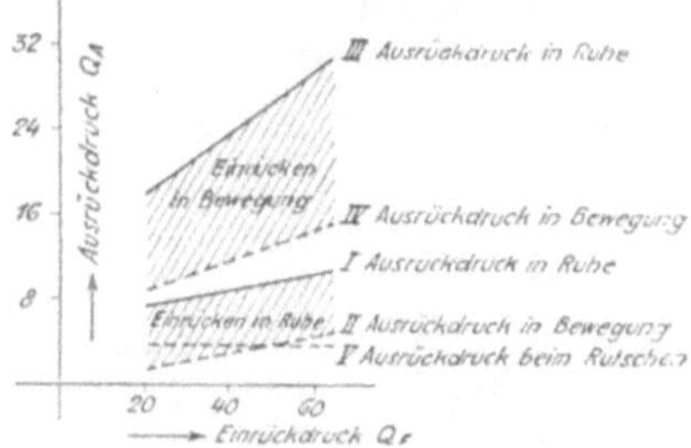

Abb. 107. Die Beziehungen zwischen dem Einrück- und dem Ausrückdruck nach Versuchen des Verfassers.

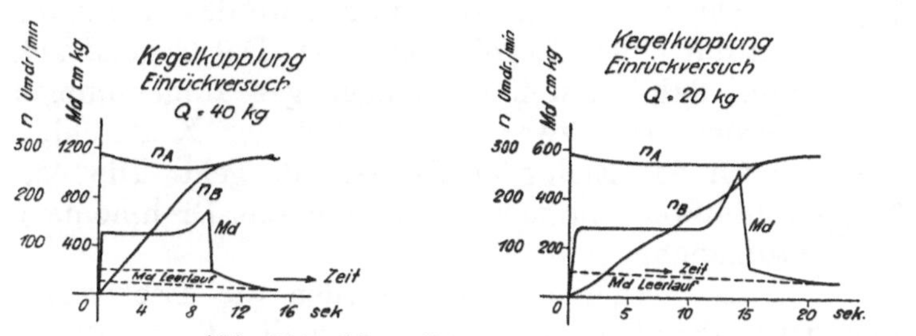

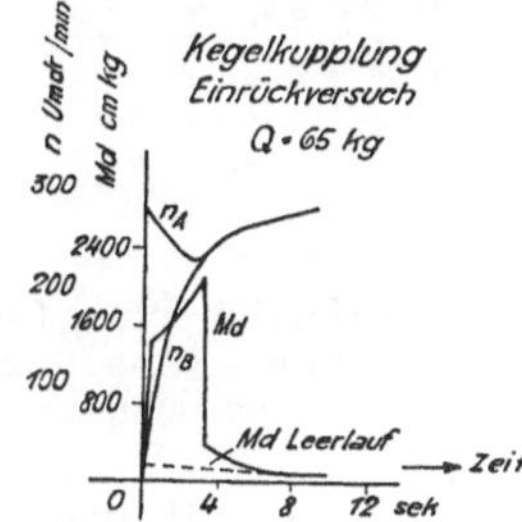

Abb. 108a bis c. Einrückversuche mit einer Kraftwagen-Kegelkupplung.

Es ist vorgekommen, daß die Kupplungen nicht mehr ordnungsmäßig gelöst werden konnten. Dieser Umstand und die Versuchsergebnisse des Verfassers lassen es angezeigt erscheinen, den Ausrückdruck nach der Formel $N \cdot \mu \cdot \cos\alpha$ mit erhöhter Reibungsziffer zu berechnen.

Die Kegelkupplung hat also den Vorteil, daß sie mit geringer Kraft eingerückt wird und daß die Grenzdurchmesser der Reibfläche Da und Di nahe beieinander liegen. Infolgedessen ist die Gleitgeschwindigkeit auf der ganzen Reibfläche ziemlich gleichmäßig, was für den Reibungswert günstig ist. Sie hat aber den Nachteil, daß sie in der

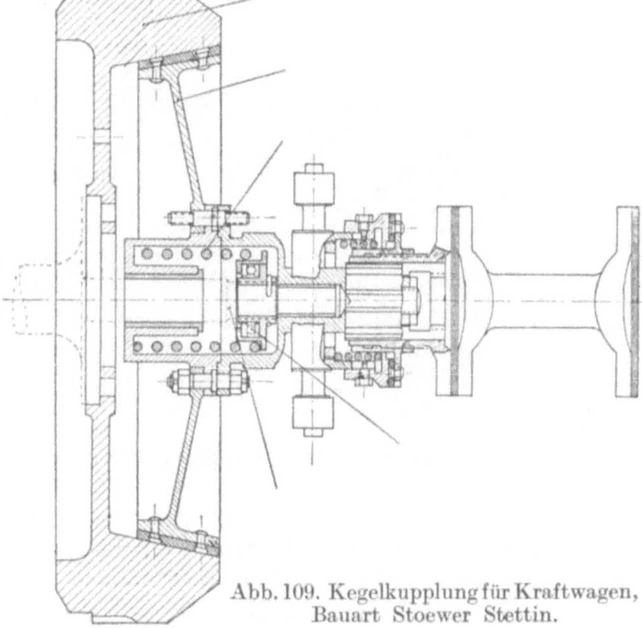

Abb. 109. Kegelkupplung für Kraftwagen, Bauart Stoewer Stettin.

Regel zu scharf faßt. Sie muß also vorsichtig eingerückt werden. — Im Kraftwagenbau wurde sie bisher sehr viel verwendet, ist aber in letzter Zeit mehr und mehr durch die Scheibenkupplung verdrängt worden. Abb. 109 zeigt eine Ausführung der Stoewerwerke A. G. in Stettin. Im Gegensatz zur Scheibenkupplung, die meist mehrere, auf den Umfang verteilte Federn trägt, ist sie mit nur einer zentral angeordneten Feder versehen. Die beim Ausrücken aufzuwendende Kraft, die beim Kraftwagen während des ganzen Leerlaufes wirksam ist, ist naturgemäß verhältnismäßig gering. Abb. 110 zeigt eine Kraftwagenkupplung mit anderer Kegelanordnung.

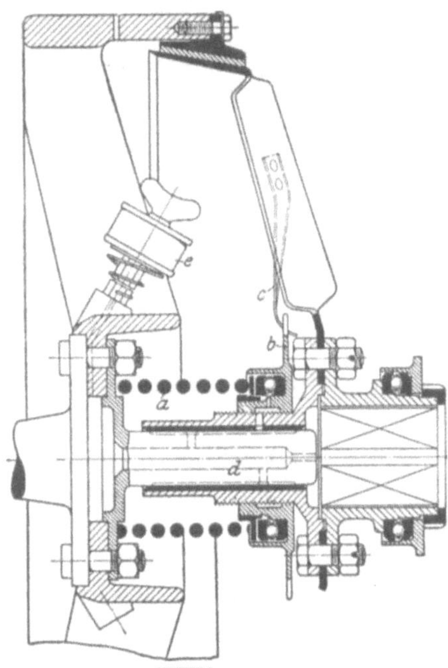

Abb. 110. Kegelkupplung für Kraftwagen, alte Ausführung. (Aus Rötscher: Maschinenelemente.)

Infolge der Erhöhung der Reibungskraft im Verhältnis $1/\sin\alpha$ wird die Kegelkupplung kleiner als die Scheibenkupplung. Bei zentraler Anordnung der Feder wird diese aber größer als die Einzelfedern, wodurch der Gewinn an Baulänge wieder wettgemacht wird. Außerdem hat man bei Scheibenkupplungen die Möglichkeit, mehrere Scheiben anzuordnen, womit man ebenfalls leicht eine Erhöhung des Drehmomentes erreicht.

Die Kraftwagenkupplungen werden durchweg mit nur einem Kegel ausgeführt. Der Gegendruck muß daher durch ein Kugellager aufgenommen werden, und zwar derart, daß der Kraftschluß durch das Ende der Kurbelwelle geht. Die Anschlußwelle braucht daher nur das Drehmoment aufzunehmen.

Im Gegensatz dazu werden die Triebwerkskupplungen mit zwei gegeneinander wirkenden Kegelflächen ausgeführt, so daß der Kraftschluß durch das Gehäuse geht und die Wellen keine axiale Belastung erhalten.

Die Ausführungen der Bamag Dessau und der Sächsischen Maschinenfabrik vorm. Rich. Hartmann (Abb. 111) stimmen in der grundsätzlichen Anordnung über-

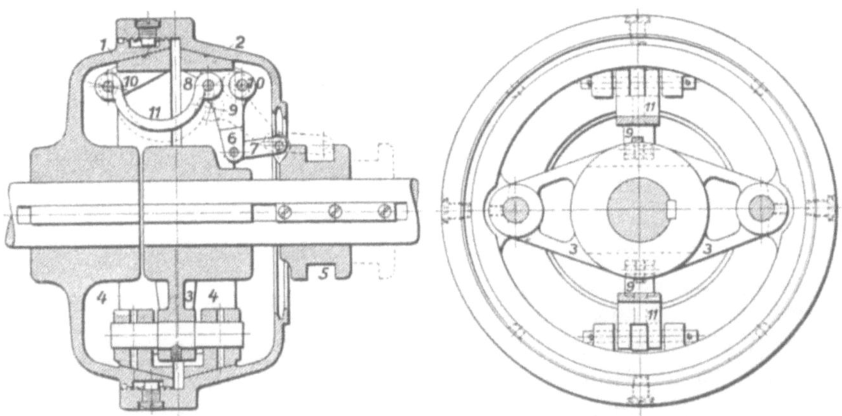

Abb. 111. Doppel-Kegelkupplung, Bauart Richard Hartmann, Chemnitz.

ein. In einem zweiteiligen, öldicht geschlossenen Gehäuse mit Innenkegelflächen, das auf dem einen Wellenende sitzt, sind die mit dem anderen Ende axial beweglich verbundenen Kuppelkegel angeordnet. Das eine Ende einer gebogenen Feder ist an dem einen Kegel befestigt. Das andere Ende sitzt an einem Kniehebel, der wieder an dem anderen Kegel befestigt ist. Dieser Kniehebel wird von der Muffe betätigt. Das Andrücken der Reibflächen geschieht durch die Feder.

Bei der Hartmannschen Ausführung wird die eine Hälfte des Gehäuses auf die andere aufgeschraubt und durch besondere, am Umfang sitzende Schrauben festgestellt, deren Enden in Nuten eingreifen, welche in dem anderen Gehäuseteil sitzen. Zum Nachstellen wird das lose Gehäuseteil um ein entsprechendes Stück nachgeschraubt. Bei der Bamagkupplung ist die Nachstellung in das eine Federende hineingelegt und erfolgt durch Einstellung exzentrischer Büchsen entsprechend Abb. 130.

Abb. 112. Doppel-Kegelkupplung, System Beilke, Bauart Möller, Brackwede.

Etwas anders ausgeführt ist die Kupplung von K. & Th. Möller in Brackwede in Westf. (Abb. 112), System Beilke. Hier wird die von der Bennkupplung her bekannte Hebelanordnung verwendet. Gegen dieses Hebelsystem drückt ein Hebel, an dessen Ende eine S-förmig gebogene Feder angreift. Im Leerlauf muß die Fliehkraft des Hebelsystems ausgeglichen werden, um ein unbeabsichtigtes Schleifen zu vermeiden. Zu diesem Zweck ist am anderen Hebelende ein Gegengewicht angebracht. Die Gehäuseteile werden wie bei der Bamagkupplung zusammengeschraubt, erhalten aber dünne Beilagen, die je nach Bedarf entfernt werden.

Anders aufgebaut ist die Kupplung der Peniger Maschinenfabrik (Abb. 113). Bei dieser sind die beiden Keilflächen übereinandergelegt, wodurch sie sich erheblich kürzer baut und leichter wird. Der innere Konus hat einen Winkel von 14° und der äußere einen solchen von 15°. Das Anpressen geschieht wieder durch eine gekrümmte Feder. Das Nachspannen derselben geschieht durch Nachstellen des Federbolzens. Ein Nachteil ist die schlechte Wärmeableitung.

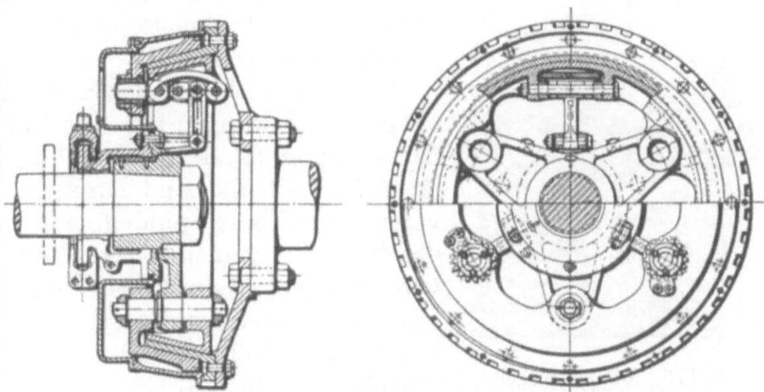

Abb. 113. Doppel-Kegelkupplung, Bauart Peniger Masch.-Fabr.

Bei allen vier Ausführungen laufen die Reibflächen im Ölbad. Der Reibungswert wird dadurch auf etwa $\mu = 0{,}05$ hinabgedrückt. Die Reibung ist aber gleichmäßig und der spezifische Anpreßdruck kann entsprechend hoch gewählt werden. Berechnet sind die Kupplungen wohl durchweg mit $\mu = 0{,}1$.

Eine weitere Ausführung ist die in Abb. 114 dargestellte elastische Reibungskupplung der Firma Polysius, Dessau. Sie besteht aus dem zweiteiligen Gehäuse mit den inneren Kegelflächen, das auf der treibenden Welle sitzt und dem Mitnehmer mit dem Gesperre auf der getriebenen Welle. Das Auseinanderspreizen der Reibringe geschieht wieder durch ein Hebelsystem, dessen Anordnung aus dem Bild hervorgeht. Der an die Einrückmuffe angeschlossene Hebel ist nachstellbar ein-

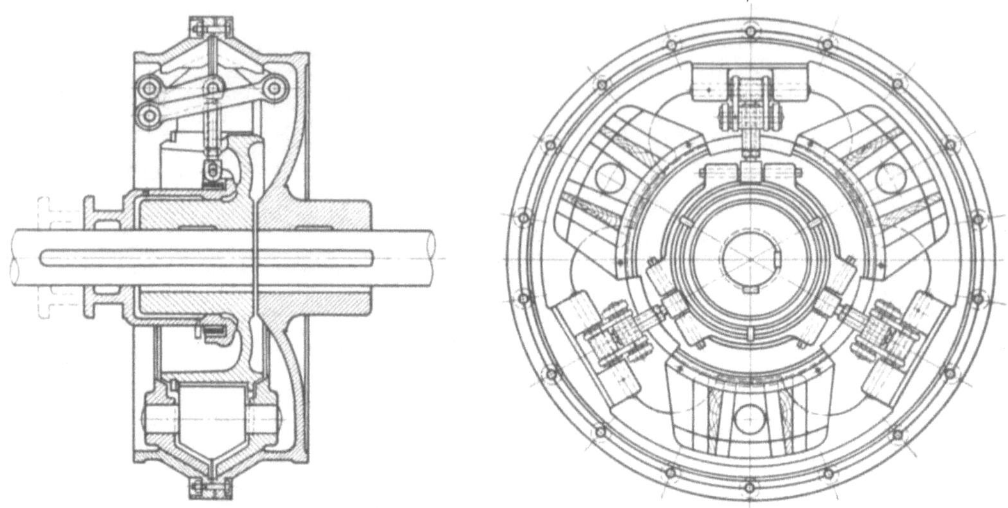

Abb. 114. Doppel-Kegelkupplung, Bauart Polysius.

gerichtet. Um ein gleichmäßiges Andrücken der Reibringe auf dem ganzen Umfang zu erzielen, stützen sich die Hebel gegen eine Ringfeder, die mit Spiel um die Einrückmuffe gelegt ist und infolgedessen nachgeben kann.

Bei sämtlichen Systemen müssen die Hebel über den Totpunkt hinausgeschoben werden. Der Anschlag der Muffe ist so eingerichtet, daß dies selbsttätig geschieht. In dieser Stellung ist die Kupplung selbstsperrend und der Schleifring unbelastet. Bei den meisten Ausführungen gleiten die Reibringe in der gleichen Weise wie bei der Bennkupplung axial auf Bolzen, die fest im Mitnehmer sitzen. Die Firma Polysius hat statt dessen Führungsstücke mit Zapfen. Diese sitzen mit elastischen Einlagen zwischen Zähnen des Mitnehmers. Dadurch werden insbesondere die Einrückstöße gedämpft.

Abb. 115. Doppel-Kegelkupplung, mit Schnellnachstellung Bauart Lohmann & Stolterfoht.

Die Firma Lohmann & Stolterfoht stellt diese Type nur für große Leistungen her. Die Nachstellung ist als Schnellnachstellung (D.R.P.) ausgebildet. Die Druckbolzen der einen Reibscheibe sind nämlich auf besonderen Spindeln verstellbar. Diese Spindeln sind mit Zahnrädern versehen, die in einen gemeinsamen Zahnkranz eingreifen. Dieser wird wiederum durch ein besonderes Stellzahnrad mit Sonderschlüssel betätigt und dreht alle Spindeln gleichmäßig. Das Stellzahnrad ist mit Sperrad und Sperrklinke versehen (Abb. 115).

α) **Zur Berechnung der Federn.** Die Berechnung der Federn ist ihrer Form wegen nur annäherungsweise möglich. Man nimmt zu diesem Zweck an, daß eine Feder von der Form nach Abb. 116 sich ähnlich wie eine nach Abb. 117 verhält[1]. Die erforderlichen Abmessungen ergeben sich dann aus den Beziehungen zwischen der Durchbiegung f und der Kraft P. Die Durchbiegung f setzt sich aus zwei Teilen zu-

[1] Berechnung nach Bach.

sammen. Der eine Teil f' ergibt sich aus der Biegung des Armes $AB = a$, den man sich gemäß Abb. 118 eingespannt denken kann. Dann ist

$$f' = \frac{1}{3}\frac{P \cdot a^3}{E \cdot I}.$$

Der zweite Teil ergibt sich aus der Biegung des Armes $BC = f''$, wobei angenommen wird, daß BCD die Form eines Kreisbogens annimmt. An dem bei C eingespannt gedachten Arm (Abb. 119) wirkt ein konstantes Biegungsmoment $P \cdot a$. Dann wird

$$f'' = \frac{P \cdot a^2 \cdot l}{E \cdot I}.$$

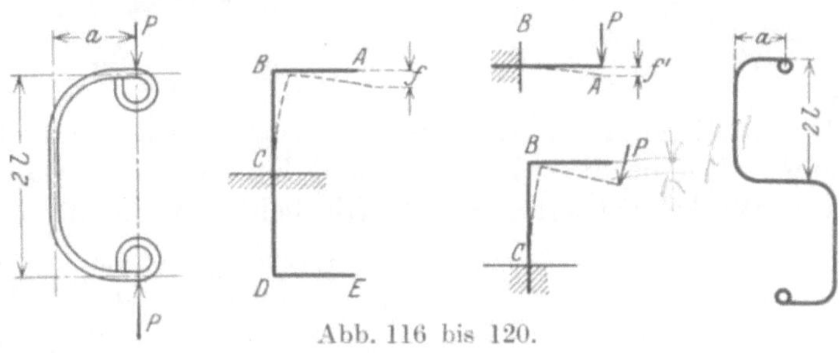

Abb. 116 bis 120.

Für eine Feder nach Abbildung 116 wird

$$f = 2(f' + f'') = \frac{2}{3}\frac{P \cdot a^2}{E \cdot I}(a + 3\,l).$$

Für eine Feder nach Abb. 120 wird entsprechend

$$f = 4(f' + f'') = \frac{4}{3}\frac{P \cdot a^2}{E \cdot I}(a + 3\,l)$$

e) Vereinigte Scheiben- und Kegelkupplung.

Bei den Doppelscheiben-Reibungskupplungen zeigt sich manchmal die Schwierigkeit, daß sie als Verbindung zweier Wellenenden schlecht zentriert sind. Das eine Wellenende ist zwar in einer Rotgußbüchse geführt, die in dem gegenüber liegenden Kupplungsteil sitzt. Dieses Teil läuft aber bei ausgerückter Kupplung weiter, so daß die Büchse nicht geschmiert werden kann und verschleißt. Die Firma Lohmann & Stolterfoht hat nun zum Zweck der Selbstzentrierung die eine Reibscheibe in eine

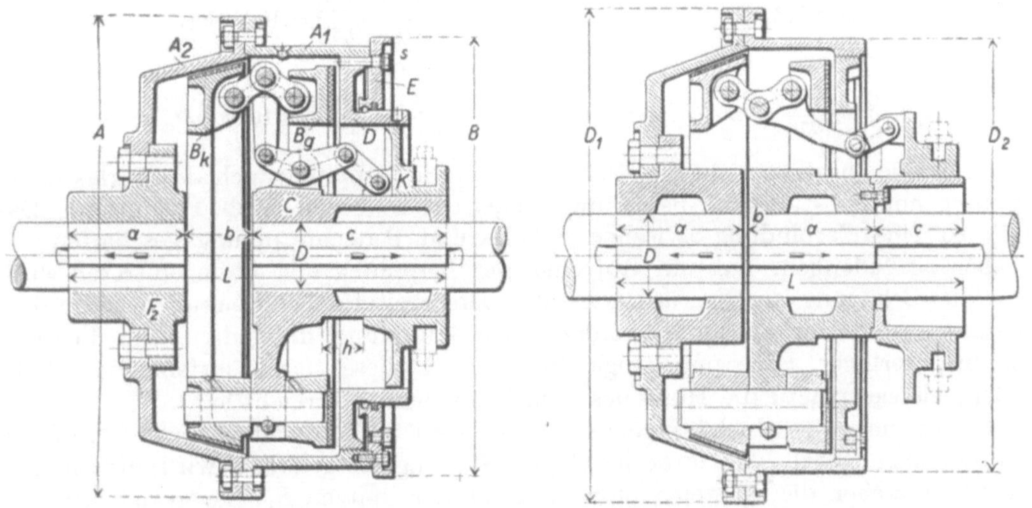

Abb. 121. u. 121a. Vereinigte Scheiben- und Kegelkupplung der Firma Lohmann & Stolterfoht.

Kegelscheibe umgewandelt. Diese Zentrierung wird im Augenblick des Einrückens wirksam und unterliegt im ausgerückten Zustand keinem Verschleiß. Die Konstruktion geht aus Abb. 121 hervor. Abb. 121a zeigt dieselbe Kupplung mit anderer Hebelanordnung. Allerdings übertragen die beiden Reibflächen verschiedene Drehmomente. Ist M_{d_1} das Drehmoment an der ebenen Reibfläche mit dem mittleren Reibradius r_1

und dem Reibungswert μ_1 und M_{d_2} das Moment an der Kegelfläche mit r_2 und μ_2 sowie dem Kegelwinkel α, so ist das Gesamtmoment

$$M_d = M_{d_1} + M_{d_2} \quad \text{cmkg},$$

$$M_d = Q \cdot \mu \cdot r_1 + Q \cdot \mu \frac{r_2}{\sin\alpha} \quad \text{cmkg}.$$

Die Normaldrücke auf die Reibflächen sind

$$N_1 = Q \text{ kg},$$

$$N_2 = \frac{Q}{\sin\alpha} \text{ kg}.$$

Die mittleren Reibradien verhalten sich etwa wie 1 : 1,1. Die Reibflächen sind mit einem Reibbelag ausgerüstet und laufen in Öl. Dann kann man $\mu = 0{,}1$ setzen. Der Winkel beträgt $\alpha = 18^0$. Die beiden Momente verhalten sich dann wie

$$\frac{M_{d_1}}{M_{d_2}} = \frac{r_1 \cdot \sin\alpha}{r_2} = \frac{1{,}0 \cdot 0{,}31}{1{,}1} = \frac{1}{3{,}55}.$$

Dies ist bei der Berechnung der Kupplung wohl zu beachten.

Zur Erläuterung soll ein Beispiel durchgerechnet werden.

Die Type KLN Größe 8 ist gebaut für ein Drehmoment

$$M_d = 716 \cdot 0{,}38 = 270 \text{ mkg}.$$

Dann ist, wenn der Index 1 für die Seite der ebenen Fläche und 2 für die Seite der konischen Fläche gilt,

$$M_d = M_{d_1} + M_{d_2} = U \cdot r_1 + U \cdot r_2 = Q \cdot \mu \cdot r_1 + Q \cdot \frac{\mu \cdot r_2}{\sin\alpha},$$

$$M_d = Q \cdot 0{,}1 \cdot 0{,}185 + Q \cdot \frac{0{,}1 \cdot 0{,}222}{0{,}31} = Q \cdot 0{,}09 \text{ mkg},$$

$$Q = \frac{270}{0{,}09} = 3000 \text{ kg},$$

$$U_1 = Q \cdot \mu = 3000 \cdot 0{,}1 = 300 \text{ kg}, \qquad U_2 = \frac{Q \cdot \mu}{\sin\alpha} = \frac{3000 \cdot 0{,}1}{0{,}31} = 1000 \text{ kg},$$

$$M_{d_1} = U_1 \cdot r_1 = 300 \cdot 0{,}185 = 55 \text{ mkg}, \qquad M_{d_2} = U_2 \cdot r_2 = 1000 \cdot 0{,}222 = 222 \text{ mkg},$$

$$N_1 = Q = 3000 \text{ kg}, \qquad N_2 = \frac{Q}{\sin\alpha} = \frac{3000}{0{,}31} = 10000 \text{ kg},$$

$$F_1 = 776 \text{ cm}^2, \qquad F_2 = 980 \text{ cm}^2,$$

$$p_1 = \frac{Q}{F_1} = \frac{3000}{776} \approx 4{,}0 \text{ kg/cm}^2, \qquad p_2 = \frac{N_2}{F_2} = \frac{10000}{980} \approx 10 \text{ kg/cm}^2.$$

Durch eine Zusatzvorrichtung (D. R. P.) kann die Kupplung auch als Überlastungskupplung mit selbsttätiger Ausrückung eingerichtet werden (Abb. 122 unten). Dadurch ist eine Verbindung zwischen Schalt- und Rutschkupplung geschaffen. Es ist aber zu bedenken, daß ein Rutschen der Kupplung erst dann eintreten wird, wenn die Belastung das Einrückmoment überschreitet. Dieses muß deshalb dem Überlastungsmoment angepaßt werden. Die Kupplung muß daher im Leerlauf oder mit geringer Belastung eingeschaltet und diese dann stufenweise erhöht werden, bis sie nahezu die Höhe des Einrückmomentes erreicht hat.

Das Ausrücken geschieht folgendermaßen: Drei Stifte S_2 sitzen in der Muffe m, die durch den Hebel P in ihrer jeweiligen Stellung festgehalten wird. Ist sie eingerückt, so stehen die Spitzen von S_2 in Höhe der Spitzen S_1, die in der Muffe K sitzen. Gleitet die Kupplung, so legen sich die Stifte S_1 gegen S_2, werden axial verschoben und rücken die Kupplung aus. Ist die Ausrückbewegung eingeleitet und der Hebel H über den Totpunkt hinausgerückt, so geschieht das Lösen durch die Fliehkraft der Hebelsysteme. Während des Einschaltens der Kupplung muß S_2 zurückgezogen bleiben, da die Reibflächen während dieser Zeit aufeinander gleiten.

Es wurde bereits erwähnt, daß die Kegelkupplung beim Einrücken sehr scharf faßt, was im Hinblick auf den dadurch verursachten Stoß unerwünscht ist. Die amerikanische Kupplung (Abb. 123)[1] vermeidet diesen Übelstand dadurch, daß auf den Kupplungskonus noch eine Reibscheibe federnd aufgesetzt ist. Beim Einrücken

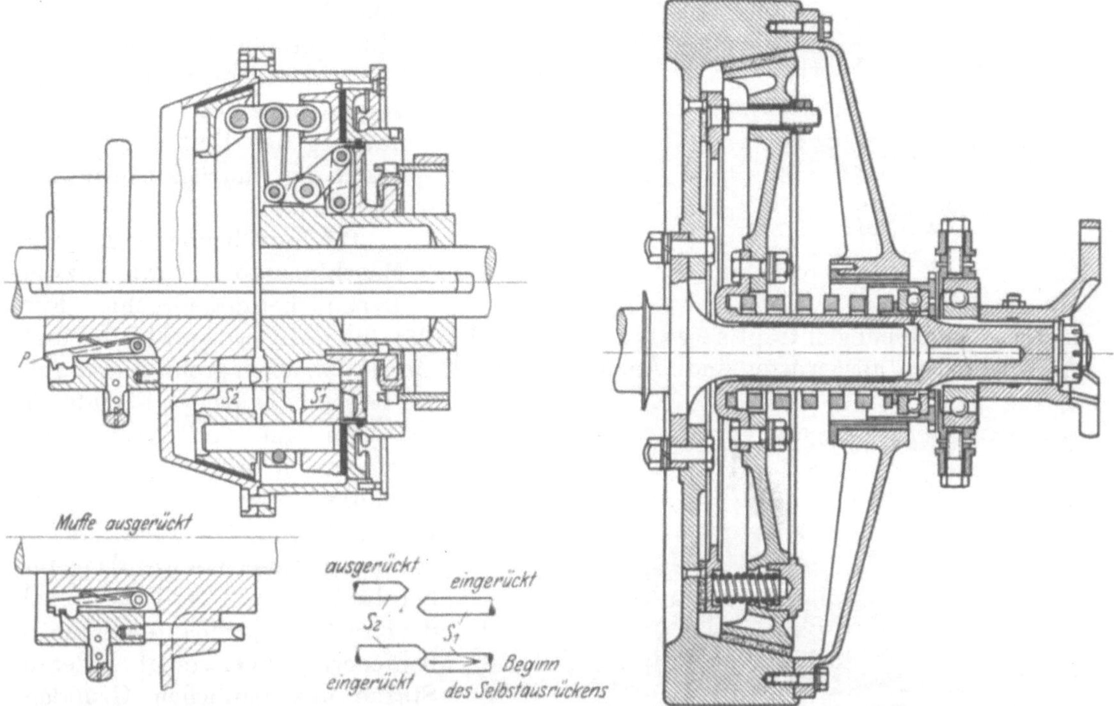

Abb. 122. Vereinigte Kegel- und Scheibenkupplung der Firma Lohmann & Stolterfoht mit selbsttätiger Ausrückung bei Überlastung.

Abb. 123. Kegelkupplung für Kraftwagen mit aufgesetzter Scheibenkupplung. [Nach Bourdon: Aut. Ind. **62**, 10 (1930).]

legt sich zunächst die ebene Scheibe an und leitet den Kuppelvorgang sanft ein. Die Kegelkupplung tritt also erst in Tätigkeit, wenn die Massen bereits in der Beschleunigung begriffen sind. Der Stoß wird dadurch stark gemildert.

f) Die Backenkupplungen.

Diese werden ausgeführt mit

a) Innenbacken,
b) Außenbacken,
c) Innen- und Außenbacken,

wobei die Backen entweder um einen Punkt drehbar oder als Gleitstücke in Führungen ausgebildet sein können.

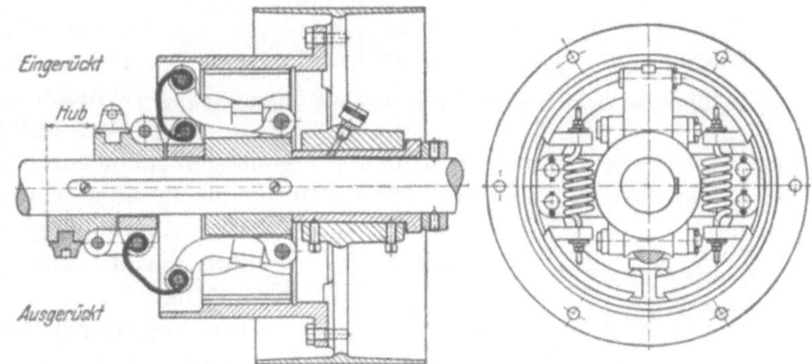

Abb. 124. Innenbackenkupplung der Firma Samsonwerke, A.G., Patent Beilke.

Mit drehbaren Innenbacken sind die Kupplung des Samsonwerkes (Patent Beilke) und die der Firmen Peniger Maschinenfabrik in Penig und Gebr. Wetzel in Leipzig-Plagwitz ausgerüstet. Abb. 124 zeigt die Samsonkupplung. Bei dieser Kupplung, die bis zu einem Drehmoment von

[1] Bourdon: Two-stage Clutch adopted. Automot.-Ind. **62**, 10 (1930).

900 mkg ausgeführt wird, sind vier Backen angeordnet, an deren äußerem Punkt Hebel angreifen, die durch Federn angedrückt werden. Im ausgerückten Zustand werden die Reibbacken durch Spiralfedern zurückgehalten. Eine besondere Nachstellung ist bei dieser Ausführung nicht vorgesehen. Die geringe Abnutzung der Reibbeläge wird durch die Andrückfedern ausgeglichen.

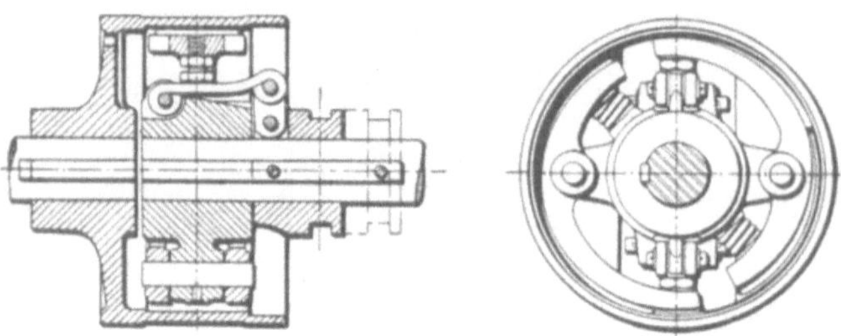

Die Ausführung der Peniger Maschinenfabrik wird in zwei Typen herausgebracht. Für kleinere Abmessungen trägt sie zwei Backen (Abb. 125), die mit Gegengewichten und Abdrückfedern ausgerüstet sind. Am äußeren Ende der Reibbacken greift eine durch die Muffe betätigte Flachfeder an. Zum Ein- und Nachstellen dient eine in der Backe sitzende Schraube. Der Ausgleich der Fliehkraft geht natürlich nur bis zu einer gewissen Grenze, da nachher die Fliehkraft der Druckhebel die Kraft der eingebauten Schraubenfedern überwindet, deren Stärke aus baulichen Gründen begrenzt ist. Für größere Kräfte werden vier Backen angebracht, die ähnlich wie die der Samsonkupplung, jedoch unter Verwendung der bereits erwähnten Flachfeder, angedrückt werden (Abbildung 126). Die Nachstellung ist in den Hebel gelegt, durch den die Feder mit der Muffe verbunden ist. Das Zurückziehen der Backen im gelösten Zustand geschieht gleichfalls wie bei der Samsonkupplung durch besondere Spiralfedern. Diese Ausführung eignet sich nicht für hohe Drehzahlen, da dann die Rückziehfedern zu stark werden und eine zu hohe Einrückkraft erfordern.

Abb. 126. Innenbackenkupplung d. Firma Peniger Masch.-Fabr.

Die Ausführung der Firma Wetzel ist ähnlich der in Abb. 125 dargestellten Penig-Kupplung.

Die Abnutzung der Backen, die durchweg mit einem Belag versehen sind und trocken laufen, richtet sich nach der Lage der Anpreßkraft. Wirkt die Kraft P am Ende der Backe (Abb. 127), so nimmt der spezifische Druck von hier bis zum anderen Ende bis auf 0 ab. Wirkt sie auf die Mitte gemäß Abb. 128, so ist hier der größte spezifische Druck, der nach den Enden zu abnimmt. Dementsprechend wird auch der Verschleiß sein. Um ihn möglichst gleichmäßig zu

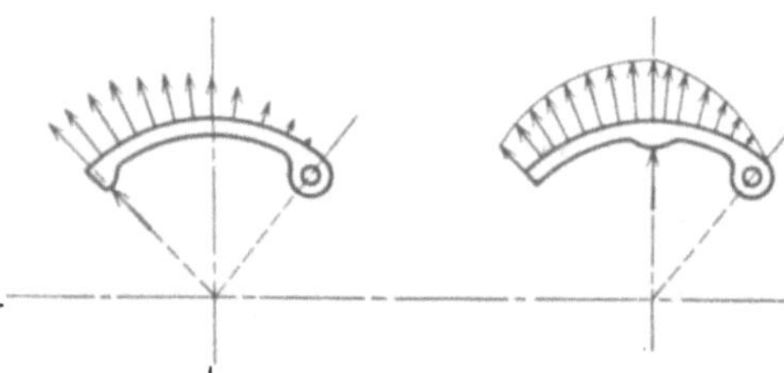

Abb. 127 und 128. Spezifische Belastung der Backen.

machen, müssen die Backen recht steif sein. Man rechnet mit dem mittleren Druck

$$p = \frac{P}{l \cdot b} \text{ kg/cm}^2,$$

wenn l die Länge und b die Breite der Backen ist.

Die gedrängte Bauart dieser Kupplungen, die aus verhältnismäßig wenig Teilen bestehen, macht sie für hohe Drehzahlen geeignet. Da die Einrückhebel über den Totpunkt hinausgeschoben werden, ist ein Selbstausrücken ausgeschlossen, und die Muffe ist entlastet.

Die Dohmen-Leblanc-Kupplung der Bamag, Dessau, und die Reibungskupp-

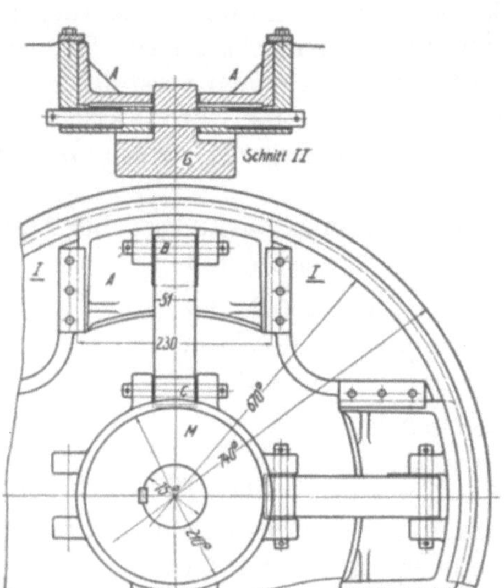

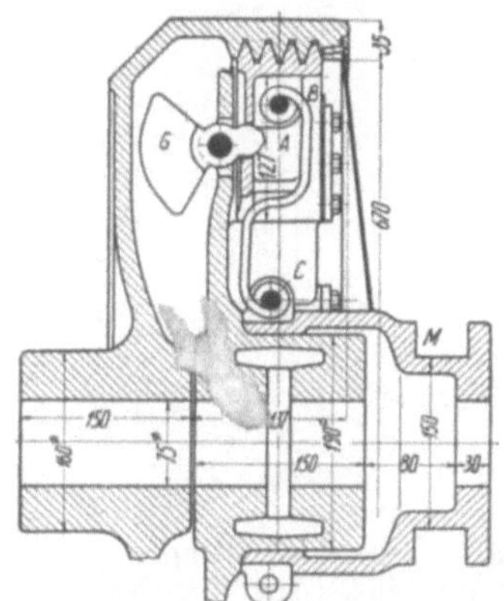

Abb. 129. Dohmen-Leblanc-Kupplung, Bauart Bamag. (Aus Rötscher: Maschinenelemente.)

lung von Polysius, Dessau, haben lose Backen, die in dem einen Kupplungsteil geführt sind und durch Federn oder Hebel gegen die Trommel gepreßt werden. Die erstere wird für kleinere Kräfte mit glatten Backen ausgerüstet. Für größere Drehmomente werden die Backen bei beiden Typen mit Rillen ausgeführt (Abb. 129). Dadurch wird die Umfangskraft dem Neigungswinkel der Rillen entsprechend erhöht, und es wird dann wie bei der Kegelkupplung die Umfangskraft

$$U = \frac{P \cdot \mu}{\sin \alpha} \text{ kg}.$$

Typisch für die Dohmen-Leblanc-Kupplung ist die S-förmig gebogene Feder, mit der der Anpreßdruck erzeugt wird. Die Berechnung der Feder ist auf S. 57 bereits dargelegt. Der Verschleiß wird im allgemeinen sehr gering sein, so daß er durch die Elastizität der Federn ausgeglichen wird. Wenn er stärker sein sollte, können die Federbolzen mit exzentrischen Büchsen versehen werden (Abb. 130), die in bekannter Weise eine Nachstellung ermöglichen.

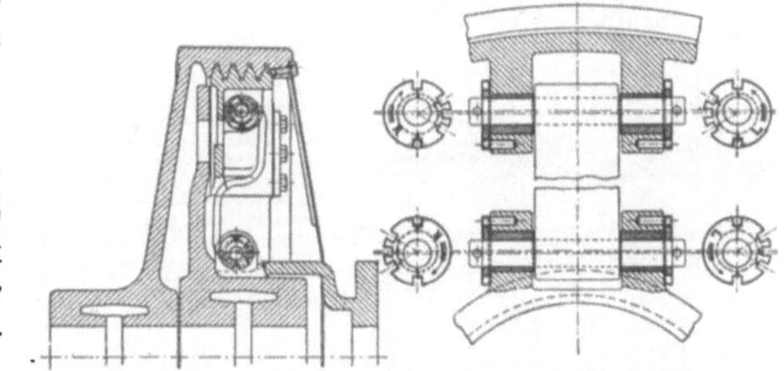

Abb. 130. Nachstellvorrichtung für die Innenbackenkupplung, Bauart Bamag.

Der Einbau soll möglichst so erfolgen, daß das Gehäuse auf der treibenden und die Backen auf der getriebenen Welle sitzen. Wo das Umgekehrte der Fall ist, muß die Fliehkraft der Backen durch Gegengewichte ausgeglichen werden.

Die Polysiuskupplung ist auf demselben Grundsatz aufgebaut (Abb. 131). Sie hat jedoch an Stelle der S-förmigen Feder einen starren Hebel, der nachstellbar eingerichtet ist. Ein Ausgleich wird wie bei der Kegelkupplung der gleichen Firma durch eine Ringfeder F bewirkt. Die Druckstangen stützen sich auf diesen axial geführten, aber mit Spiel auf der Muffe sitzenden Ring, wodurch sich die Kräfte der einander gegenüberliegenden Backen ausgleichen.

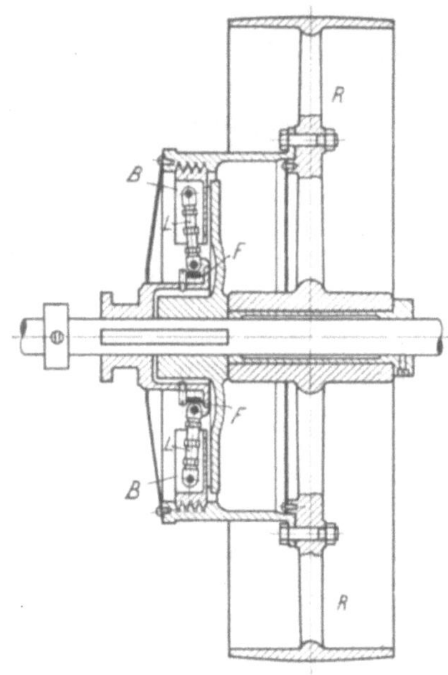

Abb. 131. Innenbackenkupplung, Bauart Polysius. (Aus Rötscher: Maschinenelemente.)

Bei der Kupplung der Firma Schuler in Göppingen (Abb. 132) sind die Backen so lang, daß sie fast den ganzen Umfang der Trommel bedecken. Sie sind in einem Armkreuz geführt und werden in ausgerücktem Zustand durch Federn zurückgezogen. Der Andrückmechanismus besteht aus einem verstellbaren Druckstab und einer Feder. Damit wird zwischen je zwei Backen ein Keil getrieben, der sie an die Trommel preßt.

Der Anpreßdruck einer Backe wird bei Anordnung von vier Backen gemäß Abb. 133

$$K = 1{,}9\,Q \quad \text{kg},$$

$$Q = \frac{P}{\operatorname{tg}(\alpha + \varrho)} \quad \text{kg}.$$

Ist K gegeben, so wird

$$P = \frac{K \cdot \operatorname{tg}(\alpha + \varrho)}{1{,}9} = 0{,}53\,K \cdot \operatorname{tg}(\alpha + \varrho) \quad \text{kg}.$$

Bei Anordnung von drei Backen tritt nur eine unwesentliche Änderung ein. Es wird

$$K \approx 2\,Q \quad \text{kg},$$

$$P = 0{,}5\,K \cdot \operatorname{tg}(\alpha + \varrho) \quad \text{kg}.$$

Bei zwei Backen würde

$$P \approx 0{,}62\,K \cdot \operatorname{tg}(\alpha + \varrho) \quad \text{kg}.$$

Ein Nachteil gegenüber den vorigen Kupplungen ist die einseitige Führung der Backen. Gegenüber der Dohmen-Leblanc-Kupplung hat sie die Nachstellbarkeit

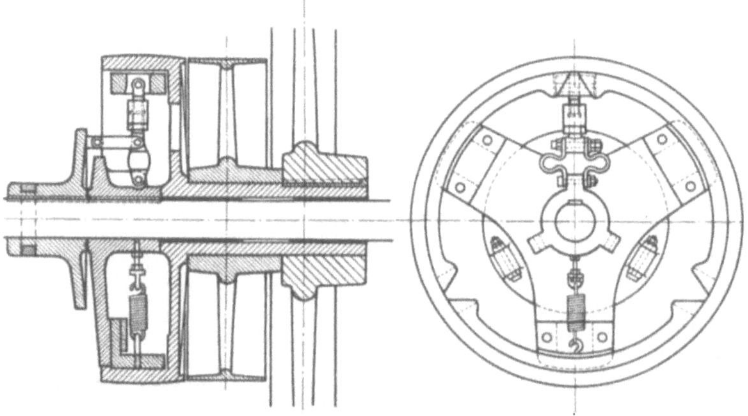

Abb. 132. Innenbackenkupplung der Firma Schuler, Göppingen.

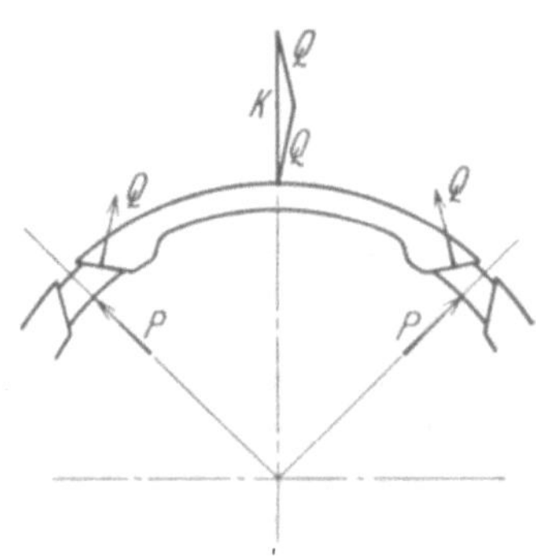

Abb. 133. Berechnung der Innenbackenkupplung der Firma Schuler.

voraus. Die Feder ist der Berechnung schwer zugänglich, muß also nach Erfahrungswerten bemessen werden. Ein Vorteil ist, daß die Backen sehr lang sind. Dadurch wird der Anpreßdruck gering.

Die Backen sind bei einigen Ausführungen verhältnismäßig kurz gegenüber dem Trommelumfang. Da sie mit großer Kraft angedrückt werden, wird die Trommel sich entsprechend Abb. 134 verbiegen. Dem ist gegebenenfalls durch besondere Ausbildung derselben entgegenzuwirken. Die Formänderungen sind von Peneff untersucht worden[1]. Abb. 135 und 136 zeigen zwei Ergebnisse, aus denen der Einfluß der Ausbildung des Kranzes deutlich hervorgeht. Abb. 135 zeigt den ungünstigen Einfluß der Rippen auf die Biegungslinie, die hinter der dritten Rippe einen scharfen Knick aufweist. Die Anordnung von nur zwei Verstärkungen an den Enden (Abb. 136) ist günstiger und gewährleistet eher ein Anliegen der Backe auf der ganzen Breite.

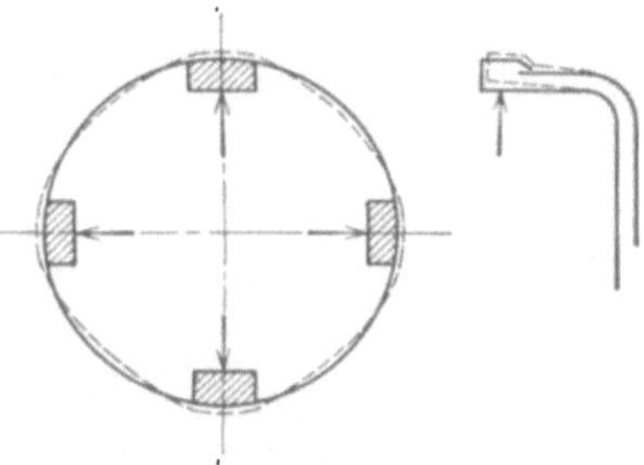

Abb. 134. Formänderung der Trommel bei Innenbackenkupplungen.

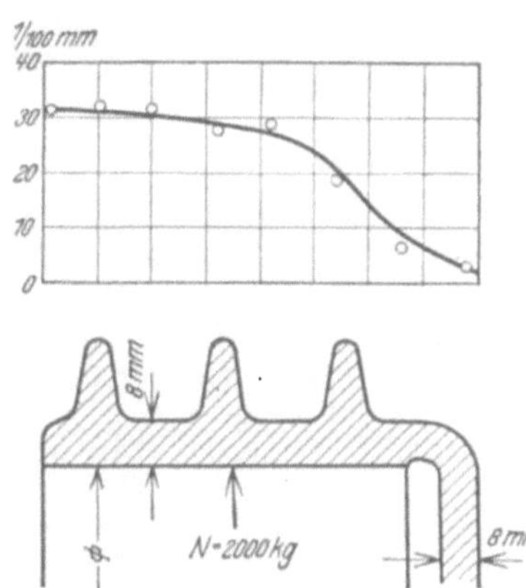

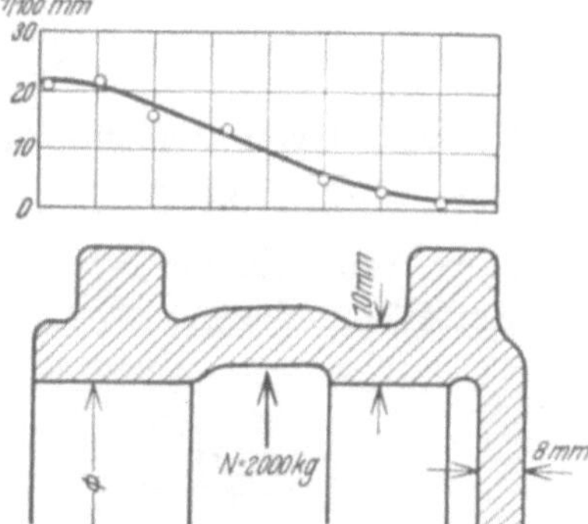

Abb. 135 und 136. Formänderung der Trommel bei Innenbackenkupplungen, nach Messungen von Peneff. [Nach Peneff: Maschinenbau 3, 15 (1924).]

Es kommt vor, daß die Formänderung des Gehäuses als erwünscht betrachtet wird, um nicht allein auf die Reibungsziffer angewiesen zu sein. Die genaue Berechnung müßte dann von der Formänderungsarbeit und der Spannung im verbogenen Gehäuse ausgehen. Die richtige Bemessung der Kupplung wird dadurch sehr erschwert.

Als Beispiel einer Kupplung mit Außenbacken sei die Kupplung Abb. 137 gezeigt. Auf der einen Welle sitzt ein Reibkörper *c*, der zweckmäßig mit einem Reibbelag versehen wird. Er wird von zwei Backen *b* umschlossen, die mittels Zugstangen an der Mitnehmerscheibe *a* aufgehängt sind, die auf der anderen Welle sitzt. Die Backen werden durch zwei Schraubenspindeln mit Rechts- und Linksgewinde betätigt. Der spezifische Druck auf die Reibfläche wird in solchen Fällen meist entsprechend Abb. 138 aus dem Druck auf die Projektion der Fläche berechnet

$$p = \frac{P}{b \cdot 2r} \quad \text{kg/cm}^2.$$

Dies entspricht nicht der strengen, wissenschaftlichen Auffassung, nach der der spezifische Druck sich, wie in Abb. 139 gezeigt ist, bei stillstehender Scheibe mit dem

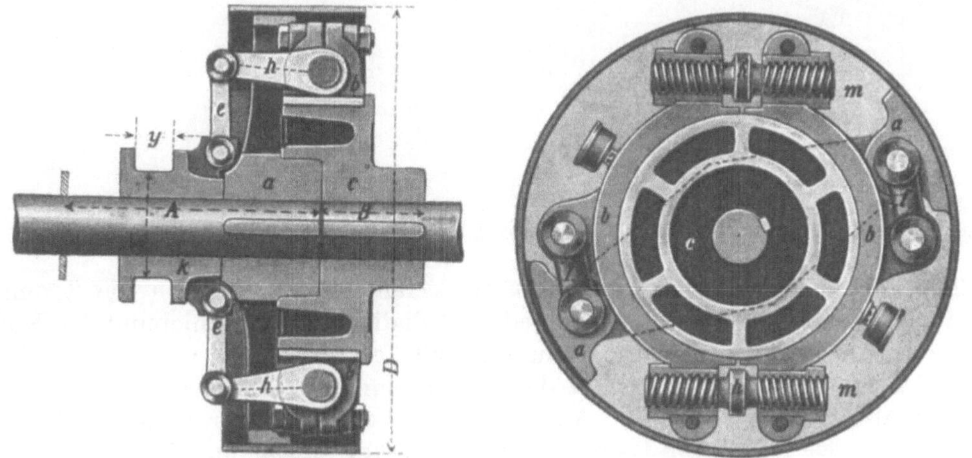

Abb. 137. Außenbackenkupplung, ältere Ausführung.

[1] Peneff: Formänderungsuntersuchungen an Kupplungstrommeln. Maschinenbau 3, 15 (1924).

Winkel φ ändert. Der am Umfang wirkende, zentral gerichtete spezifische Druck q ist

$$q = \frac{P}{2r \cdot b} \cdot \sin \varphi \quad \text{kg/cm}^2,$$

verläuft also nach einer Sinuslinie um den Umfang und erreicht seinen Größtwert in der Mitte

$$q_{\max} = \frac{P}{2r \cdot b} \quad \text{kg/cm}^2.$$

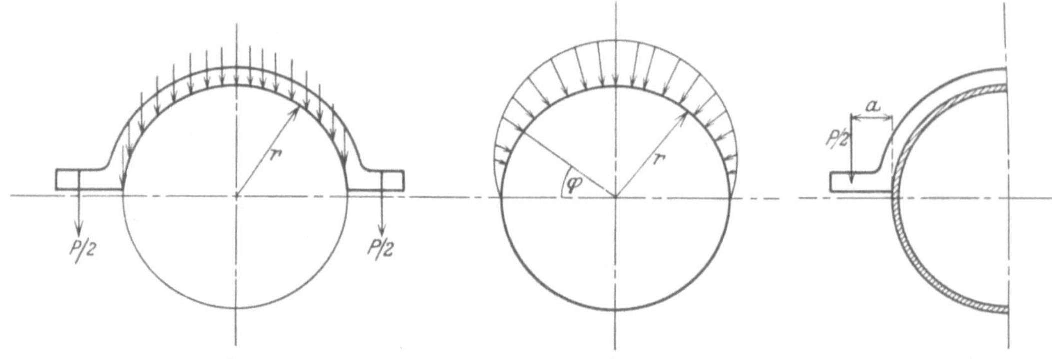

Abb. 138 und 139. Verteilung des Druckes auf die Reibfläche bei der Außenbackenkupplung. Abb. 140.

In der obigen Berechnungsweise liegt also noch eine gewisse Sicherheit. Absolut starr werden die Backen allerdings nicht sein. Es wirkt noch das Moment $\frac{P}{2} \cdot a$ (Abb. 140), das zur Folge hat, daß auch die Enden der Backe mit Druck auf der Reibfläche liegen.

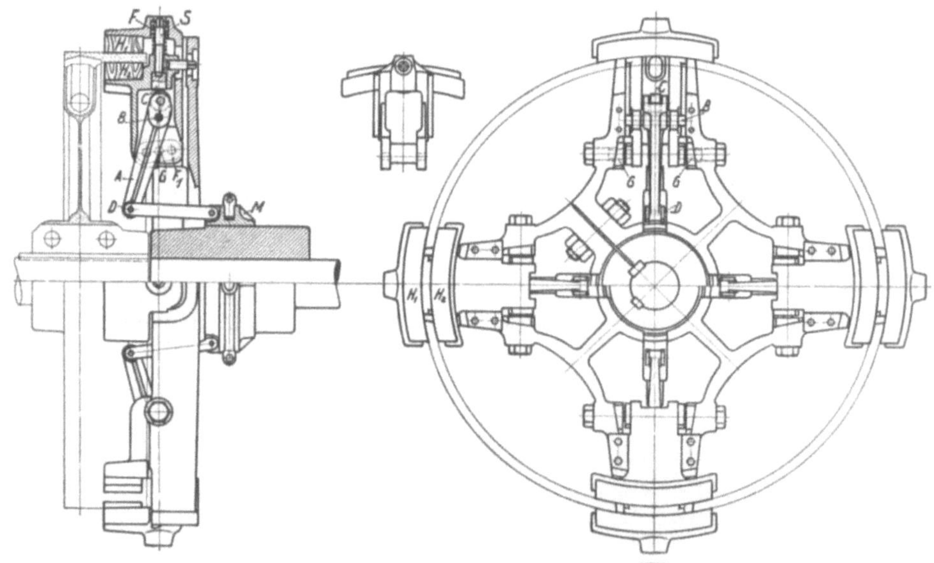

Abb. 141. Hillkupplung der Firma Eisenwerk Wülfel. (Aus Rötscher: Maschinenelemente.)

Eine weitere Veränderung der Verhältnisse entsteht, wenn sich die Trommel in Bewegung befindet. Dadurch tritt jedoch lediglich eine Verschiebung der Kurve ein, die auf den mittleren Druck kaum Einfluß hat.

Mit Innen- und Außenbacken ist die Hillkupplung des Eisenwerkes Wülfel ausgerüstet (Abb. 141 u. 142a u. b). Auf der einen Welle sitzt der Hillring. Auf der anderen sitzt das die Backen tragende Kreuz. Je eine Innen- und Außenbacke sind zusammen an einem Arm angebracht und werden gemeinsam durch einen Hebel betätigt, derart, daß sich beide gleichzeitig gegen den Ring legen. Wie aus Abb. 142

hervorgeht, legt sich die Rolle des Einrückhebels gegen einen in der Innenbacke sitzenden Stift. Dadurch sind radiale Beanspruchungen oder Klemmungen vermieden. Durch die Ausführung der Stiftoberfläche kann der Verlauf des Anpreßdruckes beeinflußt werden. Sie ist so auszuführen, daß beim Hinüberschieben des

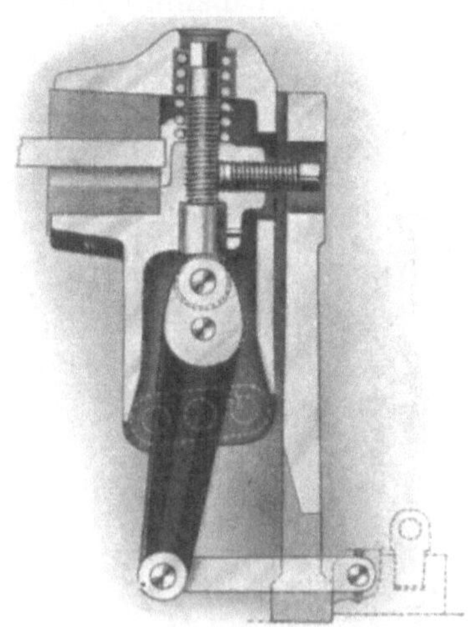

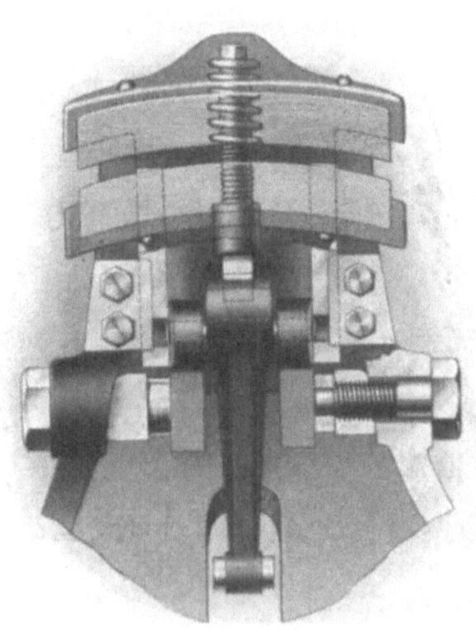

Abb. 142a und 142b. Backen- und Anpreßvorrichtung der Hillkupplung.

Einrückhebels über die Strecklage hinaus Selbsthemmung eintritt und die Muffe entlastet ist. Die Backen sind mit Holz gefüttert und einzeln nachstellbar. Eine zwischen ihnen angeordnete Feder treibt sie beim Ausschalten auseinander. Die Hillkreuze haben je nach der Größe der Kupplung zwei bis acht Arme. Das größte übertragbare Drehmoment der normalen Ausführung beträgt 18000 mkg. Die Fliehkräfte der beiden Backen werden im eingerückten Zustand durch den Einrückhebel aufgehoben. Der Drehpunkt des Hebels sitzt an der Außenbacke. Infolgedessen kann eine Kraftwirkung nur entstehen, wenn beide Backen am Reibring anliegen. Damit nun nicht eine der beiden zuerst anliegt und dadurch eine ungleichmäßige Beanspruchung verursacht wird, sind sie durch einen Hebel miteinander verbunden, dessen Drehpunkt am Arm festliegt und der somit eine gleichzeitige Bewegung erzwingt. Die Fliehkraft der äußeren Backe soll gleich der der inneren oder nur wenig größer sein. Andernfalls wird durch an die Innenbacke angenietete Ausgleichsgewichte ein Ausgleich bewirkt.

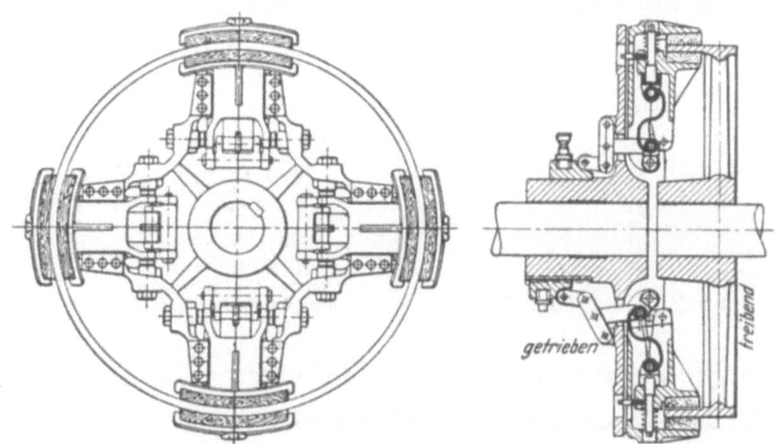

Abb. 143. Doppelbackenkupplung der Firma I. M. Voith, St. Pölten.

Die Kupplung der Firma Voith, St. Pölten (Patent Beilke) (Abb. 143) hat bei sonst gleichem Aufbau wie die Hillkupplung an Stelle des Einrückhebels eine Feder nach Art der Dohmen-Leblanc-Feder. Diese ist einerseits an dem in der Innenbacke sitzenden Stift und andererseits an einem Hebel befestigt, dessen Drehpunkt an der Außenbacke festliegt. Sie wird von der Muffe aus betätigt. Der Unterschied zwischen den beiden Kupplungen besteht also darin, daß die eine mit starrer Anpressung durch einen Kniehebel und die andere durch Einschaltung der Feder mit elastischer Anpressung arbeitet. Dadurch geschieht das Einrücken bei der letzteren etwas sanfter.

Beide Bauarten sind allerdings sehr vielteilig und verhältnismäßig groß.

Berechnungsbeispiel.

Leistung . . . . $N = 245$ PS,

Drehzahl . . . . $n = 450/\text{min}$,

Drehmoment . . . . $M_d = 716 \frac{245}{450} = 390$ mkg,

Mittl. Durchmesser des Reibringes. $D_m = 1058$ mm,

Umfangskraft . . . . $U = \frac{2 M_d}{D_m} = \frac{2 \cdot 390}{1{,}058} = 735$ kg,

Anzahl der Arme . . . . $i = 4$,

Umfangskraft je Arm . . . . . . $U_A = \frac{U}{i} = \frac{735}{4} = 184$ kg,

Reibungsziffer . . . . $\mu = 0{,}25$,

Anpreßdruck je Backe . . . . . . $P = \frac{U_A}{2 \cdot \mu} = \frac{184}{2 \cdot 0{,}25} = 368$ kg,

Gleitgeschwindigkeit beim Einrücken $v_E = \frac{\pi \cdot D_m \cdot n}{60} = \frac{\pi \cdot 1{,}058 \cdot 450}{60} = 25$ m/s,

Umfangsgeschwindigkeit des äußersten Punktes der Arme

$$v_A = \frac{\pi D_A \cdot n}{60} = \frac{\pi \cdot 1{,}255 \cdot 450}{60} = 30 \text{ m/s},$$

Für eine Voithkupplung wäre noch die Feder zu berechnen. Nach S. 57 ist

$$f = \frac{4}{3} \frac{P \cdot a^2}{E \cdot J} (a + 3\,l).$$

Die Länge l ergibt sich aus dem zur Verfügung stehenden Platz. Dann ist

$$a = 2\,l,$$

$$f = \frac{4}{3} \frac{P \cdot 4 l^2}{E \cdot J} (5\,l) = \frac{80}{3} \frac{P \cdot l^3}{E J} \text{ cm},$$

$$f \cdot J = \frac{80 \cdot 368 \cdot l^3}{3 \cdot 2 \cdot 200000} = 0{,}045 \text{ cm}^5.$$

f und J sind durch Probieren in ein günstiges Verhältnis zueinander zu setzen.

g) Die Bewegungsverhältnisse des inneren Gestänges der Reibungskupplungen.

Bei der Gestaltung des Gestänges handelt es sich um die Erfüllung folgender Aufgaben:

1. Zwei oder mehrere Scheiben sollen gegeneinander gedrückt werden.
2. Zwei Scheiben oder Kegel sollen von innen gegen die Gehäusewände gedrückt werden.
3. Eine Backe soll von innen gegen ein Gehäuse gedrückt werden: a) Backe in Führungen, b) Backe mit Drehpunkt.
4. Zwei Backen sollen von innen und außen gleichzeitig gegen das Gehäuse gedrückt werden (Backen parallel geführt).
5. Ein Band soll außen um eine Trommel festgezogen werden.
6. Ein Band oder ein Spreizring soll innen gegen eine Trommel gedrückt werden.

Dabei gelten folgende Bedingungen:

a) Der Anpreßdruck soll ausreichend und möglichst einstellbar sein.
b) Der Muffendruck soll nicht zu groß sein.
c) Der Muffenweg soll nicht zu groß sein.
d) Der Lüftweg der Reibflächen soll klein aber ausreichend sein.
e) Die Muffe soll im eingerückten Zustand entlastet sein.
f) Die Reibflächen sollen gleichmäßig abgehoben werden.
g) Die Fliehkraft im Gestänge soll ausgenutzt oder unschädlich gemacht werden.
h) Im eingerückten sowie im ausgerückten Zustand soll Selbsthemmung bestehen, so daß selbsttätiges Lösen oder unerwünschtes Schleifen der Reibflächen vermieden wird.

In Abb. 144 bis 157 sind die Bewegungsverhältnisse einer Reihe von Bauarten vergleichsweise dargestellt. Die Hauptaufgabe, die der Konstrukteur zu lösen hat,

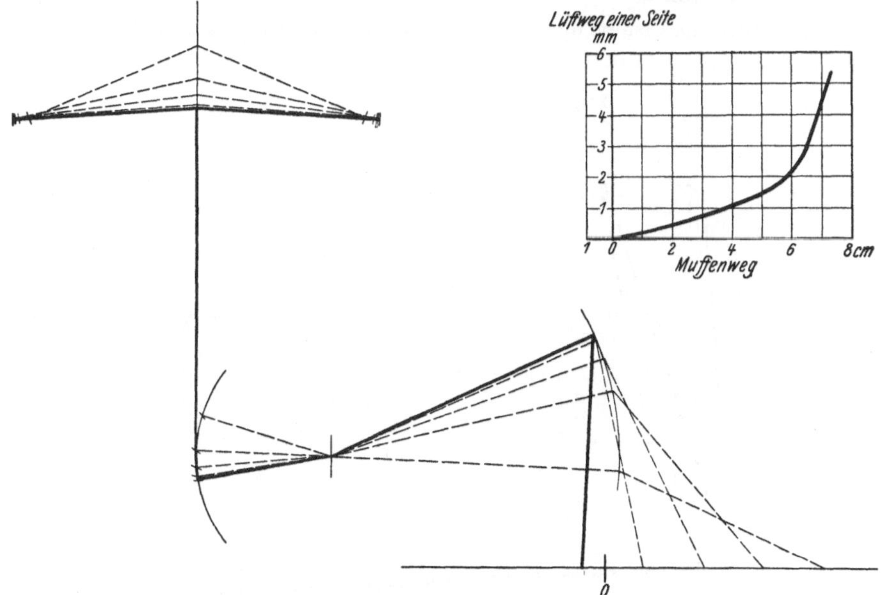

Abb. 144. Doppelscheibenkupplung der Firma Lohmann & Stolterfoht.

Abb. 144 bis 158. Die Bewegungsverhältnisse des Gestänges der Reibungskupplungen.

ist die Herstellung einer großen Übersetzung bei gegebenem Weg der Reibfläche und vorgeschriebener Richtung der Bewegung der Muffe. Dabei muß die Möglichkeit bestehen, die Muffe nach Heranführung der Reibfläche zur Erzeugung des Anpreßdruckes noch weiter bewegen zu können. In den Darstellungen ist das Verhältnis des Lüftweges der Reibfläche zum Muffenweg gezeigt. Die Kupplungen sind starr angenommen, und eine Spannung soll durch die Bewegung zunächst nicht erzeugt worden sein. Eine solche entsteht in dem Augenblick, in welchem im Bewegungsdiagramm die Kurve die Abszissenachse unterschneidet. Zur Erzeugung des Anpreßdruckes ist also die Einstellung so vorzunehmen, daß der Nullpunkt des Koordinatensystems um ein entsprechendes Stück auf der Kurve verschoben wird, wie in Abb. 153 angedeutet ist. Bei starrem Mechanismus ist die erforderliche Verschiebung gering, aber in ihrer Größe unbekannt. Bei Mechanismen mit Feder läßt sie sich in gewissen Grenzen vorausbestimmen, ist aber größer.

Für die Wirkungsweise wäre zu fordern, daß die Reibflächen zunächst schnell herangeführt und vom Augenblick des Greifens an langsam angepreßt werden. Die Kurve sollte aber möglichst den in Abb. 158 dargestellten Verlauf haben. Die Kurve für den Anpreßdruck muß dann einen entsprechenden Verlauf nehmen.

5*

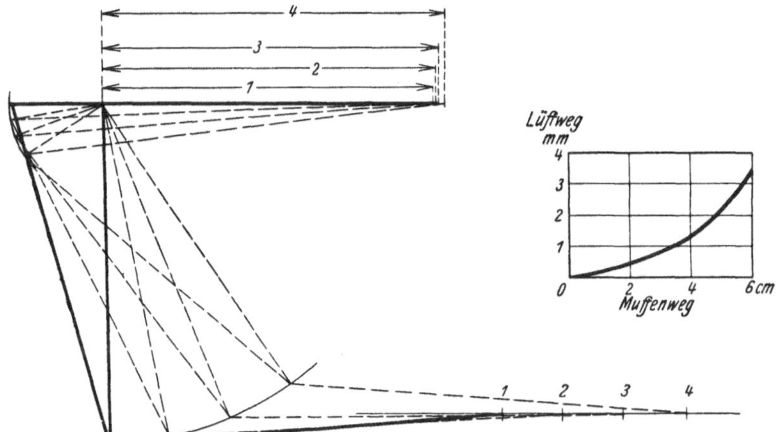

Abb. 145. Isfortkupplung der Firma Lohmann & Stolterfoht.

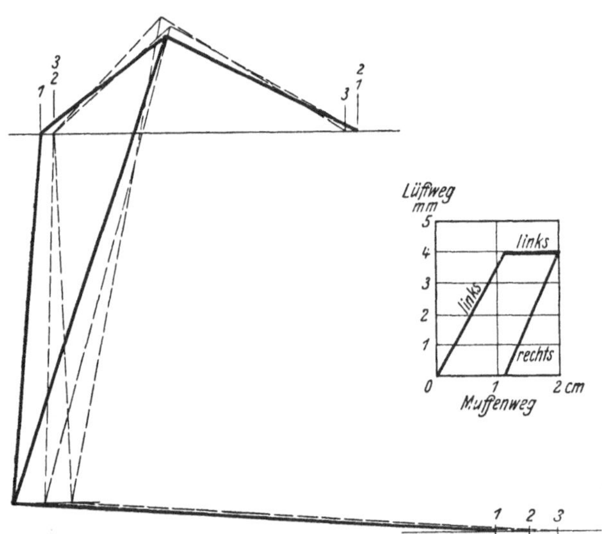

Abb. 146. Doppelscheibenkupplung der Firma Jordan.

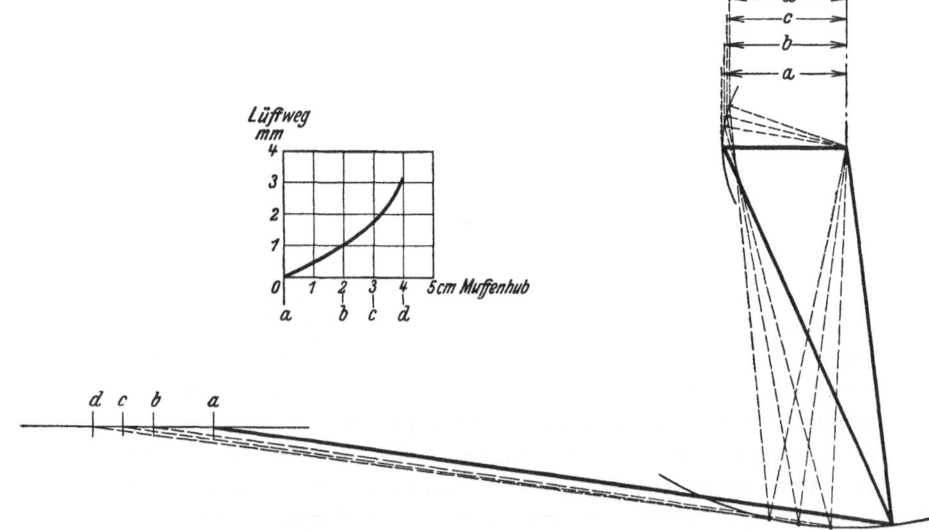

Abb. 147. Isfortkupplung von Flender, ältere Ausführung.

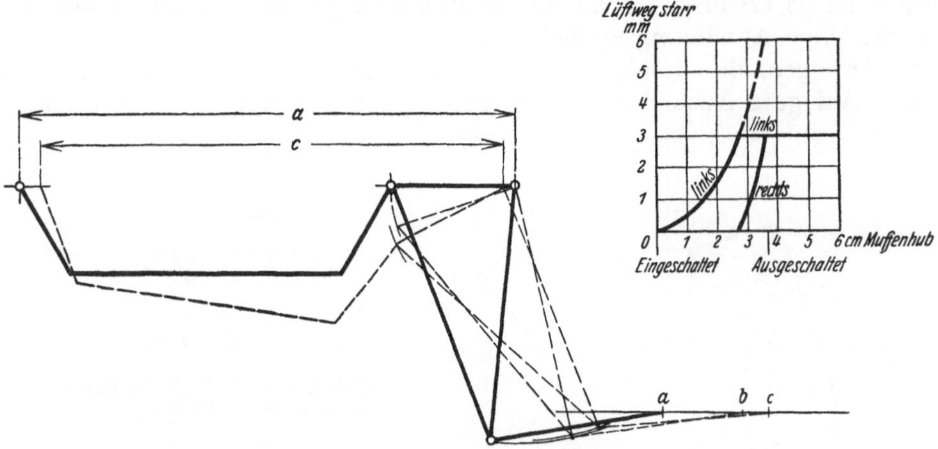

Abb. 148. Doppelkegelkupplung der Firma Richard Hartmann.

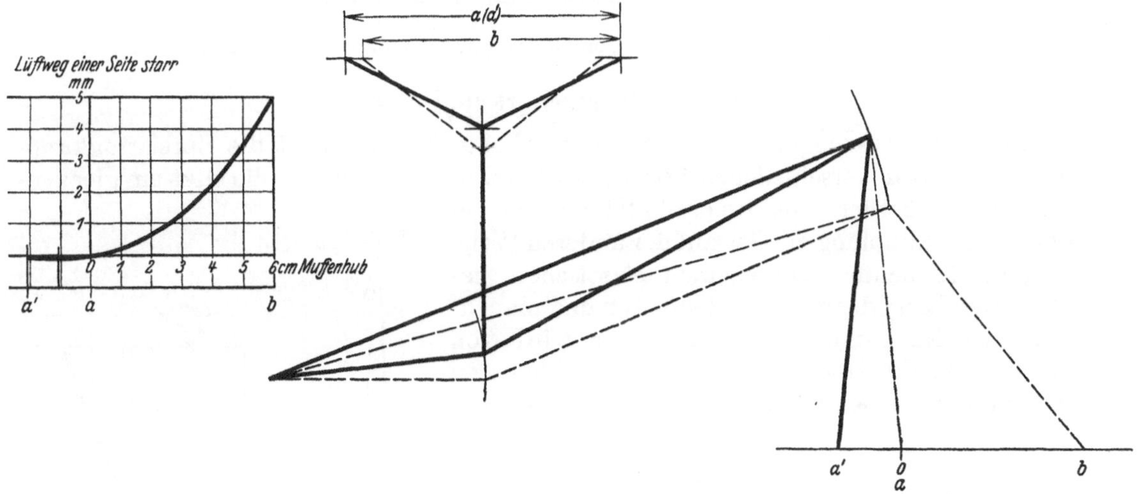

Abb. 149. Doppelkegelkupplung der Firma K. u. Th. Möller.

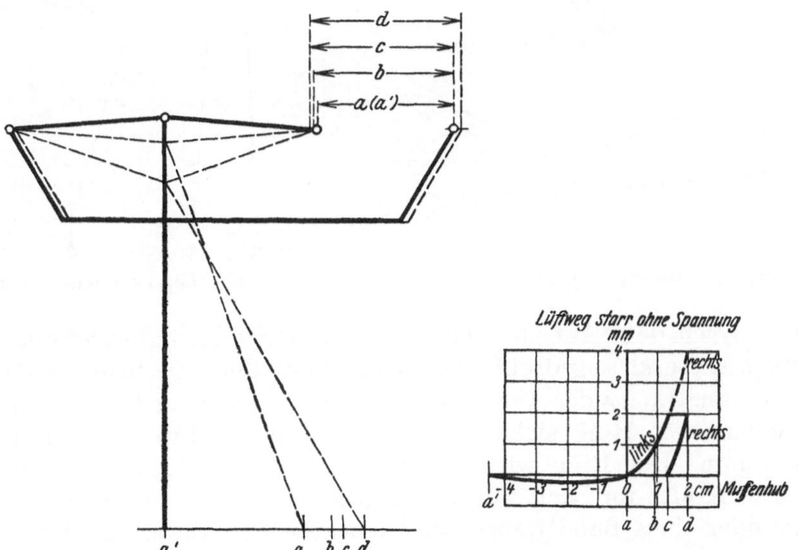

Abb. 150. Doppelkegelkupplung der Firma Peniger Masch.-Fabr.

Außerdem ist es erwünscht, daß alle Reibflächen gleichzeitig abgehoben werden, um gleichmäßige Abnutzung zu bekommen.

Veränderungen, die durch Ausleiern der Gelenke entstehen können, sind zu beachten. Auf gute Ausbildung der Gelenke ist besonderer Wert zu legen.

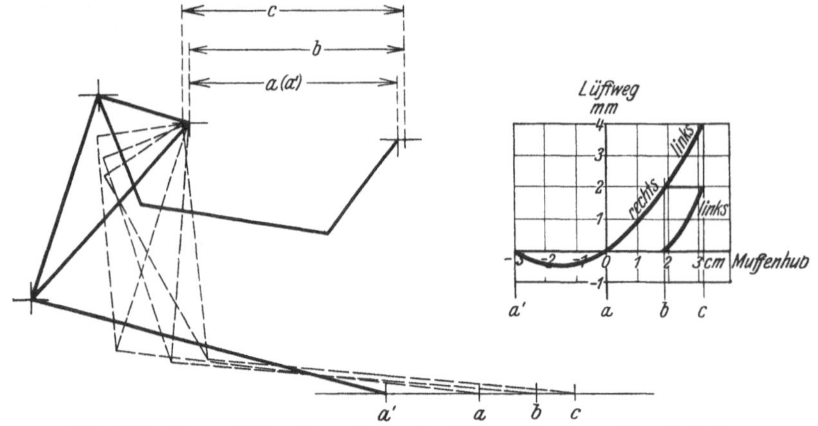

Abb. 151. Doppel-Kegelkupplung der Firma Peniger Masch.-Fabr.

h) Die Spreizringkupplungen.

Eine im Werkzeugmaschinenbau sehr beliebte Kupplung ist die Spreizringkupplung, die dort in verschiedenen Formen auftritt. Auf der einen Welle sitzt ein glockenförmiges Gußstück mit Innenreibfläche wie bei den Backenkupplungen. Der auf der anderen Welle sitzende Mitnehmer trägt einen elastischen, geschlitzten Ring, der meist aus Gußeisen und manchmal aus Manganbronze besteht. Er wird von einem Rohr abgestochen, das einen etwas kleineren Außendurchmesser als der Innendurchmesser der

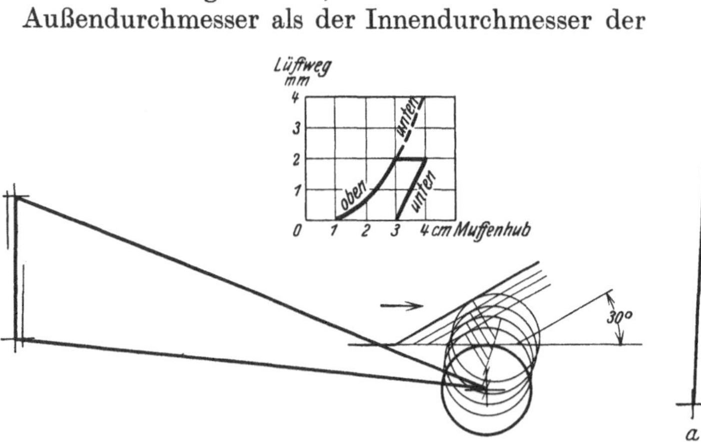

Abb. 152. Kleine Isfortkupplung der Firma Flender.

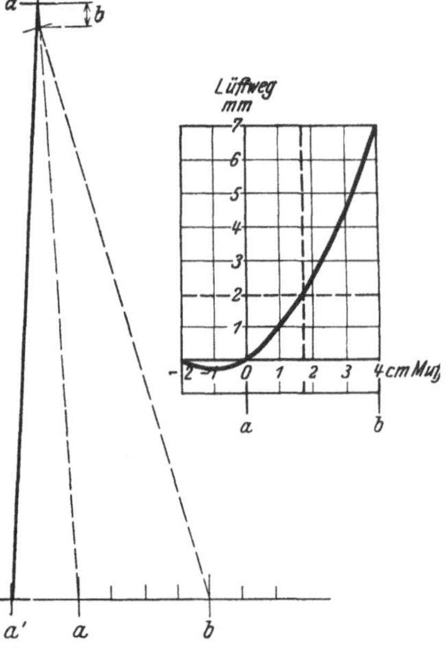

Abb. 153. Dohmen-Leblanc-Kupplung.

Trommel hat. Nach dem Aufschlitzen wird er auf den Nenndurchmesser der Reibfläche aufgespreizt und abgedreht. Im gespannten Zustand liegt er dann satt an der Reibfläche an. Da er das Bestreben hat, nach innen zu federn, ist die Kupplung bei entspanntem Ring sicher gelöst. Der radiale Hub des Schlitzringes beträgt etwa 1 mm. Der Ring wird durch das von der Muffe betätigte Stellzeug gespreizt. Die Kräfte im Ring werden in gleicher Weise wie die Bandkräfte einer Bandbremse oder eines Bandtriebes berechnet. An den Enden greifen die Kräfte t und T an, und zwar ist

$$T = t \cdot e^{\mu \alpha} \quad \text{kg};$$

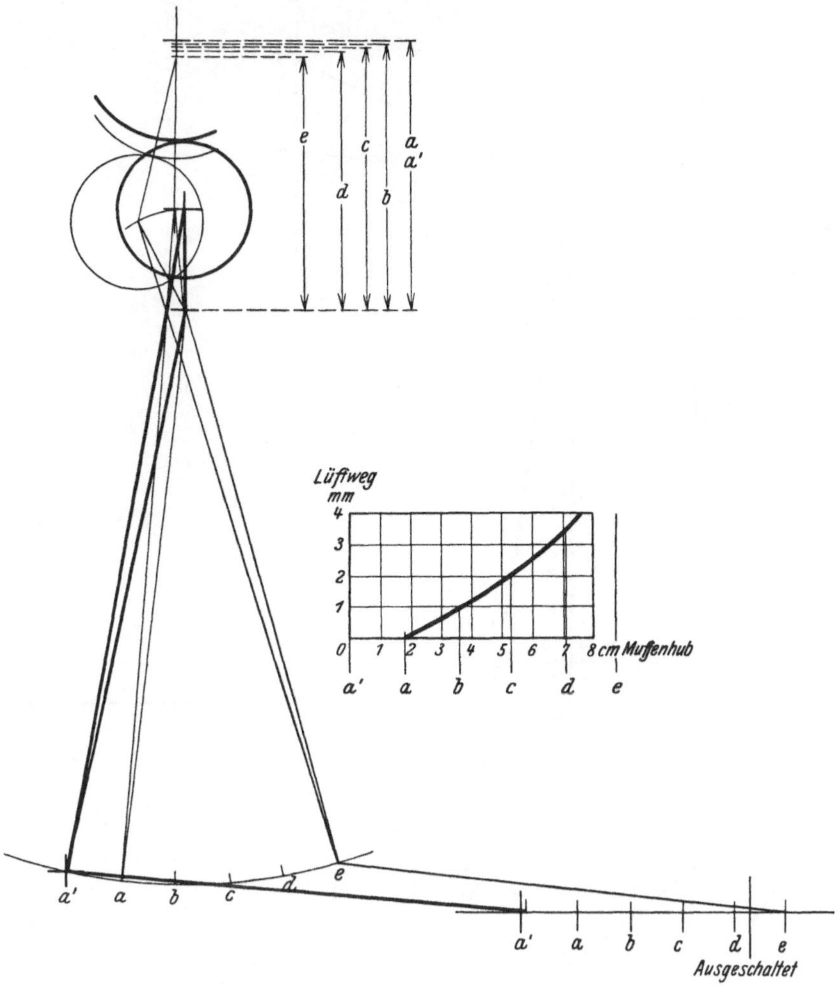

Abb. 154. Hillkupplung der Firma Eisenwerk Wülfel.

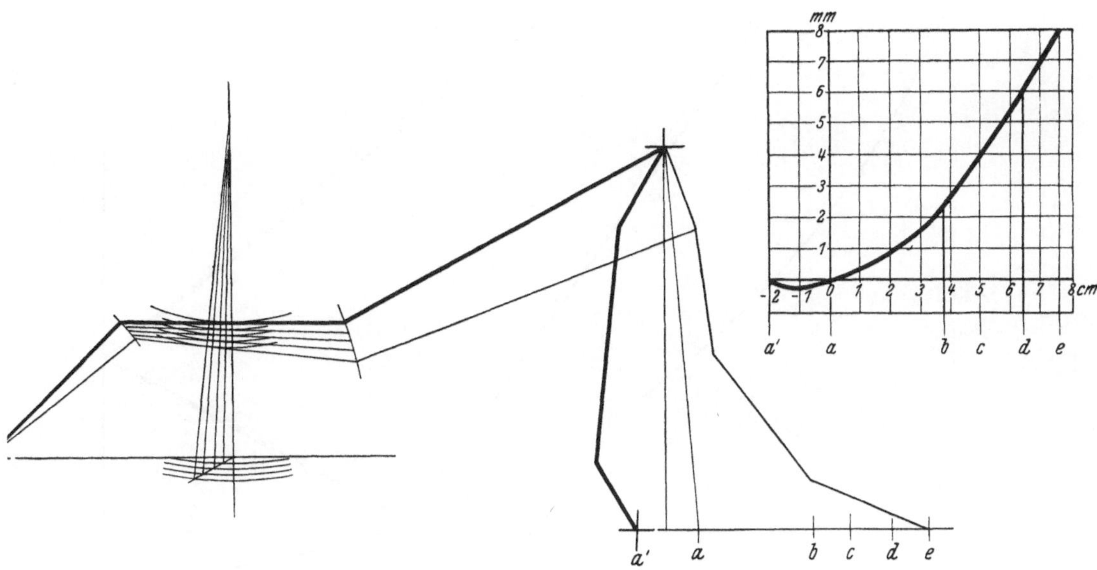

Abb. 155. Backenkupplung der Firma Samson.

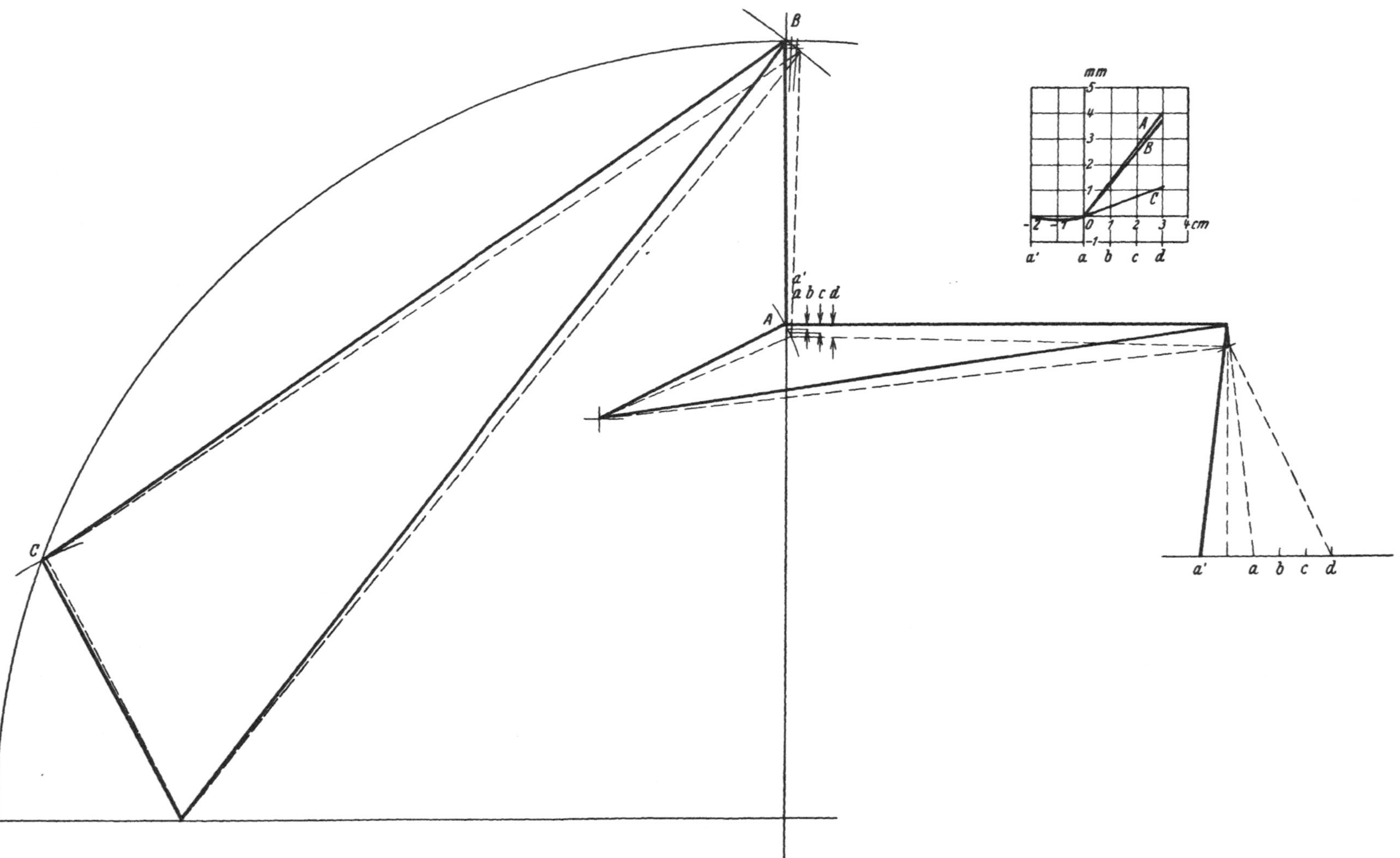

Abb. 156. Backenkupplung der Firma Peniger Masch.-Fabr.

α ist der Umschlingungswinkel, der mit 360^0 eingesetzt werden kann. Die Reibungsziffer μ schwankt je nach dem verwendeten Werkstoff etwa zwischen 0,1 und 0,3. Hierzu tritt auf beiden Seiten die Kraft hinzu, die erforderlich ist, um den Ring bis zum Anliegen zu spreizen[1]. Die nutzbare Reibfläche ist

$$f = D \cdot \pi \cdot b \quad \text{cm}^2.$$

Es ist das übertragbare Moment

$$M_d = U \cdot \frac{D}{2} \quad \text{cmkg},$$

die Umfangskraft

$$U = (T - t) \quad \text{kg},$$

der Normaldruck auf die Reibfläche

$$P = \frac{U}{\mu} \quad \text{kg}.$$

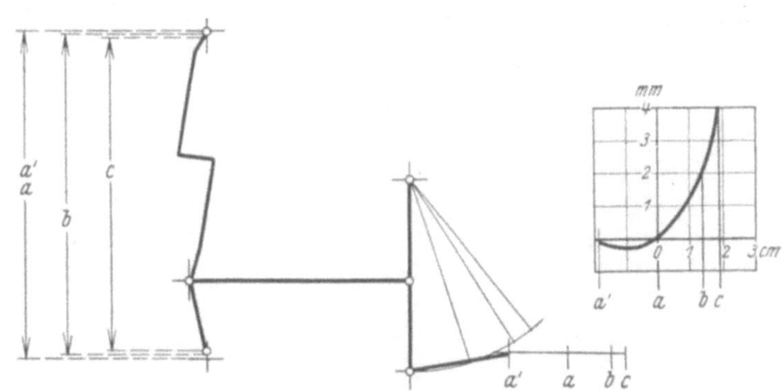

Abb. 157. Doppelbackenkupplung der Firma Voith.

Der spezifische Flächendruck p verteilt sich in gleicher Weise über den Umfang wie die Bandkräfte. Im Mittel wird

$$p = \frac{P}{D \cdot \pi \cdot b} \text{kg/cm}^2.$$

Der Muffenwiderstand richtet sich nach der Gestaltung der Spreizvorrichtung. Abb. 159 gibt das Schema einer solchen Kupplung in normaler Ausführung an. Der Ring wird durch einen Knebel gespreizt, der an einem von der Muffe betätigten Hebel sitzt. Untersuchungen im Versuchsfeld für Werkzeugmaschinen an der Technischen Hochschule Berlin[2] haben gezeigt, daß die Wirkung bei dieser Ausführung sehr stark von der Genauigkeit der Herstellung abhängt. Sind Trommel und Ring nicht genau rund, so liegt dieser nicht auf der ganzen Fläche gut an. Ist das Spiel zu groß, so ist das Verhältnis der nutzbaren zur gesamten Spreizkraft ungünstig.

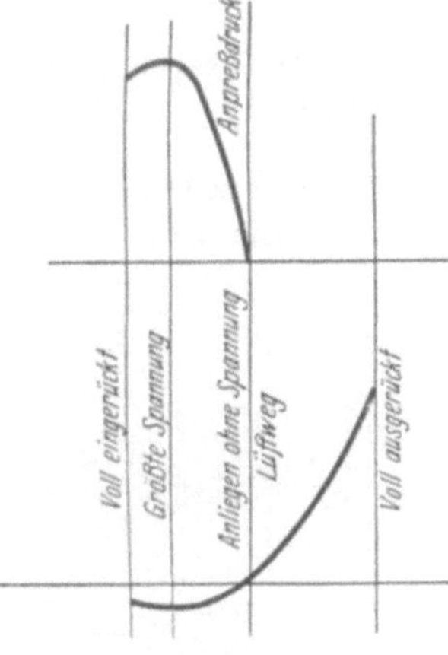

Abb. 158. Muffenweg und Verlauf des Anpreßdrucks bei einer Reibungskupplung.

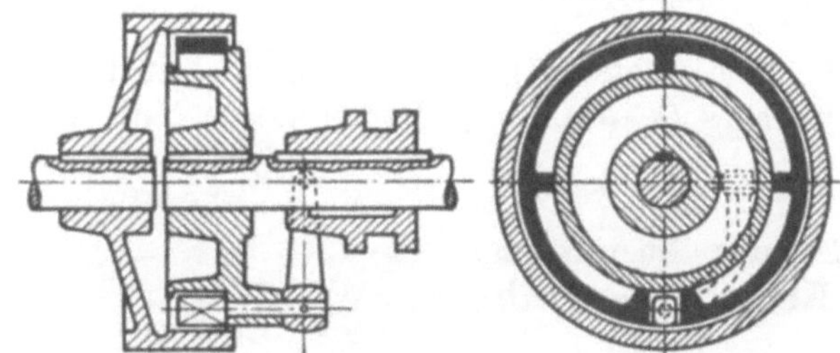

Abb. 159. Schema einer Spreizringkupplung.

Ist es zu klein, so wird der Ring zu stark angepreßt, und es ist eine Zerstörung der Reibflächen zu befürchten. Die Einrückkraft Q wird nach Abb. 160

$$Q = \frac{(T + t)\,a}{b} + \frac{2\,t' \cdot a}{b} \text{kg}.$$

Darin ist t' die Kraft, die erforderlich ist, um den Ring bis zur Anlage zu spreizen. Durch Einsetzen von $2\,t' \cdot \frac{b}{a} = Q'$ wird

$$Q - Q' = U \cdot \frac{e^{\mu\alpha} + 1}{e^{\mu\alpha} - 1} \cdot \frac{a}{b} \text{kg}.$$

---

[1] Siehe Wittenbauer: 2, Aufgabe 497.

[2] Schlesinger: Untersuchung von Spreizringkupplungen. Berichte des Versuchsfeldes für Werkzeugmaschinen an der Techn. Hochschule Berlin, Heft 4, Berlin 1916.

Der Muffenwiderstand ist dann gemäß Abb. 162

$$C = Q \cdot \operatorname{tg} \alpha \cdot \frac{1}{\eta} \text{ kg},$$

wenn α der Steigungswinkel der Muffe und η der Wirkungsgrad des Stellzeuges ist.

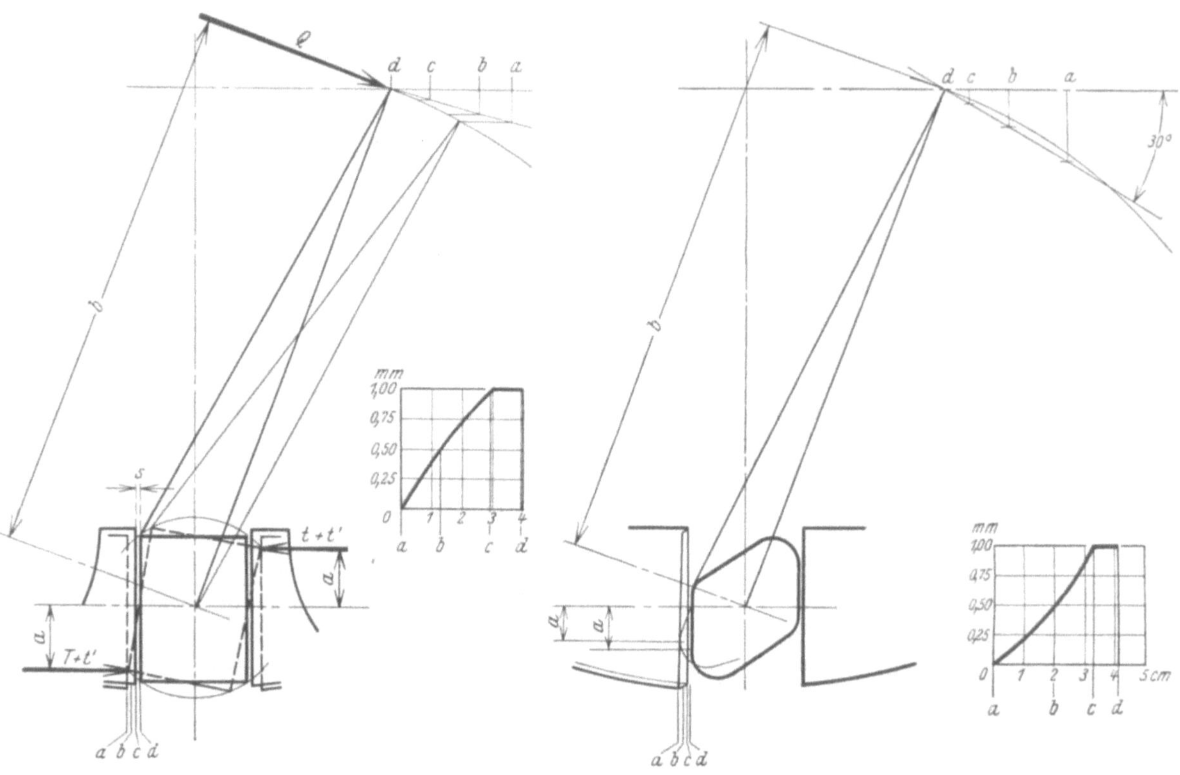

Abb. 160. Kraftwirkung am Knebel der Spreizringkupplung.

Abb. 161. Neuere Ausführung des Knebels einer Spreizri kupplung.

Für eine überschlägige Berechnung gilt folgendes: Ist h der radiale Hub des Schlitzringes ($h \sim 0{,}1$ cm), H der axiale Hub der Muffe ($H \sim 5$ bis 7 cm), so wird

$$C = \frac{U}{\mu} \cdot \frac{h}{H} \cdot \frac{1}{\eta} \text{ kg}.$$

Bei der Ausführung des Knebels nach Ab-

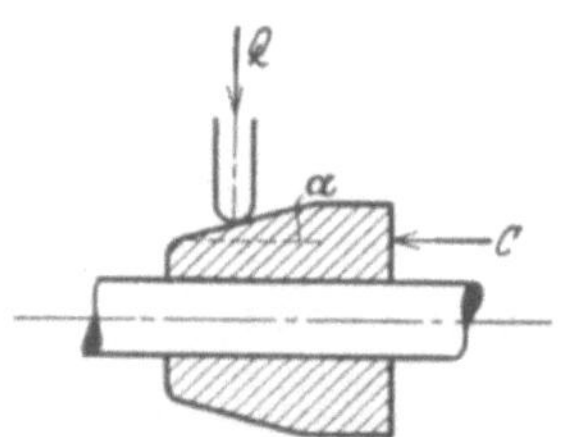

Abb. 162. Berechnung des Muffendrucks.

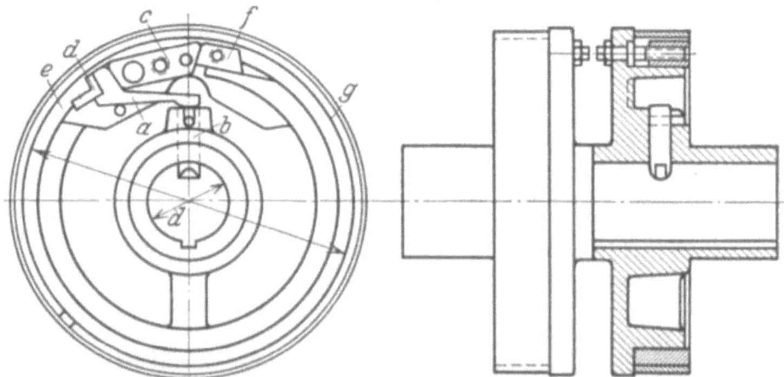

Abb. 163. Spreizringkupplung der Firma Ludw. Loewe, Berlin.

bildung 160 ist bei großem Spiel s zwischen ihm und dem Ring ein großer toter Gang vorhanden, und außerdem ändert sich der Hebelarm a mit der Bewegung. Es ist deshalb in letzter Zeit eine Ausführung nach Abb. 161 herausgekommen, bei der a klein und nahezu konstant bleibt. Gleichzeitig ändert sich der Charakter der Einrückkurve, wie ein Vergleich der den Abb. 160 und 161 beigegebenen Diagramme zeigt. Infolge des kleineren Hebelarmes a muß der Muffenhub größer werden, was aber mit Rücksicht auf den kleineren Einrückdruck Q durch Vergrößerung des Winkels der Muffe ausgeglichen werden kann.

Bei der Bauart Ludwig Loewe, Berlin (Abb. 163), fällt der Knebel fort. Der Kupplungshebel a wird durch den Druckstift b angehoben. Er dreht sich um die Kante des Widerlagers c und legt sich gegen das am Ring e sitzende Druckstück d. Dadurch wird der Ring in der Umfangsrichtung verschoben, und sein anderes Ende schiebt sich am Stellkeil f hinauf.

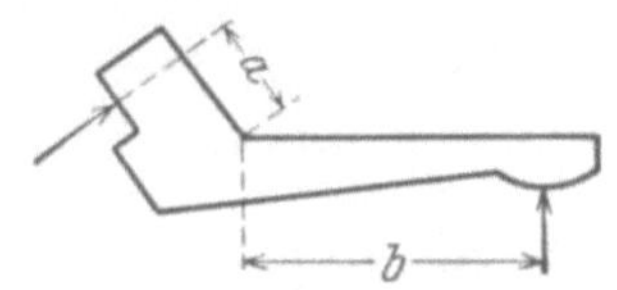

Abb. 164. Kräftewirkung am Knebel der Kupplung von Ludw. Loewe.

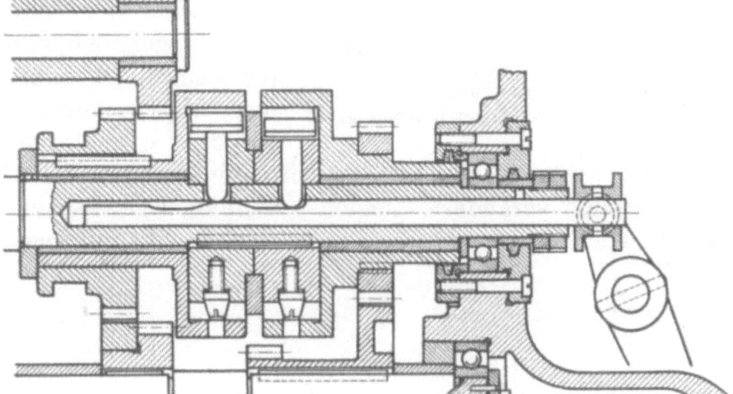

Abb. 165. Einrückvorrichtung für eine Spreizringkupplung an einer Drehbank der Firma Alfr. H. Schütte.

Um den Ring e ist noch ein geschlitzter Zwischenring g gelegt, der sich gegen die Trommel legt. Die Drehrichtung des treibenden Teiles ist so zu wählen, daß der Kupplungshebel vom Druck entlastet wird. Wenn also in Abb. 163 die Trommel antreibt, so muß sie links herum laufen. Dann wird der Einrückdruck (Abb. 164)

$$Q = \frac{t \cdot a}{b} \text{ kg}.$$

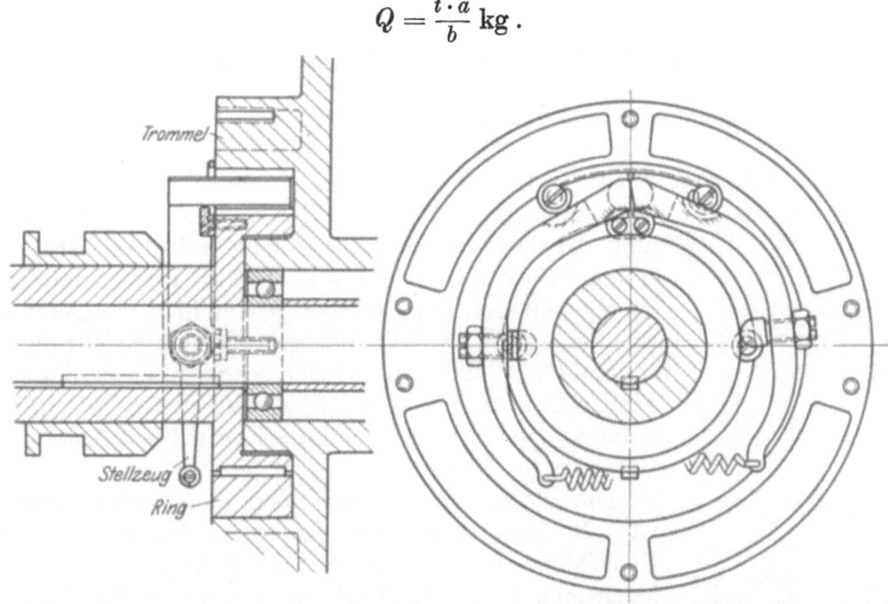

Abb. 166. Spreizringkupplung der Firma Gebr. Boehringer, Göppingen.

Die Kupplung ist also immer nur für eine Drehrichtung verwendbar und muß derselben entsprechend rechts- oder linkslaufend eingebaut werden.

An Stelle der Einrückmuffe tritt ein in einer Nut in der Welle liegender Stab mit einem Nocken, der den Druckstift anhebt. In Abb. 165 ist die Anordnung zweier Spreizringkupplungen an einer Revolverdrehbank von Alfred H. Schütte mit einem solchen Einrückmechanismus dargestellt. Durch den Wegfall der Muffe wird ein sehr gedrängter Bau ermöglicht.

In Abb. 166 ist eine Kupplung der Firma Gebr. Boehringer, Göppingen, dargestellt. Der Spreizring hat an der Trennstelle eine runde Bohrung. In dieser liegen die halbrunden Ansätze der beiden symmetrisch angeordneten Einrückhebel mit den flachen Seiten aneinander. Werden die Hebel durch die Muffe angehoben, so drehen sie sich um die äußeren Kanten der halbrunden Ansätze und drücken diese auseinander (Abb. 167), wodurch der Ring gespreizt wird. Der Trennstelle gegenüber ist der Ring durch eine Feder mit dem Mitnehmer verbunden. Die Kraftwirkung im Ring wird dadurch verändert. Zunächst besteht er gewissermaßen aus zwei getrennt wirkenden Hälften. Da nun die Einrückhebel nicht festliegen, so daß sich die Kräfte an

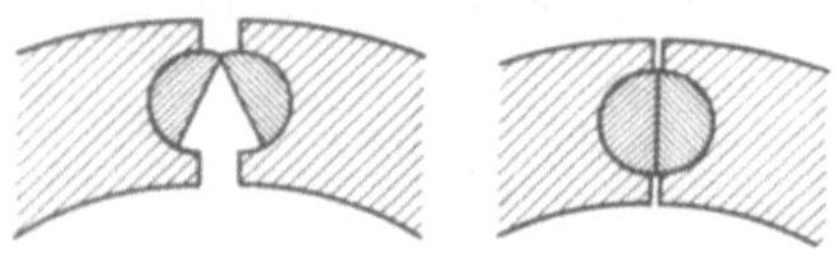

Abb. 167. Vorrichtung zum Spreizen des Ringes der Boehringer-Kupplung.

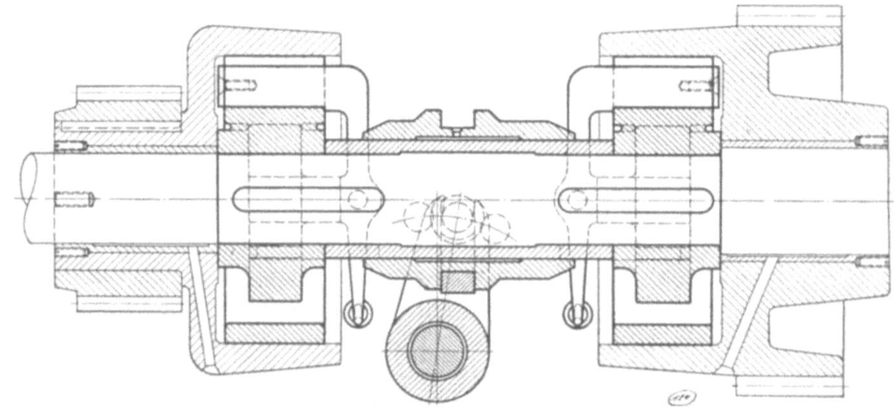

Abb. 168. Wirth-Kupplung als Umkehrkupplung.

der Stoßstelle ausgleichen können, stellt er im gespreizten Zustand einen starren Körper dar.

Die Firma Alfred Wirth in Erkelenz ist bei der Ausbildung der gleichen Type noch einen Schritt weiter gegangen. Abb. 168 zeigt die Kupplung als Umkehrkupplung. Der Spreizring (Abb. 169) ist mit dem Mitnehmer aus einem Stück gegossen. Dadurch fällt die Verbindung durch Einlegekeil fort. Das Spreizen geschieht in der gleichen Weise wie bei der Bauart Boehringer. Die Drehrichtung der antreibenden Welle muß wieder so gewählt werden, daß das Stellzeug entlastet wird, bzw. daß dieses nur die Kraft t aufzubringen hat, während die Kraft T am festen Ende des Spreizringes wirkt.

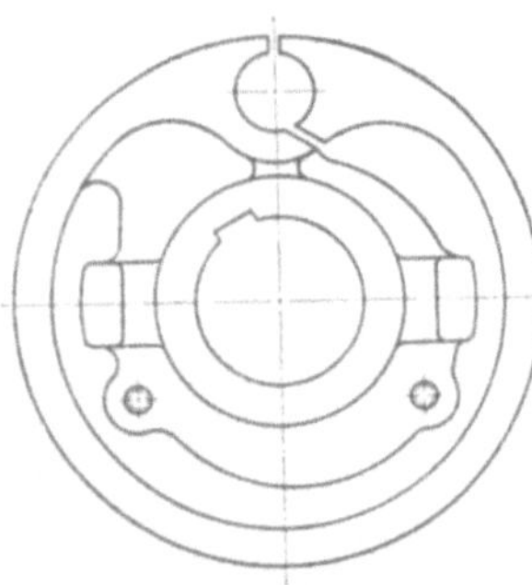

Abb. 169. Spreizring der Kupplung der Fa. Wirth & Co., Erkelenz.

Die gleiche Firma hat noch eine andere Bauart entwickelt (Abb. 170). Bei dieser ist der Ring durch einen Federkeil f mit dem Mitnehmer verbunden. An seinen Enden legen sich Druckstücke d gegen ihn. An das eine schließt sich eine undrehbare Spindel s an, auf der eine Gewindebüchse b sitzt, die sich gegen das andere Druckstück legt. Die Büchse trägt außen einen Zahnkranz, in den die von der Muffe m betätigte Zahnstange z eingreift. Spindel s und Büchse b sind im Mitnehmer verschiebbar angeordnet, so daß sich die Kräfte am Ring ausgleichen können. Es bestehen dann die gleichen Kraftwirkungen wie bei der Bauart Boehringer.

Die bisher erwähnten Spreizringkupplungen waren für Werkzeugmaschinen bestimmt, wo sie im Spindelkasten sorgfältig untergebracht sind. Die Firma Orenstein & Koppel, Berlin, hat demgegenüber eine Bauart entwickelt, die für den rauhen Be-

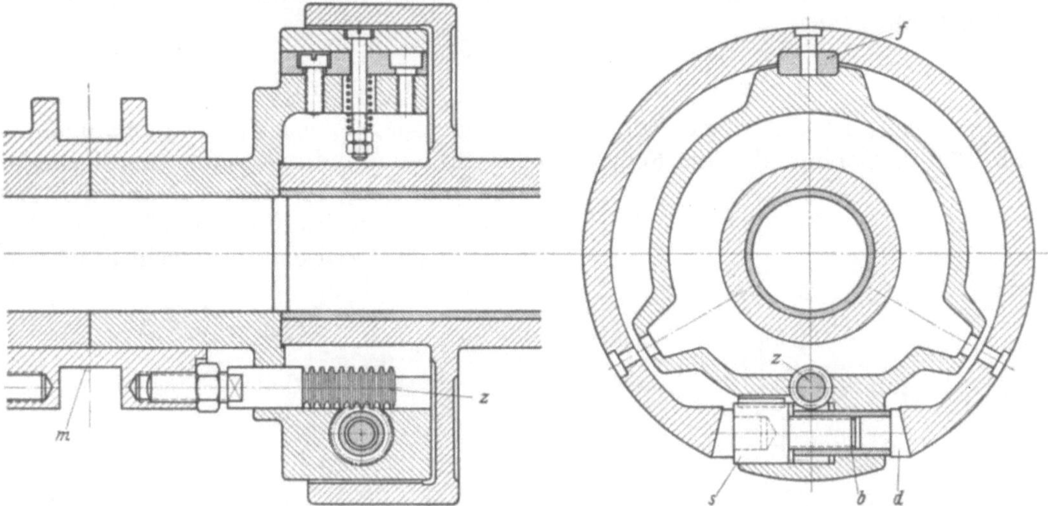

Abb. 170. Kupplung der Firma Wirth mit Gewindespindel als Spreizvorrichtung.

trieb von Baggern geeignet ist. Diese in Abb. 171 gezeigte Ausführung stellt mehr den Typ einer Innenbandkupplung dar. *a* ist die Trommel und *b* der Mitnehmer. *c* ist der Spreizring, der aus einem Stahlband mit Reibbelag besteht. Bei *d* ist er am Mit-

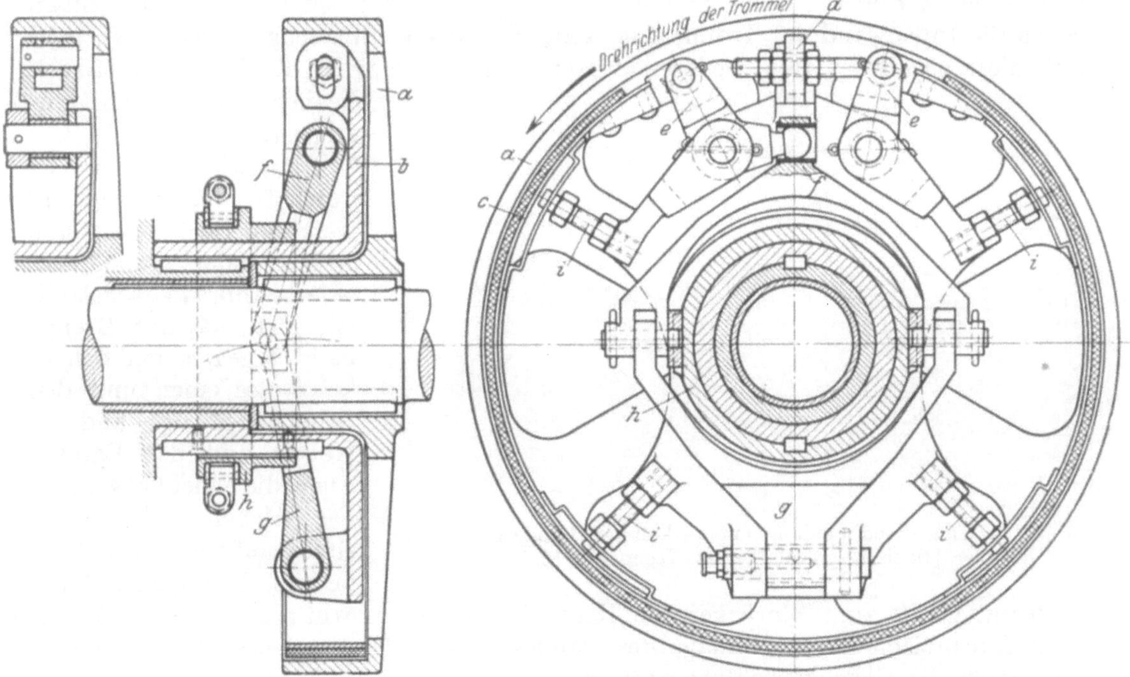

Abb. 171. Innenbandkupplung der Firma Ohrenstein & Koppel.

nehmer verstellbar befestigt. Der Spreizhebel *e* wird durch den Einrückhebel *f* betätigt. Dieser ist mit dem Gegenhebel *g* derart verbunden, daß beim Einrücken mittels der Muffe *h* Kniehebelwirkung eintritt. Als Auflage für das Band dienen bei ausgerückter Kupplung die vier Schrauben *i*. Da das Band nicht zurückfedert, muß das Ausrücken im Gegensatz zu den anderen Bauarten zwangläufig geschehen.

Bei einer Kupplung der Firma Conway CMT Co., Cincinnati, Ohio[1], wird der Schlitzring durch eine Schraube über einen Kegeltrieb gespreizt. An dem Kegelrad, das die Schraube dreht, greift ein von der Muffe in der üblichen Weise angehobener Arm an (Abb. 172).

i) Die Federbandkupplung mit Innenfeder.

Eine solche ist die Euda-Federbandkupplung der Firma Fr. Trappmann & Co. (Abb. 173) in Dortmund. Eine Feder ist in mehreren Windungen um einen Zylinder geschlungen, an dem sie anliegt. Ein an der Einrückmuffe sitzender konischer Dorn wird zwischen das freie Ende derselben und einen an dem Zylinder sitzenden Stift geschoben. Dadurch wird die mit dem anderen Ende an dem Zylinder befestigte Feder gespreizt und nach außen gegen die Innenwand der Trommel gepreßt. Damit das Stellzeug entlastet ist, muß sich diese gegen das freie Federende drehen. Dadurch wird die Feder auf Druck beansprucht, was sehr günstig ist.

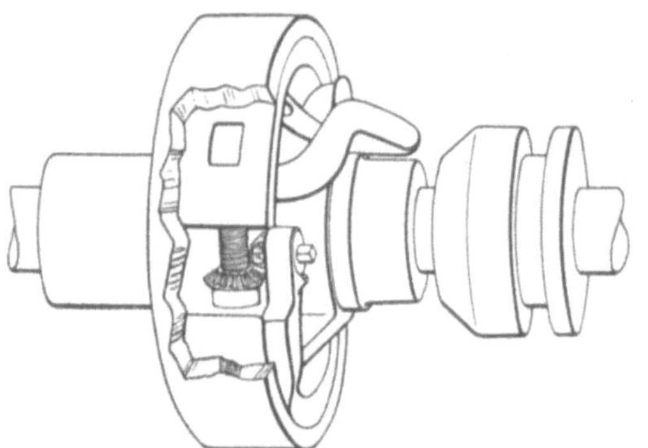

Abb. 172. Spreizringkupplung der Fa. Convey CMT Co, Cincinnati, Ohio. [Nach Conway CMT: Am. Mach. 61, 17 (1924).]

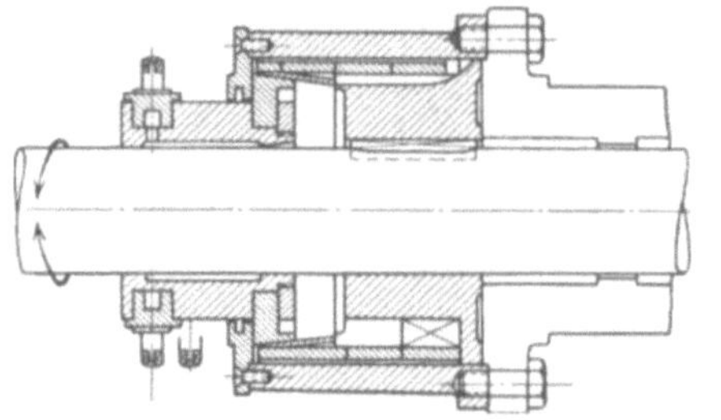

Abb. 173. Innenbandkupplung (Euda) der Firma Fritz Trappmann & Co., Dortmund.

Eine Erhöhung der Wirkung ist durch die Anwendung der verketteten Bremsbänder möglich[2]. Wie in Abb. 174 dargestellt ist, legt sich das Bremsband *1* gegen den Schenkel *3* des einen und den Schenkel *5* des anderen Hebels und das Band *2* gegen die Schenkel *4* und *6*. Die Hebel und Bänder sitzen auf der einen Welle und die Trommel auf der anderen. Greift zum Einrücken die Kraft $K/2$ am Hebelarm a an, und ist K_0 die zum Aufspreizen bis zur Anlage des Bandes an der Trommel erforderliche Kraft, so besteht die Gleichgewichtsbedingung

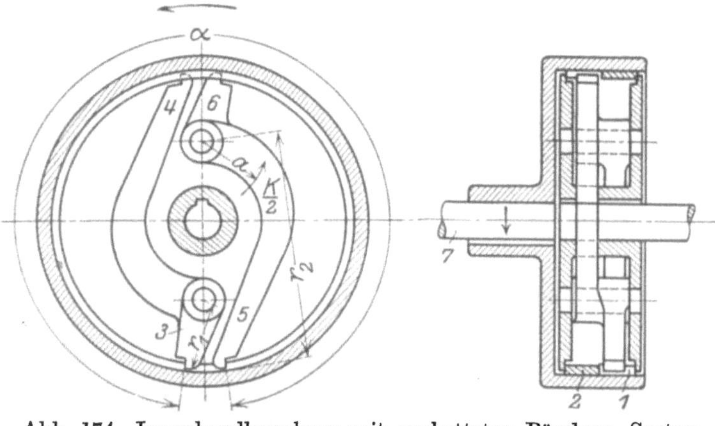

Abb. 174. Innenbandkupplung mit verketteten Bändern, System Käppler. [Nach Käppler: Werkst.-Techn. 22, 15 (1928).]

$$\left(\frac{K}{2} + \frac{K_0}{2}\right) a + T \cdot r_1 - t \cdot r_2 = 0\,.$$

Die Umfangskraft ist

$$U = 2(T - t) \quad \text{kg}$$

[1] Conway CMT Co. Unit Expansion Clutch. Am. Mach. 61, 17 (1924).

[2] Käppler, P.: Differential-Innenband-Kupplung oder Bremse mit verketteten Bändern. Werkst.-Techn. 22, 15 (1928).

und wird mit

$$T = t \cdot e^{\mu\alpha} \quad \text{kg},$$

$$U = 2\,t(e^{\mu\alpha} - 1) \quad \text{kg}.$$

Ferner ist

$$t \cdot r_2 - T \cdot r_1 = \frac{K - K_0}{2} \cdot a,$$

$$t \cdot (r_2 - r_1 e^{\mu\alpha}) = \frac{K - K_0}{2} a.$$

Damit wird

$$U = (K - K_0)\, a \frac{e^{\mu\alpha} - 1}{r_2 - r_1 e^{\mu\alpha}} \quad \text{kg}.$$

Wird die Kupplung als Fliehkraftkupplung ausgeführt, so tritt an Stelle der Kraft K die Fliehkraft der Fliehgewichte und an Stelle von a der Hebelarm des Schwerpunktes derselben[1].

k) Die Federbandkupplungen mit Außenfeder.

Die Triumph-Kupplung (Abb. 175) der Dortmunder Vulkan A. G. trägt auf dem einen Wellenende einen Flansch, an dem eine Schraubenfeder befestigt ist. Auf dem anderen Wellenende sitzt als Mitnehmer eine Hartgußbüchse. Auf dem freien Ende der Feder ist ein Hebel drehbar angebracht, dessen kleiner Hebelarm sich gegen einen Ansatz auf der vorletzten Federwindung legt und die letzte Windung zusammenzieht, wenn die Einrückscheibe gegen ihn gedrückt wird. Dadurch wird das Federende an die Hartgußbüchse gepreßt und von dieser mitgenommen. Nunmehr wird die ganze Feder um die Büchse herum festgezogen und mitgenommen. Der Grundsatz der Kupplung ist also der, daß das freie Ende der Feder vom Mitnehmer erfaßt wird und damit den Kupplungsvorgang einleitet. Die Berechnung beruht wieder auf den Gesetzen der Seilreibung. Es ist

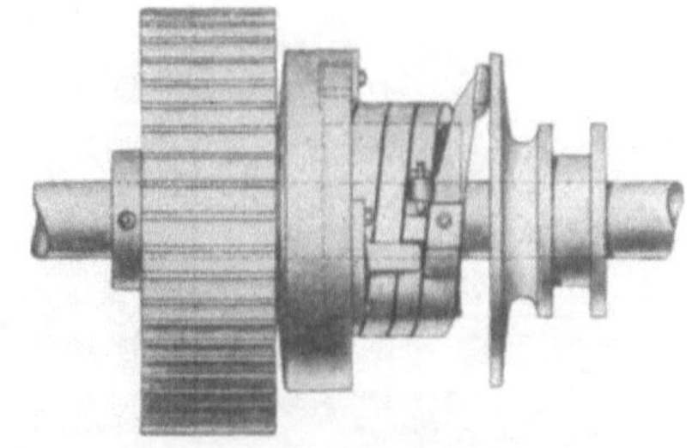

Abb. 175. Triumphkupplung der Firma Dortmunder Vulcan A.G.

das übertragbare Drehmoment

$$M_d = 716 \frac{N}{n} \quad \text{mkg},$$

die Umfangskraft

$$U = \frac{M_d}{r} \quad \text{kg},$$

$$U = (T - t) \quad \text{kg},$$

die Kraft am festen Federende

$$T = t \cdot e^{\mu\alpha} \quad \text{kg},$$

die Kraft am freien Federende

$$t = \frac{U}{e^{\mu\alpha} - 1} \quad \text{kg}.$$

Der Muffendruck wird dann entsprechend Abb. 176

$$Q = t \cdot \frac{a}{b} \cdot \frac{1}{\eta} \quad \text{kg}.$$

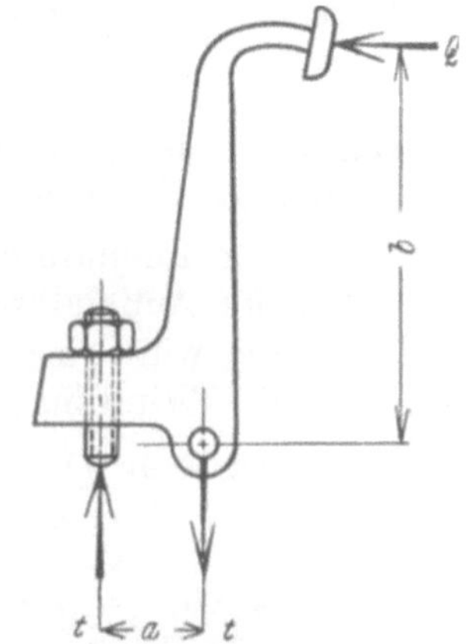

Abb. 176. Kräftewirkung am Einrückhebel der Triumphkupplung.

Um das Zufassen der ersten Windung zu sichern, ist in dem kleinen Hebelarm des Einrückhebels eine Stellschraube angebracht. Die Feder wird mit etwa 1 mm Spiel gelüftet. Der von der Muffe zu bewirkende Weg des freien Federendes ist gleich dem

[1] Eine weitere derartige Kupplung ist das Schürmann-Schaltwerk, das bei den selbsttätigen Kupplungen behandelt wird.

Unterschied des Umfanges einer Federwindung und der Büchse

$$w = \pi(D - d) \text{ mm},$$

wenn D der Innendurchmesser der gelüfteten Feder und d der Außendurchmesser der Büchse ist. Bei einer Lüftung von 1 mm wird ungefähr

$$w = \pi(d + 2 - d) \text{ mm},$$

$$w = \pi \cdot 2 \text{ mm}.$$

Die Bandkräfte wachsen von t bis T an. Dementsprechend nimmt der Federquerschnitt vom freien Ende an bis zum festen Ende zu. Nur bei kleinen Ausführungen wird er der einfacheren Herstellung wegen durchweg gleich stark gemacht.

Die Kupplung erhält bei großer Übertragungskraft einen gedrängten Bau und ist sehr unempfindlich. Sie wird deshalb für rauhe Betriebe bevorzugt (Hebemaschinen, Walzwerke)[1]. Sie wirkt nur in einer Richtung.

Abb. 177. Federbandkupplung der Firma Eisenwerk Gebr. Arndt, Berlin N. 39.

Die Bauart der Firma Eisenwerk Gebr. Arndt, Berlin, unterscheidet sich von der Triumph-Kupplung durch die Anbringung des Einrückhebels (Abb. 177). Dieser sitzt nicht auf der Feder, sondern auf einem Ansatz, der an dem Flansch befestigt ist, an dem die Feder angeschlagen ist. Die Kräfte am Einrückhebel und an der Einrückscheibe ändern sich nicht. Dagegen wird der Hebelausschlag größer, da er den ganzen Weg des freien Federendes mitmachen muß. Dieser ist

$$w = L' - L \quad \text{mm},$$

wenn L' die Federlänge am inneren Umfang gemessen und L die entsprechende Länge auf der Büchse ist. Außerdem sei

D der Innendurchmesser der gelüfteten Feder,
d der Außendurchmesser der Büchse,
l die wirksame Länge der Büchse,
n die Windungszahl der Feder,

dann wird für $D - d = 2$ mm

$$w = L' - L = \sqrt{l^2 + (\pi n D)^2} - \sqrt{l^2 + (\pi n d)^2} \quad \text{mm}.$$

Bei $d = 60$, $l = 100$ und $n = 4$ würde dieser Weg z. B. 12 mm betragen.

Ein Nachteil dieser Kupplungen ist, daß der Einrückdruck dauernd auf das Stellzeug wirkt. Zu beachten ist, daß sie sehr plötzlich und ruckweise einrücken, besonders, wenn sie nicht häufig genug betätigt werden und der Mitnehmerzylinder nicht vollständig blank ist und daher verschiedene Reibungsziffern hat.

Durch entsprechende Zusätze oder Änderungen kann die Wirkungsweise so verändert werden, daß die Verwendung als doppeltwirkende Kupplung, Überlastungs- oder Überholungskupplung oder dgl. möglich ist.

[1] Asbeck: Federbandreibungskupplung für große Walzwerke. Maschinenbau 2, 19 (1923).

Bei der normalen Ausführung legt sich das eine Ende der Feder gegen einen Nocken am Treibflansch, während das andere Ende frei liegt. Zur Verwendung für beide Drehrichtungen erhält der Flansch einen zweiten Nocken, gegen den sich das andere Ende der Feder legt. Der Einrückhebel wird dann so angebracht, daß er einen der mittleren Gänge zusammenzieht. In der einen Drehrichtung wirken dann die rechts davon und in der anderen Drehrichtung die links davon liegenden Gänge. Die Einrichtung kann auch so getroffen werden, daß in einer Richtung alle Gänge wirken.

Bei der Überlastungskupplung der Firma Schwarz in Dortmund legt sich das feste Ende der Feder nicht gegen einen festen Nocken, sondern gegen den einen Arm eines Hebels, dessen anderer Arm durch eine Feder abgestützt ist und auf den, im gleichen Drehsinn wie das Ende der Kupplungsfeder wirkend, der Einrückhebel drückt. Wird die Umfangskraft so groß, daß die Kraft der Stützfeder überwunden wird, so löst sich die Kupplung und beginnt zu gleiten.

Bei der Ausführung als Überholungskupplung legen sich die Federenden gegen einen am Treibflansch drehbar angebrachten Hebel und werden so festgezogen, daß die Kupplung eingerückt ist. Bleibt nun der Treibflansch in der Drehung zurück, so dreht sich der Hebel, und die Federenden verlieren ihren Halt, so daß die Feder sich entspannt und die Kupplung gelöst wird.

Auch die Einrückvorrichtung kann verschiedenartig ausgeführt werden. So hat z. B. die Firma Schwarz eine selbstsperrende Einrückscheibe ausgebildet, bei der das Stellzeug unbelastet bleibt. Die Dortmunder Vulcan A. G. hat eine elektromagnetisch betätigte Einrückvorrichtung herausgebracht und eine Ausführung, bei der der Einrückhebel durch eine Bremsscheibe ersetzt worden ist. Bei letzterer kann die Einrückscheibe auch auf der anderen Seite der Kupplung angeordnet werden.

l) Das Stellzeug.

Die Ausführung des Stellzeuges richtet sich nach den beim Ein- und Ausschalten auftretenden Muffenkräften und nach der örtlichen Lage der Kupplungen zu jener Stelle, von der aus die Bedienung erfolgen soll.

Folgende Ausführungen kommen vor:

1. Hebel,
2. Zahnstange,
3. Spindel,
4. Ziehkeil.

Die Betätigung geschieht entweder von Hand direkt am Hebel oder durch Zahnstange bzw. Zahnsegment am Hebel mit Handrad, Kettenrad, Schneckentrieb oder durch Fußhebel.

Fernbetätigung ist durch Gestänge, Zugseil, elektrische oder pneumatische Übertragung möglich.

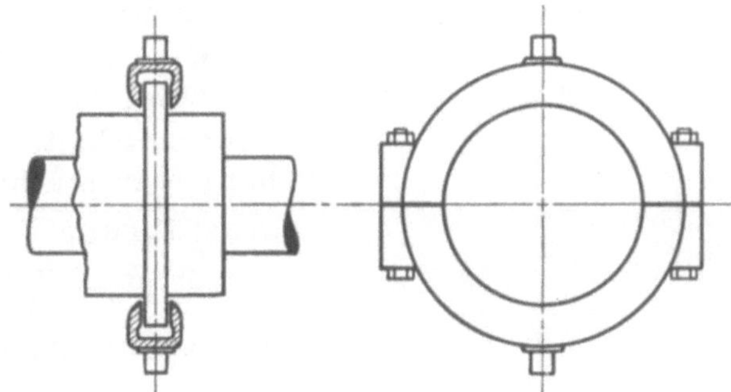

Abb. 178. Halsring.

Die Teile 1 bis 3 greifen an einem auf der Muffe sitzenden Schleifring (Halsring) an. Für diesen gibt es zwei Ausführungsformen. Bei der einen sitzt der Ring in einer Nut in der Muffe. Dies hat den Nachteil, daß das Schmiermittel von den Kanten der Muffe abgeschleudert wird. Abb. 178 zeigt die zweckmäßigere Ausführung als genuteter Ring, der um einen Bord an der Muffe herumgreift. Die Schmierung geschieht durch eine Staufferbuchse, die stets oben sitzen soll. Die Muffe soll so weit durchgeschoben werden können, daß der Schleifring entlastet ist, d. h. im eingerückten Zustand nicht angepreßt wird.

Der Hebel ist entweder ganz aus Flacheisen gebogen (Abb. 179), oder er hat einen Kopf aus Gußeisen mit angeschraubter Holz- oder Eisenstange (Abb. 180).

Er ist in der Regel nicht über 3 m lang und hat Langlöcher, in die die Zapfen des Schleifringes eingreifen.

Berechnung des Hebels (Abb. 181 bis 182). Es ist

$$C = \text{Muffendruck kg},$$
$$H = \text{Handkraft kg},$$
$$H \cdot a = C \cdot b,$$
$$H = \frac{C \cdot b}{a} \text{kg}.$$

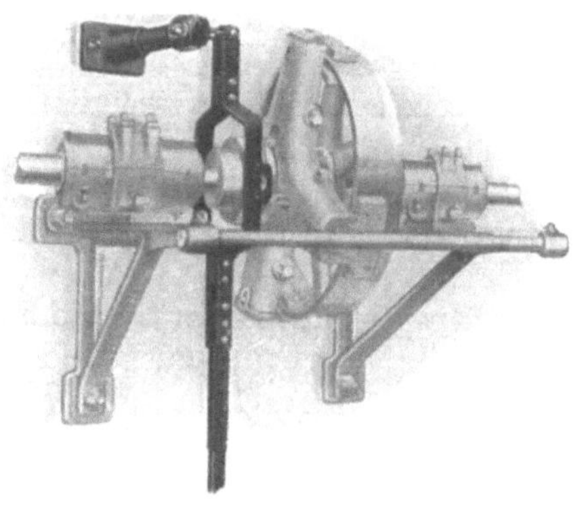

Abb. 179. Einrückhebel.

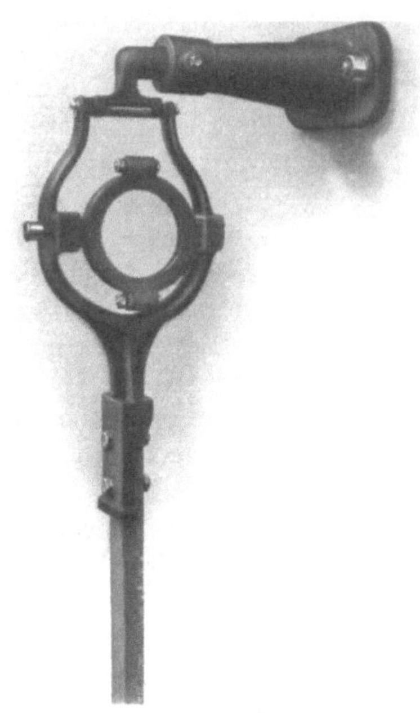

Abb. 180. Einrückhebel.

Ausführung I. Der gefährliche Querschnitt bei C wird auf Biegung beansprucht

$$M_b = H(a - b) = W \cdot k_b \text{ cmkg},$$
$$W = \frac{h}{6} \frac{b^3 - d^3}{b} \text{cm}^3.$$

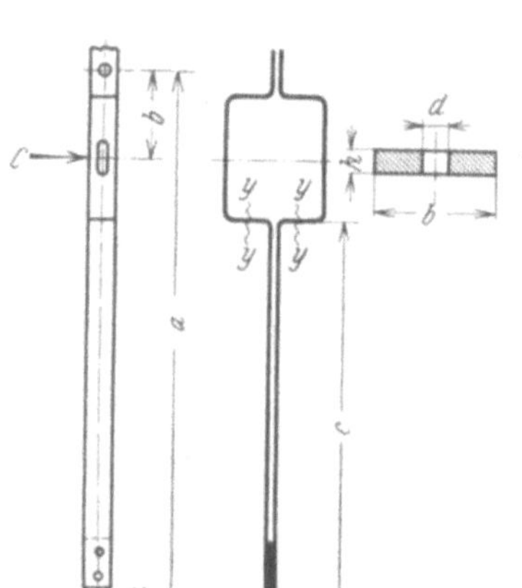

Abb. 181. Beanspruchung des Einrückhebels.

Ausführung II. Im Querschnitt bei $x - x$ wird

$$M_b = H \cdot a = W k_b \text{ cmkg},$$

W wie bei Ausführung I.

Der Querschnitt $y - y$ wird auf Verdrehung beansprucht.

Ausführung I.

$$M_d = \frac{H \cdot c}{2} \text{cmkg}.$$

Die Verdrehungsspannung ist

$$\tau = \frac{9 M_d}{2 h^2 \cdot b} \text{kg/cm}^2.$$

Ausführung II.

$$M_d = \frac{C \cdot e}{2} \text{cmkg}.$$

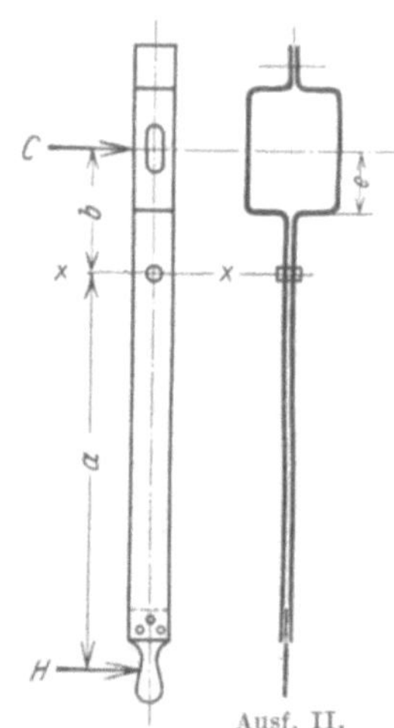

Abb. 182. Beanspruchung des Einrückhebels.

Beanspruchung wie bei Ausführung I.

In vorstehender Weise läßt sich die Beanspruchung des Hebels berechnen. Es dürfte aber zweckmäßig sein, bei schwereren Ausführungen auch die Durchbiegung zu prüfen.

Wenn nötig, wird am freien Hebelende eine Feststellvorrichtung angebracht. Die Betätigung des Hebels kann auch durch Zahnstange (Abb. 183), Zahnsegment (Abb. 184) oder Spindel (Abb. 185) bewirkt werden, wobei an diesen wiederum ein Handrad oder Kettenrad angreift. Zahnstange und Zahnsegment erfordern einen sehr genauen Einbau. Zur Fernsteuerung kann dann die verlängerte Handradspindel (Abb. 186) bzw. die Kette dienen (Abb. 187). Durch Zwischenschaltung einer Gestängeverbindung (Abb. 188) läßt sich die Fernsteuerung noch erweitern.

An Stelle des Hebels kann auch die Zahnstange selbst am Schleifring angreifen (Abb. 189). Die Bamag, Dessau, führt diesen Gedanken in Form eines Zweispindelschalters aus (Abb. 190). Bei diesem erfolgt das Schalten allerdings ziemlich langsam, so daß er nicht für alle Systeme geeignet ist. Er erfordert ebenfalls einen sehr genauen Einbau.

Abb. 183. Einrückvorrichtung mit Zahnstange.

Abb. 184. Einrückvorrichtung mit Zahnsegment.

Bei der Spiralfederkupplung (Abb. 175 und 177) ist der Hebel, allerdings nur mit einem Bruchteil des Kupplungsdruckes, belastet. Trotzdem ist die Einrückkraft bei größeren Kupplungen so groß, daß eine Betätigung durch Fremdkraft erwünscht erscheint. Damit läßt es sich dann auch vereinigen, den ganzen Einrückvorgang vom Steuermann unabhängig zu machen[1].

Im Kraftwagenbau ist die Kuppung stets eingeschaltet. Es handelt sich also bei der Betätigung lediglich um das Ausschalten, das gegen den Kupplungsdruck erfolgen muß. Hierzu dient ein mit dem Fuß betätigter Hebel (Abb. 191 und 223). Neuerdings versucht man auch, den Unterdruck in der Saugleitung bei geschlossenen Drosselklappen hierzu zu verwenden.

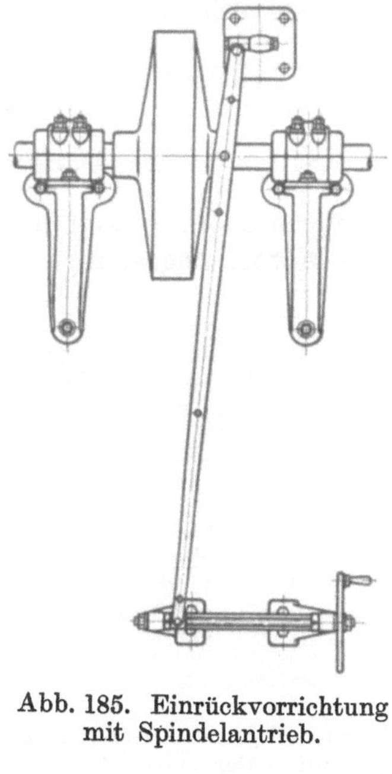

Abb. 185. Einrückvorrichtung mit Spindelantrieb.

Bei einer englischen Konstruktion der Firma Clayton Wagons Ltd.[2] (Abb. 191) sind zwei Kupplungen vorhanden, von denen die eine vor und die andere hinter dem Getriebekasten sitzt. Die vordere Kupplung kann nur durch den Fußhebel betätigt werden, während beide Kupplungen durch eine gemeinsame Verbindungsstange durch den Unterdruck in der Saugleitung des Motors betätigt werden können. Sobald der Fahrer den Gashebel losläßt, entsteht in der Saugleitung durch Schließen der Drosselklappen Unterdruck, der sich auf die Saugkammer an der Kupplungs-

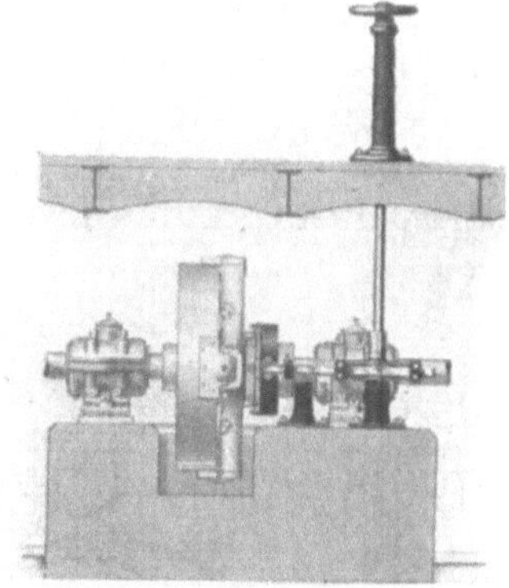

Abb. 186. Zahnsteuerung mit verlängerter Handradspindel.

[1] Asbeck: Maschb.-Gestaltung **2**, 19 (1923).

[2] Betätigung von Kupplung und Getriebeschaltung durch Saugluft. Techn. Blätter (DBZ) **1928**, 44.

verbindungsstange überträgt. Hierdurch wird die Kupplungsstange zurückgezogen, und beide Kupplungen werden gelöst. Der Wechsel der Getriebegänge geschieht in dieser Stellung sehr leicht.

Ein anderes System ist der Jakup-Kupplungsautomat[1] (Abb. 192). In einem Halbzylinder ist ein Flügel *III* drehbar angeordnet und durch

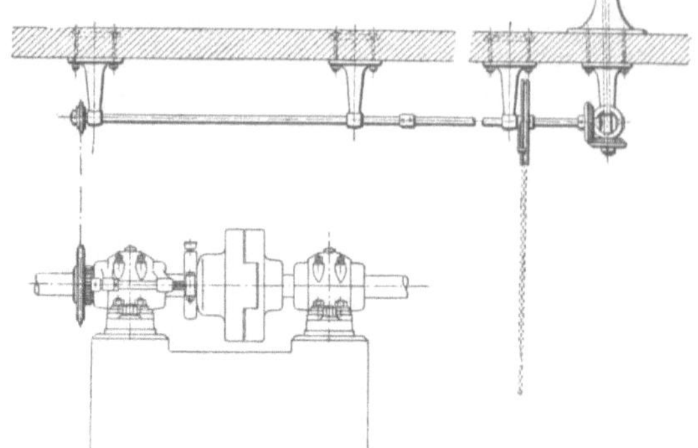

Abb. 188. Zweispindelschalter mit Ferneinrückvorrichtung, Bauart Bamag.

Abb. 187. Einrücker mit Kettenradantrieb.

Abb. 189. Zahnstangenausrücker mit direktem Antrieb.

einen Seilzug über eine Rolle *IV* mit dem Kupplungspedal verbunden. Durch die Rohrleitung *I* ist der Halbzylinder mit an das Saugrohr des Motors angeschlossen und kann durch die Ventile *IIa* und *IIb* mit dem Saugrohr oder mit der Frischluft verbunden werden. Durch

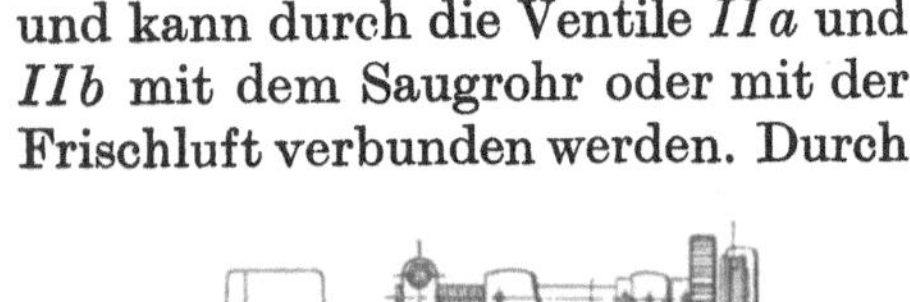

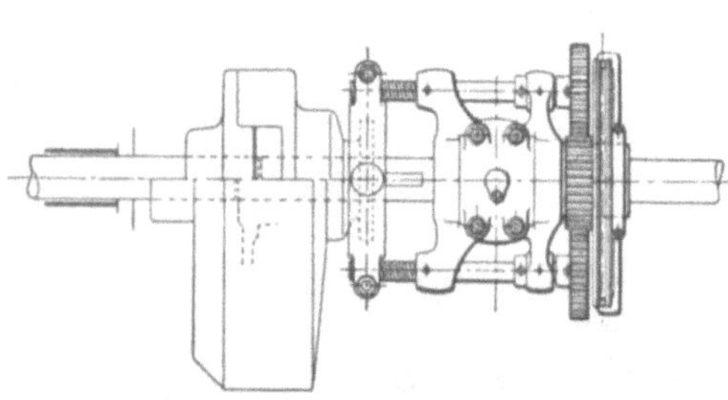

Abb. 190. Zweispindelschalter mit direktem Antrieb.

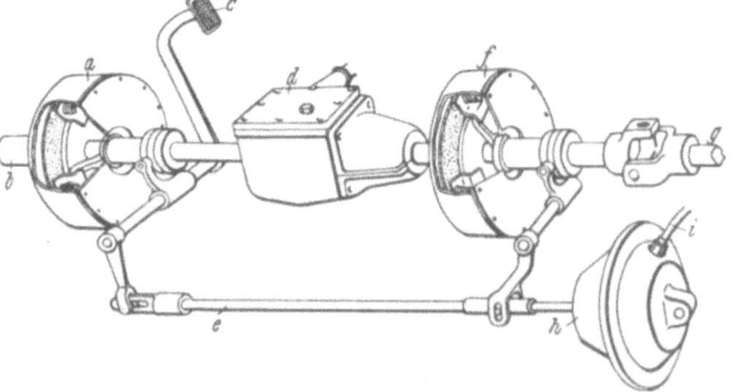

Abb. 191. Durch den Unterdruck in der Ansaugleitung betätigte Kraftwagenkupplung der Firma Clayton Wagons Ltd. [Techn. Blätter (DBZ) **1928**, **44**.]

die an der Ventilspindel angreifende Feder ist er zunächst dauernd mit dem ersteren verbunden. Bei laufendem Motor ohne Betätigung des Gashebels wirkt der Unter-

[1] Der Jakup-Kupplungsautomat. Lastauto **6**, 15 (1929).

druck des Motors, zieht den Flügel *III* an und schaltet die Kupplung aus. Bei Betätigung des Gashebels wird über einen Bowdenzug und den Mitnehmer *V* das Ventil *IIa* geschlossen und *IIb* geöffnet, so daß die Frischluft eindringen kann. Flügel *III* wird durch eine Feder zurückgezogen und die Kupplung eingeschaltet. Die Unterbrechung *VI* im Gestänge bewirkt die Betätigung der Ventile und damit das Ein- und Auskuppeln jeweils vor der Betätigung der Drosselklappe.

In manchen Fällen ist Momentauslösung in Verbindung mit Fernschaltung erwünscht. Das Eisenwerk Wülfel hat für diesen Zweck einen Fernausrücker entwickelt, der elektrisch oder durch Schnurzug ausgelöst wird. Er arbeitet in Verbindung mit einem Kettentrieb (Abb. 193). Die

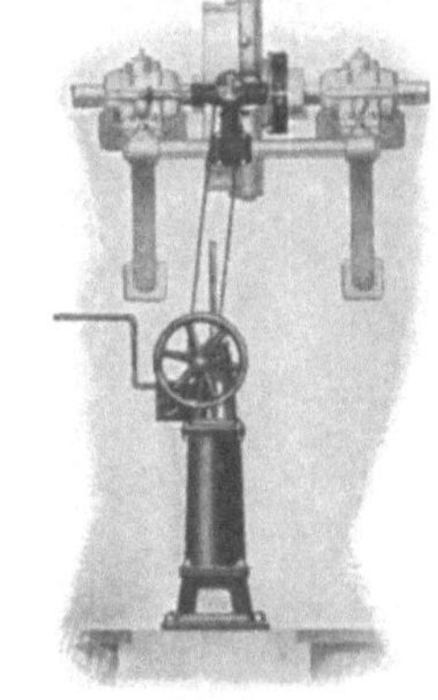

Abb. 193. Fernschalter mit Momentauslösung des Eisenwerks Wülfel.

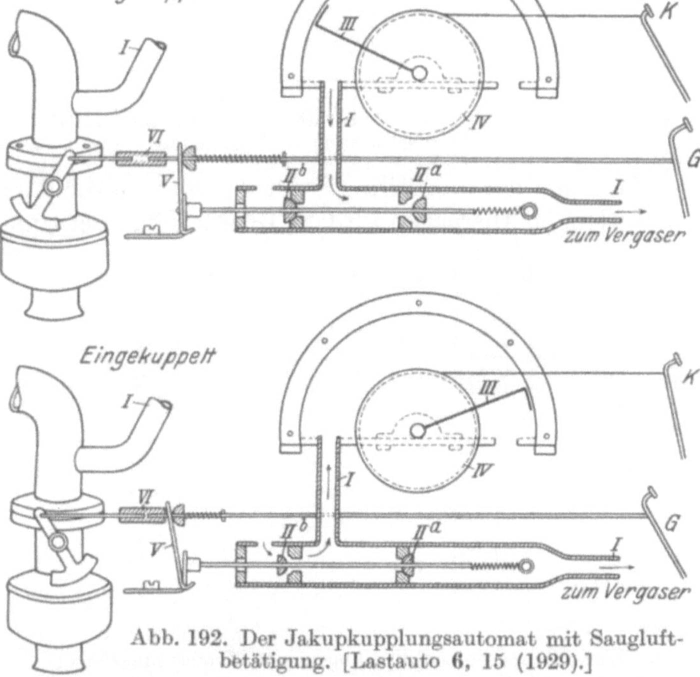

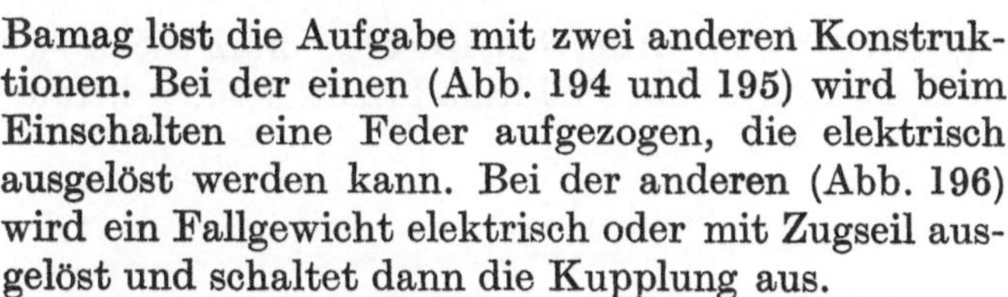

Abb. 192. Der Jakupkupplungsautomat mit Saugluftbetätigung. [Lastauto 6, 15 (1929).]

Abb. 194. Fernschalter mit Federbetätigung und Momentauslösung, Bauart Bamag.

Bamag löst die Aufgabe mit zwei anderen Konstruktionen. Bei der einen (Abb. 194 und 195) wird beim Einschalten eine Feder aufgezogen, die elektrisch ausgelöst werden kann. Bei der anderen (Abb. 196) wird ein Fallgewicht elektrisch oder mit Zugseil ausgelöst und schaltet dann die Kupplung aus.

Bei Werkzeugmaschinen ist in vielen Fällen die Verwendung von Hebeln u. dgl. wegen der beschränkten Raumverhältnisse nicht möglich. Man setzt dann an einer anderen Stelle eine besondere Muffe auf die Welle und betätigt mit ihr über einen Übersetzungshebel eine Zugstange, die ihrerseits die Kupplung schaltet (Abb. 197). Bei einer anderen Ausführung ist die Zugstange mit einem Nocken (Ziehkeil) versehen, der die Kupplung betätigt (Abb. 165).

Eine Sonderkonstruktion sind die Wellenend-Ausrücker für Bennkupplungen, die bei Riemenscheibenkupplungen verwendet werden, die an einem freien Wellenende angeordnet sind. Sie sind hauptsächlich für Benzin- und Rohölmotoren bestimmt. Abb. 198 zeigt die Kupplung eingerückt und Abb. 199 ausgerückt. Zum Einrücken wird die

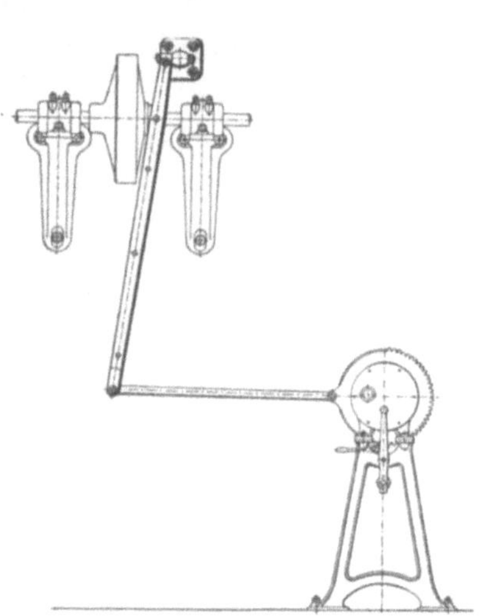

Abb. 195. Anordnung des Fernschalters, Bauart Bamag.

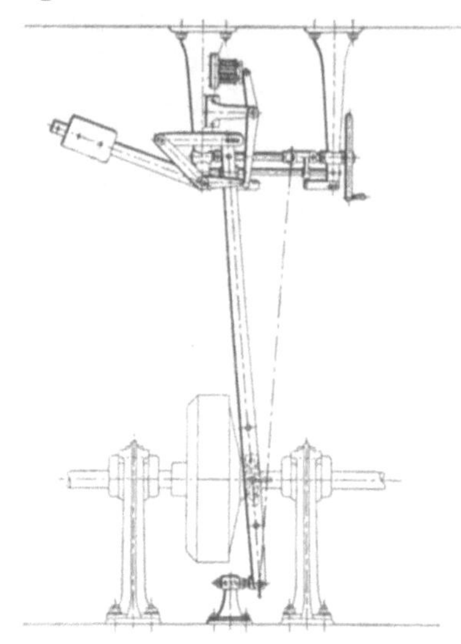

Abb. 196. Selbsttätiger Ausschalter mit Gewichtsbetätigung und Momentauslösung.

Büchse B mit der linken Hand gefaßt und der Schleifring S mit der rechten Hand gedreht, bis die Kupplung eingerückt ist. Zum Ausrücken wird die Büchse B mit der Hand

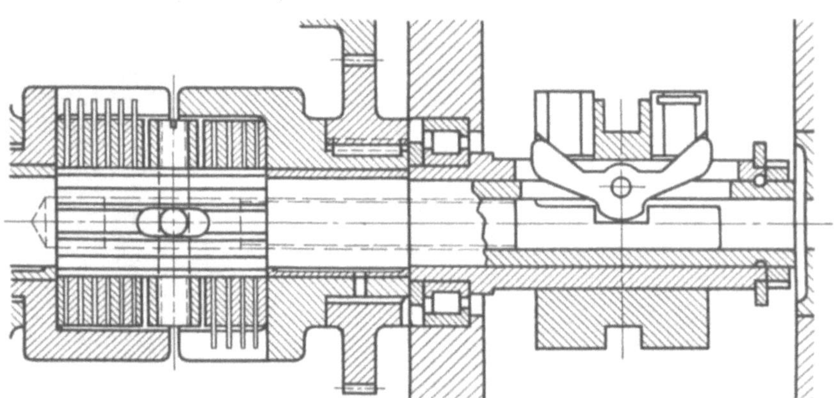

Abb. 197. Einrückvorrichtung für Werkzeugmaschinenkupplungen mit Übersetzungshebel und Zugstange der Firma Boehringer.

gebremst, bis sie steht, und dann gegen den Schleifring S gedrückt, worauf dieser sich selbsttätig ausrückt. Eine ähnliche Konstruktion hat die Firma Friedr. Flender heraus-

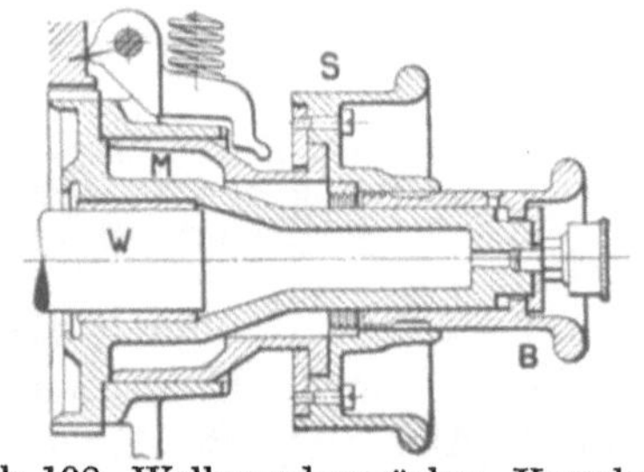

Abb. 198. Wellenendausrücker, Kupplung ausgerückt, Bauart Benn.

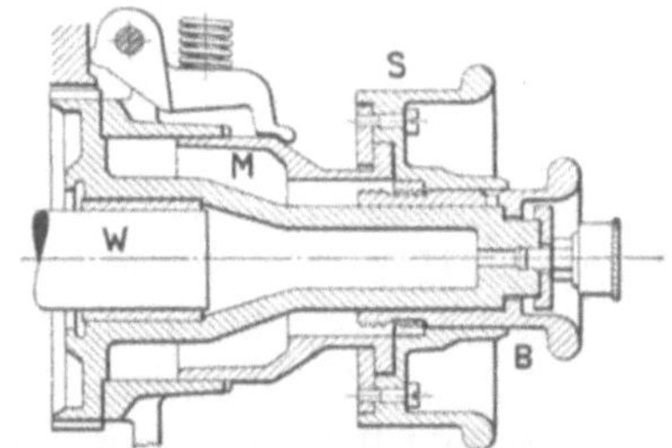

Abb. 199. Wellenendausrücker, Kupplung eingerückt, Bauart Benn.

gebracht, bei der die Büchse B fortfällt und das Einschalten durch Drehen des Ringes S und das Ausschalten durch einfaches Abbremsen desselben mit der Hand geschieht.

m) Selbsttätige Reibungskupplungen.

Bei den Aufgaben, die diese Kupplungen zu erfüllen haben, können folgende Gruppen unterschieden werden:

A. Einrücken oder Ausrücken bei Überschreitung einer bestimmten Drehzahl.

B. Einrücken und Ausrücken als Folge einer Relativbewegung der beiden zu verbindenden Wellen gegeneinander.

C. Begrenzung des übertragbaren Drehmomentes.

Diese Aufgaben werden erfüllt durch

I. Fliehkraftkupplungen.

II. Überholungskupplungen.

III. Überlastungskupplungen

a) mit voller Ausschaltung,

b) ohne Ausschaltung (Rutschkupplungen).

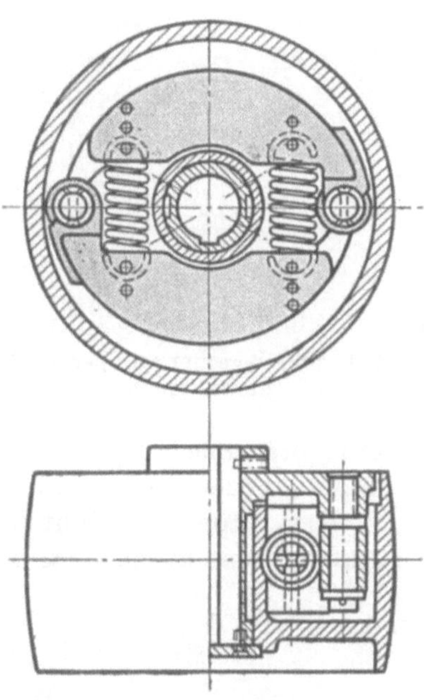

Abb. 200. Fliehkraftkupplung der Firma Siemens-Schuckert.

α) Fliehkraftkupplungen. Das Einrücken bei Überschreitung einer bestimmten Drehzahl ist besonders wichtig bei Drehstrommotoren mit Kurzschlußanker, die wegen der hohen Stromaufnahme nicht unter Vollast anlaufen dürfen. Ein Mittel zur Umgehung der Überstromaufnahme ist die Stern-Dreieck-Schaltung, bei der die Maschine bei Sternschaltung mit verminderter Stromaufnahme unbelastet anläuft und nach Erreichen der synchronen Drehzahl auf Dreieckschaltung umgeschaltet wird. Bei Sternschaltung ist das Drehmoment zu gering zum Ankuppeln der Last. Dies darf also erst beim Umschalten auf Dreieckschaltung geschehen, d. h. wenn die volle Drehzahl erreicht ist. Die Kupplung muß deshalb so eingerichtet sein, daß sie erst bei dieser Drehzahl wirksam wird.

Diesem Zweck entsprechen die Fliehkraftkupplungen. Am deutlichsten ist das Prinzip derselben aus dem Bild der von Siemens-Schuckert gebauten Ausführung (Abb. 200) zu erkennen. Die Fliehgewichte werden zunächst durch die der beabsichtigten Wirkung angepaßten Federn zurückgehalten.

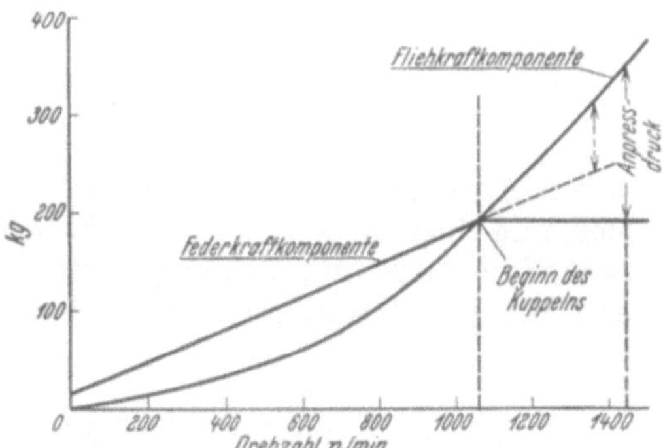

Abb. 201. Wirkungsweise einer Fliehkraftkupplung.

Bei einer gewissen Drehzahl wird die Federkraft von der Fliehkraft so weit überwunden, daß die Nasen sich durch das Ausschwenken der Fliehgewichte gegen die Trommel legen. In diesem Augenblick beginnt der Kupplungsvorgang (Abb. 201). Bei weiterem Steigen der Drehzahl nimmt die Fliehkraft quadratisch zu, während die Federkraft gleich bleibt. Bei einer reinen Fliehkraftkupplung ohne Federrückzug würde die kuppelnde Wirkung bereits bei der kleinsten Drehzahl beginnen und den Motor durch die Bremswirkung belasten, was meistens nicht erwünscht ist.

Zur Erläuterung der Wirkung sei ein Beispiel durchgerechnet (Abb. 202).

Die Kupplung soll das Drehmoment eines Motors von $N = 7{,}5$ PS bei $n = 1440$ Umdr./min übertragen. Die Reibungsziffer sei $\mu = 0{,}3$. Dann ist

$$M_d = 716 \frac{N}{n} = 716 \cdot \frac{7{,}5}{1440} = 3{,}73 \text{ mkg},$$

der Anpreßdruck für ein Fliehgewicht am Reibradius $D/2$

$$Q = \frac{M_d}{D/2 \cdot \mu \cdot 2} = \frac{3{,}73}{0{,}092 \cdot 0{,}3 \cdot 2} = 66 \text{ kg}.$$

Die Gleichgewichtsbedingungen sind für ein Fliehgewicht

$$Q \cdot c = F \cdot b - P(a_1 + a_2),$$

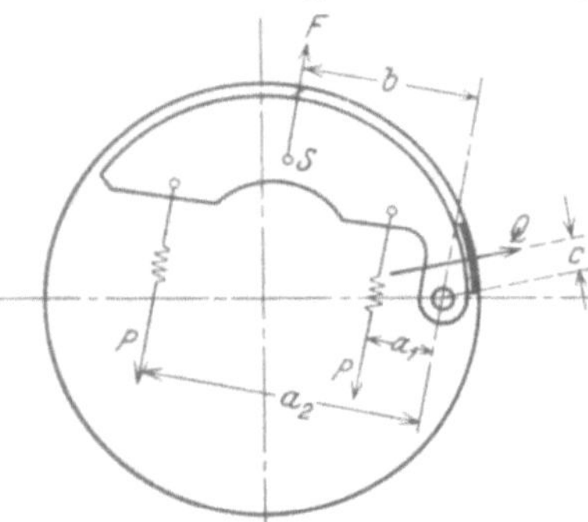

Abb. 202. Berechnung einer Fliehkraftkupplung.

worin F die am Schwerpunkt des Fliehgewichtes angreifende Fliehkraft und P die Federkraft ist.

Es sei

$$a_1 = 28, \quad a_2 = 122, \quad b = 75, \quad c = 18,$$

dann wird

$$P = \frac{F \cdot b - Q \cdot c}{a_1 + a_2} = \frac{208 \cdot 75 - 66 \cdot 18}{150} = 96 \text{ kg},$$

worin

$$F = \frac{m v^2}{r} = \frac{0{,}154 \cdot 81}{0{,}06} = 208 \text{ kg}.$$

F ist die Fliehkraft, die das Fliehgewicht in seiner äußersten Stellung ausübt, und r der Schwerpunktsabstand.

Die Federung ergibt sich zeichnerisch zu 33 mm. Dementsprechend würde man die Federn mit kleiner Vorspannung für einen gesamten Federweg von 40 mm berechnen.

Das Kuppeln beginnt bei vollem Ausschlag des Fliehgewichtes, wenn das Fliehkraftmoment gleich dem Federkraftmoment ist

$$F \cdot b = P(a_1 + a_2).$$

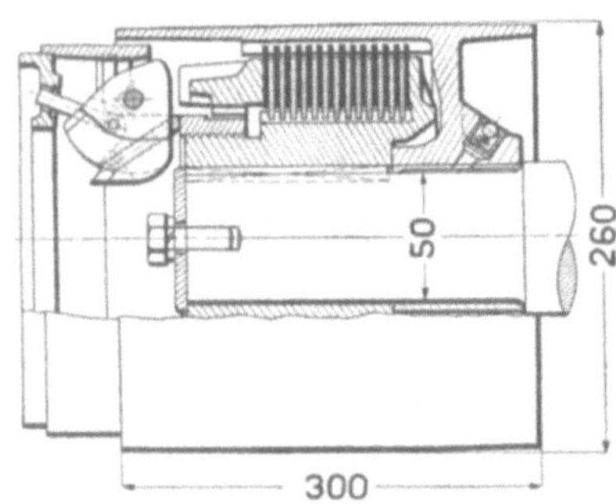

Abb. 203. Fliehkraftkupplung, Bauart Benn.

Dann ist

$$F = \frac{P(a_1 + a_2)}{b} = \frac{96 \cdot 150}{75} = 192 \text{ kg}.$$

Die Geschwindigkeit des Schwerpunktes des Fliehgewichtes ist in diesem Augenblick

$$v = \sqrt{\frac{F \cdot r}{m}} = \sqrt{\frac{192 \cdot 0{,}06}{0{,}154}} = 8{,}6 \text{ m/s},$$

dem entspricht die Drehzahl

$$n = \frac{60 \cdot v}{\pi \cdot D} = \frac{60 \cdot 8{,}6}{\pi \cdot 0{,}12} = 1370 \text{ Umdr./min}.$$

Abb. 203 zeigt die Zentrifugal-Benn-Kupplung (Benn-Anlasser). Die Fliehgewichte werden durch die Fliehkraft gedreht und legen sich mit einer Nase gegen ein Druckstück, das die Lamellen zusammendrückt. Die besondere Lage des Schwerpunktes der Gewichte veranlaßt, daß das Einrücken erst bei einer bestimmten, einstellbaren Drehzahl erfolgt.

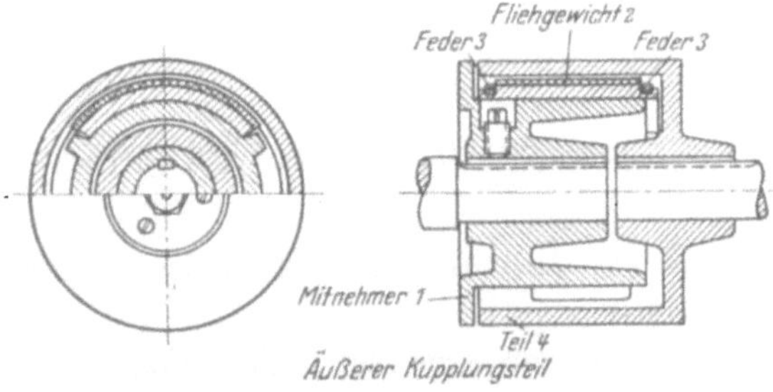

Abb. 204. Fliehkraftkupplung, Bauart Wülfel.

Abb. 204 zeigt eine Konstruktion des Eisenwerkes Wülfel. Sie besteht aus dem Mitnehmer *1*, auf dem die Fliehgewichte *2* in Aussparungen aufgelegt sind. Diese werden durch die Federn *3* zusammengehalten. Wenn die Federkraft durch die Fliehkraft überwunden wird, legen sich die mit einem Reibbelag versehenen Fliehgewichte gegen das Gehäuse *4* und nehmen es langsam mit.

Solche Kupplungen müssen bei der vollen Drehzahl auch den vollen Anpreßdruck erreicht haben. Das bedingt, daß sie bereits bei einer niedrigen Drehzahl zu wirken beginnen. Die Fliehkraft wirkt entsprechend der Formel

$$F = m\,r\,\omega^2,$$

und da

$$\omega^2 = \frac{\pi^2\,n^2}{900} = \frac{n^2}{90},$$

steigt sie mit dem Quadrat der Drehzahl. Dem wirkt die Federkraft entgegen. Von einer gewissen Drehzahl an wird die Lastseite langsam mitgenommen. Dadurch bleibt die Motordrehzahl zurück, und es stellt sich ein Gleichgewichtszustand bei einer bestimmten Motordrehzahl ein. Wird dann auf Dreieckschaltung umgeschaltet, so entsteht ein Stromstoß, da der Motor

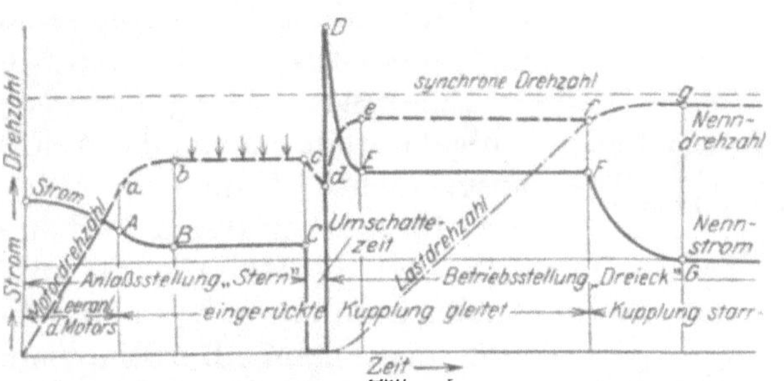

Abb. 205. Einrückverhältnisse eines Drehstrom-Kurzschlußmotors mit Sterndreieckschaltung und normaler Fliehkraftkupplung. (Nach Obermoser: Maschinenbau **1925**, 16.)

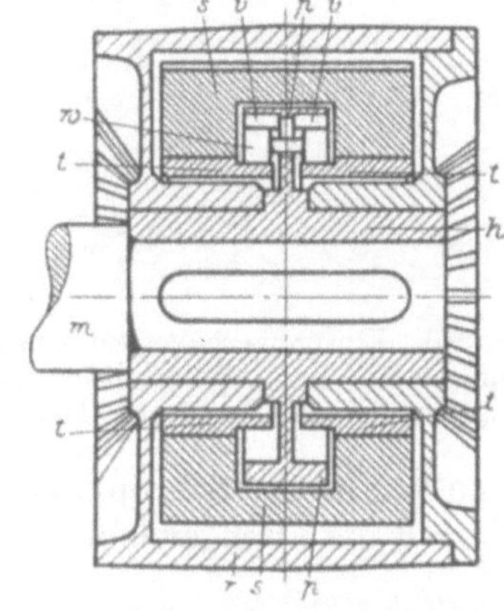

Abb. 206 bis 209. Albo-Kupplung. (Nach Obermoser: Maschinenbau **1925**, 16.)

nicht die volle Drehzahl hat. Abb. 205 stellt diese Verhältnisse entsprechend einer Veröffentlichung der Albo-Kupplung G.m.b.H., Baden-Baden, dar. Um diesen Übelstand ganz zu vermeiden, hat diese Gesellschaft eine neue Kupplung (Abb. 206 bis 209) herausgebracht, die sich erst im Augenblick des Umschaltens einrückt. Dies geschieht folgendermaßen.

Auf die Motorwelle m ist die Hülse h aufgeschoben, die am Umfange einen Ringwulst p trägt; dieser nimmt zwei jeweils den Halbkreis umfassende, durch Zugfedern z zusammengefaßte Schwungsektoren s an der Nase n mit, die in seine Aussparungen o hineinragen. Innerhalb des Ringwulstes p sind einfache Walzen w angeordnet, an denen sich, wenn die Fliehkraft auftritt, die Schwungsektoren s durch unter diese Walzen greifende Ringteile t nach Art eines Wälzlagers abstützen. Dadurch gelangt das System der Schwungsektoren mit den Walzen w in die durch Abb. 207 gekennzeichnete Lage, in der ihm verwehrt wird, mit seinen Reibklötzen k am Innenumfange der in breiten Lagern auf der Hülse h getragenen Riemenscheibe r anzugreifen. So hoch die Motordrehzahl auch steigen mag, so ist es doch nicht möglich, daß die Kupplung einrückt. Dieser Zustand bleibt so lange bestehen, bis der Sterndreieckschalter umgelegt wird und die kurzzeitige Kraftäußerung einsetzt, die den Läufer gegenüber den unverzögert weiter eilenden Schwungsektoren s zurückwirft. Infolge dieser Relativbewegung gelangen, gemäß Abb. 208, die Walzen w an den Rand entsprechend vor-

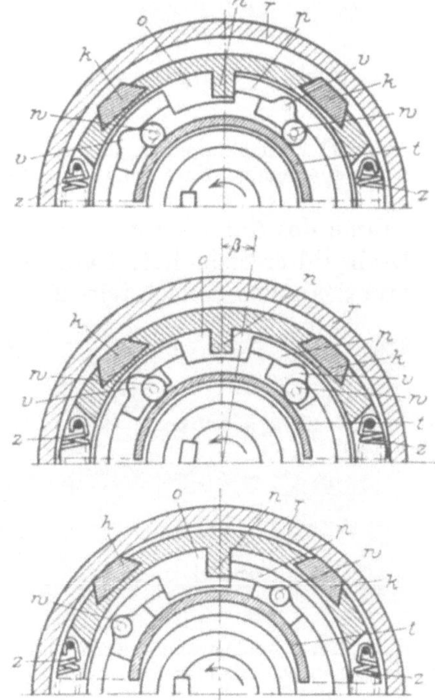

Abb. 207 bis 209.

gesehener Vertiefungen v der Wälzbahn, in die sie abgleiten, so daß die Schwungkörper, jetzt erst der Fliehkraft preisgegeben, gemäß der Abb. 209 mit den Reibbacken k den Kranz r kuppeln.

Da die Freigabe in einem Wälzvorgang erfolgt, so werden bei dem verhältnismäßig bedeutenden, für die Auslösung zur Verfügung stehenden Relativwege β die Vorgänge sicher beherrschbar. Die Arbeitsweise ist vom Drehsinn unabhängig. Die Kupplung wird als Riemenscheibe und zur Verbindung zweier Wellenenden ausgeführt. Das Diagramm (Abb. 205) ändert sich bei Verwendung dieser Konstruktion und nimmt die Form der Abb. 210 an.

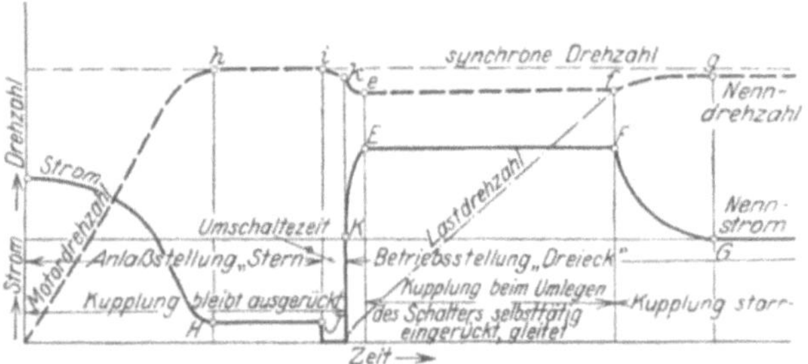

Abb. 210. Einrückverhältnisse eines Drehstrom-Kurzschlußmotors mit Sterndreieckschaltung und Albo-Kupplung. (Nach Obermoser: Maschinenbau **1925**, 16.)

Eine gute Lösung der gleichen Aufgabe stellt die von der AEG herausgebrachte Kupplung Abb. 211 dar. Diese ist in ihrem Aufbau eine doppelte Fliehkraftkupplung. Auf der Antriebswelle sitzt die Hülse a, die mit den Federn b die Fliehgewichte e mitnimmt. Diese schleifen auf dem Ring f und nehmen ihn langsam mit. Der Ring f nimmt seinerseits die Fliehgewichte g mit, die nach Erreichen der vollen Drehzahl die auf der Hülse a geführten und ebenfalls von den Federn b mitgenommenen Reibringe c mit dem Belag d auseinander und gegen das Gehäuse h drücken. Der eigentliche Kupplungsvorgang beginnt also erst, wenn f die volle Drehzahl erreicht hat. Bis dahin ist genügend Zeit gewonnen, um die Schaltung auf Dreieck umzulegen. Abb. 212 zeigt eine oszillographische Aufnahme des Anlaufvorganges. Man erkennt daraus, daß zunächst der Motor die volle Drehzahl erreicht hat. Dann erfolgt das Umschalten auf Betriebsstellung und erst drei Sekunden danach tritt die Hauptkupplung in Tätigkeit und nimmt die Last langsam mit. Die Zeit bis zum Einrücken ist abhängig von dem durch die Gleitstücke e auf den Ring f ausgeübten Moment

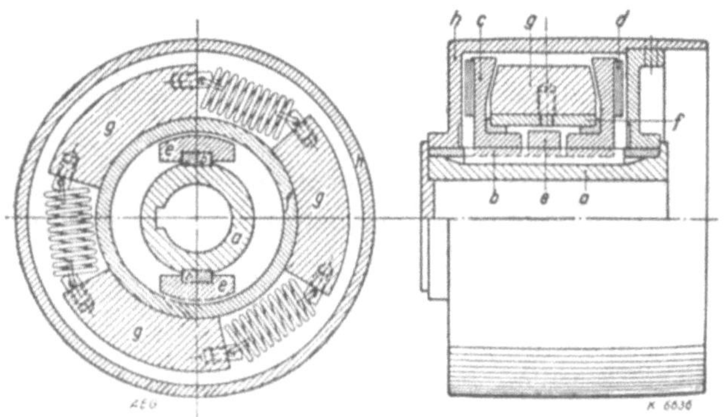
Abb. 211. Anlaßkupplung, Bauart AEG für Drehstrom-Kurzschlußmotor. (Nach Schulmann: AEG-Mitt. **1927**, 5.)

$$M_a = \frac{m v^2}{r} \cdot \mu \cdot r \text{ cmkg},$$

dem Massenträgheitsmoment I des Ringes f und der Fliehgewichte g und von der Winkelgeschwindigkeit ω des Motors. Es ist

$$t = \frac{I \cdot \omega}{M} \text{ s}.$$

Mit Hilfe dieser Größen läßt sich die Wirkung beherrschen.

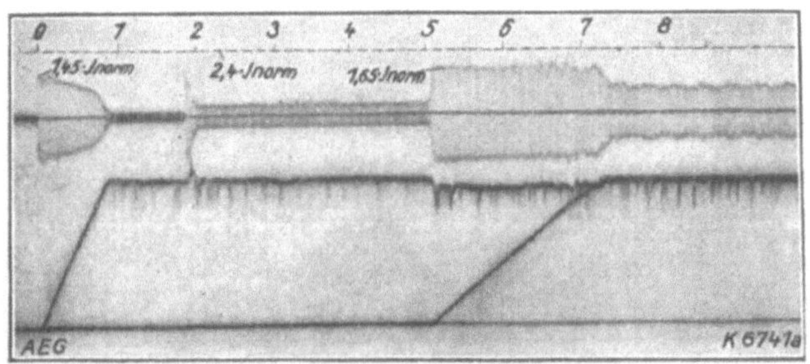

Abb. 212. Oszillographische Aufnahme des Vollastanlaufs eines Kurzschlußläufermotors mit Doppelnutläufer 7,5 kW, Drehzahl 1500 mit AEG-Anlaßriemenscheibe bzw. -kupplung, angelassen mit Sterndreieckschalter. (Nach Schulmann: AEG-Mitt. **1927**, 5.)

Ähnlich ist die Aufgabe von der Lurgi-Apparatebau G.m.b.H., Frankfurt a. M. gelöst, die die Elvola-Kupplung herstellt. Abb. 213 und 214 zeigen die einfache

Ausführung der Elvola-Kupplung für kleinere Motoren, bei denen der Anlaßspitzenstrom z. B. den 2,4fachen Nennstrom nicht überschreitet und eine diesem Verhältnis entsprechende Überlastbarkeit gewahrt bleibt. Abb. 215 veranschaulicht eine Sonderausführung für Motoren bis 50 kW, wobei der Anlaßspitzenstrom den 1,6fachen Nennstrom einhält und eine über dieses Stromverhältnis hinausgehende Überlastbarkeit bis zum 2,5-fachen Werte gewährleistet wird. Nach Abb. 213 und 214

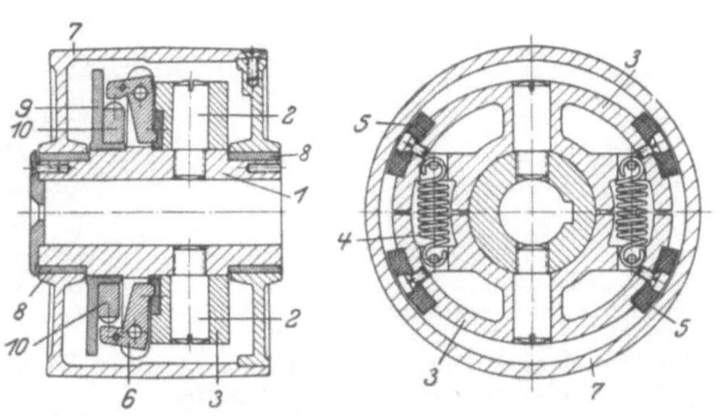

Abb. 213 und 214. Anlaßkupplung (Elvola), Bauart Lurgi für Kurzschlußläufermotor mit Sterndreieckschalter, kleinere Ausführung.

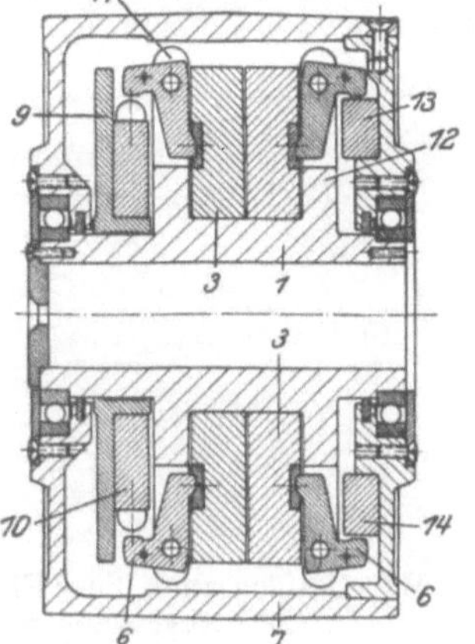

Abb. 215. Elvola-Anlaßkupplung für größere Motoren.

ist auf der Welle das Mittelstück *1* aufgekeilt, das mit zwei Mitnehmerbolzen *2* versehen ist, die gleichzeitig als Führung der zwei Kupplungsfliehgewichte *3* dienen. Diese werden durch die Federn *4*, wenn die Drehzahl des Motors nach dem Ausschalten stark abgesunken ist, in die Ausgangsstellung zurückgerufen, ohne daß der vollständige Stillstand des Motors abgewartet zu werden braucht. Jedes Fliehgewicht ist mit zwei Bremsbelägen *5* ausgerüstet und durch am Mittelstück *1* gelagerte zweiarmige Hebel *6* gesperrt, d. h. am Ausschwingen verhindert. Der äußere Riemenscheibenkranz *7* ist bei *8* gelagert (Kugel- oder Gleitlager). Eine lose auf dem Mittelstück *1* liegende Scheibe *9* trägt zwei durch eine Feder zusammengehaltene Fliehbacken *10*.

Beim Einschalten läuft der Motor mit dem Mittelstück *1* rasch hoch, während die Fliehgewichte gesperrt bleiben, so daß ein absoluter Leerlauf gewährleistet ist.

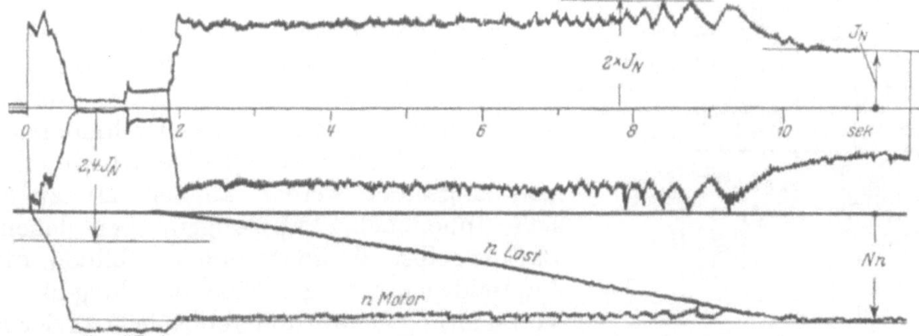

Abb. 216. Oszillogramm einer Elvola-Kupplung für einen Anlaßspitzenstrom bis zum 2,4 fachen Nennstrom, angelassen mit Sterndreieckschalter.

Die lose auf dem Mittelstück *1* liegende Scheibe *9* mit den Fliehbacken *10* braucht, da ihr Eigengewicht ziemlich bedeutend ist, durch ihr Trägheitsmoment eine gewisse Zeit (je nach Gewicht drei bis zehn Sek.), bis auch sie ihre normale Drehzahl erreicht hat, d. h. bis sie mit ihrem Antrieb synchron läuft. Ehe dieser Zustand eintritt, öffnen sich durch die Fliehkraft die kleinen Fliehbacken *10* und bewirken durch die in diesem Moment noch vorhandene Relativgeschwindigkeit die Auslösung der kuppelnden Fliehgewichte *3* dadurch, daß sie gegen den kürzeren Hebelarm der Hebel *6* anschlagen.

Abb. 216 veranschaulicht das Oszillogramm (Stromaufnahme, Rotordrehzahl und Lastmitnahme) einer Elvola-Kupplung für einen Anlaßspitzenstrom bis zum 2,4fachen Nennstrom, angelassen mit Sterndreieckschalter, und Abb. 217 für einen Anlaßspitzenstrom vom 1,6fachen Nennstrom ohne Stromunterbrechung, und zwar mit einem Ständeranlaßschalter angelassen, der mit einer einzigen Anlaßstufe arbeitet.

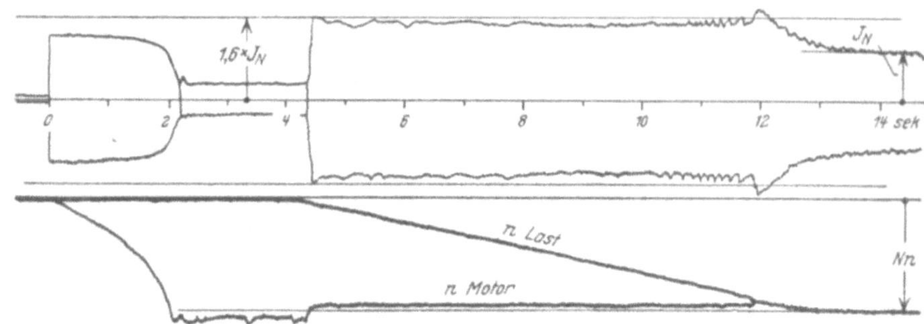

Abb. 217. Oszillogramm einer Elvola-Kupplung für einen Anlaßspitzenstrom zum 1,6fachen Nennstrom angelassen mit einem Ständeranlaßschalter mit einer Anlaßstufe.

Abb. 218 zeigt eine andere Ausführung der Benn-Fliehkraft-Kupplung, die dazu bestimmt ist, den Stromstoß beim Ingangsetzen von Zentrifugen zu mildern. Der Motor läuft unbelastet an, und die Kupplung wird erst bei Erreichen einer gewissen Drehzahl mit kleinem Anpreßdruck eingerückt. Der Anpreßdruck verstärkt sich mit steigender Drehzahl und gewährt so eine stoßfreie Belastung. Da die Kupplung längere Zeit gleitet, ist für gutes Abführen der Reibungswärme zu sorgen. Deshalb sind die Reibflächen auseinandergezogen und Lüftungskanäle angebracht. Diese Bennkupplung mit Lüftungskanälen ist besonders für lange Rutschzeit gebaut, da die Zentrifugen mit ihrer großen Masse und hohen Drehzahl zum Ingangsetzen einer großen Beschleunigungsarbeit bedürfen.

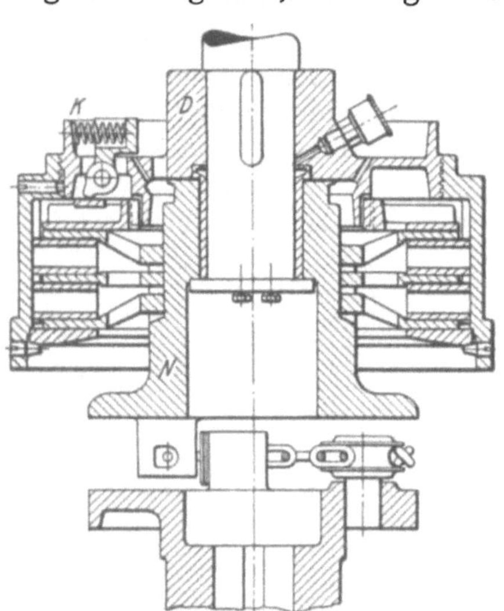

Abb. 218. Benn-Fliehkraftkupplung mit Lüftungskanälen für den Antrieb von Zentrifugen.

In anderen Fällen, z. B. bei Spinnmaschinen, muß die Kupplung sehr feinfühlig sein. Das Einrücken darf nur sehr sanft geschehen, um Fadenbrüche zu vermeiden, und das Drehmoment muß entsprechend der Stärke des verarbeiteten Materials eingestellt werden können. Hierzu eignen sich Innenbackenkupplungen, bei denen die Backen selbst die Schwungmasse bilden, die den Anpreßdruck erzeugt. Eine Regelung ist durch Veränderung des am anderen Hebelarm der Backe sitzenden Gegengewichtes möglich. Dies ist aber umständlich, erfordert unnötig große Gegengewichte und ist nicht empfindlich genug. Andererseits könnte man Ausgleichsfedern einbauen. Eine einfache Lösung hat die AEG gefunden (Abb. 219). Der Grundsatz der Backenkupplungen ist beibehalten. Auf der Welle sitzt aber innerhalb der Kupplung noch eine einstellbare Hülse *8*. In dieser liegen Rollen *9*, die radial frei beweglich sind. Infolge der Fliehkraft legen sie sich gegen die Backen. Je nachdem an welcher Stelle der Backen sie anliegen, verstärken oder schwächen sie den Anpreßdruck. Damit ist die Möglichkeit einer Regelung in weiten Grenzen gegeben.

Dem gleichen Zweck dienen die Metalluk-Fliehkraftkupplung und die auf dem gleichen Grundsatz beruhende Pulvis-Kupplung. Die Metalluk-Kupplung (Abb. 220) besteht aus einem Zylinder, in dem ein Flügelrad lose umläuft. Als Kupplungsmittel dient eine Füllung von Eisenkugeln. Läuft das Schaufelrad um, so werden die Kugeln mitgenommen und durch die Fliehkraft nach außen gegen den Zylinder gedrückt. Der dadurch entstehende Widerstand wird zur Kraftübertragung nutzbar gemacht. Bei der Pulvis-Kupplung wird ein feinkörnigeres Mittel verwendet und durch verschiedenartige Ausführung des Schaufelrades die Wirkungsweise verändert. Das Einschalten geschieht sehr sanft. Bei Versuchen hat der Einschaltstrom des Motors den doppelten Wert des Nennstromes erreicht. Bei Überlastung gibt die Kupplung nach.

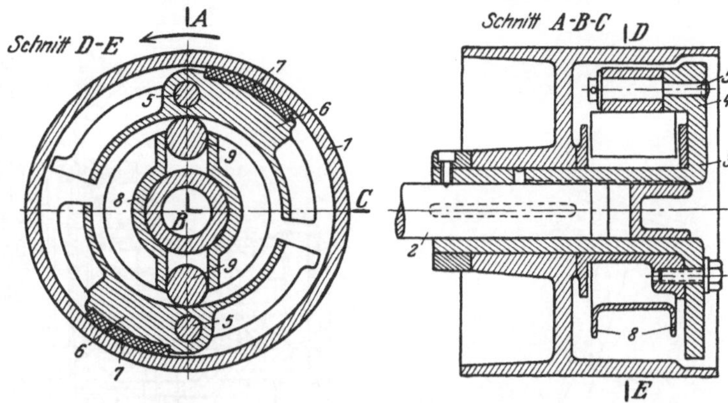

Abb. 219. Fliehkraftkupplung der AEG mit einstellbarem Anpreßdruck. [Nach Schaudt: Techn. Blätter (DBZ) 18, 51 (1928).]

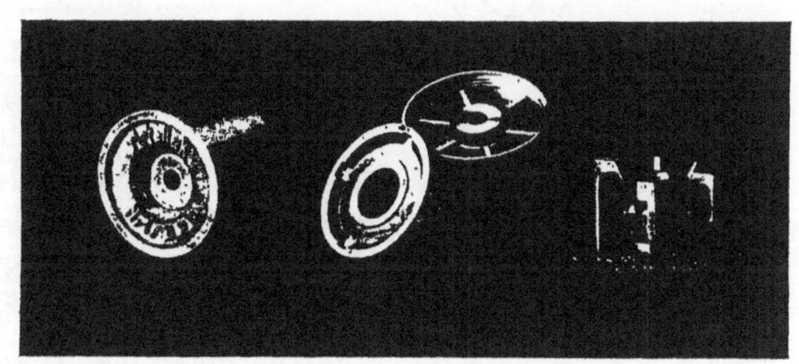
Abb. 220. Metalluk-Kupplung.

Diese Ausführungen sind darauf eingestellt, daß durch die Wirkung der Fliehkraft das Einrücken erfolgt. In manchen Fällen (z. B. Schnelltelegraph) ist es jedoch erwünscht, daß die Kupplung bei Überschreitung einer bestimmten Geschwindigkeit selbsttätig ausgerückt wird. Hierfür ist von der Firma Siemens & Halske A. G. eine bemerkenswerte Type entwickelt worden

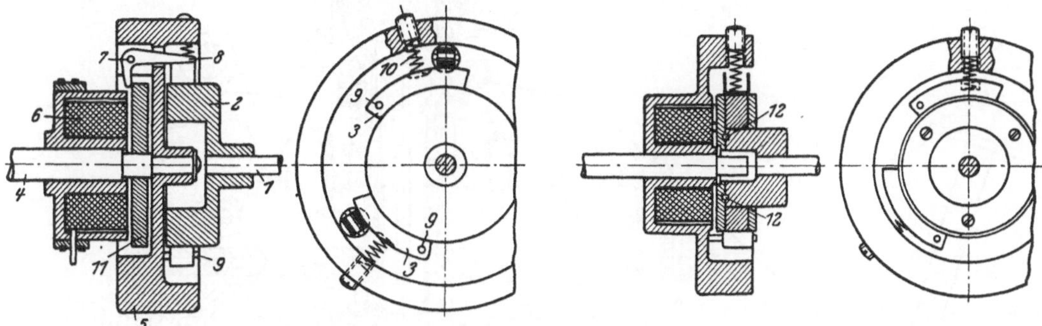

Abb. 221 und 222. Fliehkraftkupplung der Firma Siemens & Halske A. G. für selbsttätiges Ausrücken bei einer Überschreitung einer bestimmten Geschwindigkeit. [Nach Schaudt: Techn. Blätter (DBZ) 18, 51 (1928).]

(Abb. 221 und 222). In der Ausführung Abb. 221 ist *1* die Antriebswelle, auf der die Kupplungsscheibe *2* sitzt. Auf der getriebenen Welle *4* sitzt die Hülse *5*, an der die Bremsbacken *3* um den Bolzen *9* drehbar befestigt sind. Diese werden durch die nachstellbaren Federn *10* gegen die Scheibe *2* gepreßt und bewirken so das Kuppeln. Überwiegt die an den Bremsbacken angreifende Fliehkraft die Federkraft, so rückt sich die Kupplung durch Abheben oder Schleifen der Bremsbacken aus. Die Kupplung erfüllt andererseits noch den Zweck einer gegebenenfalls erforderlichen ver-

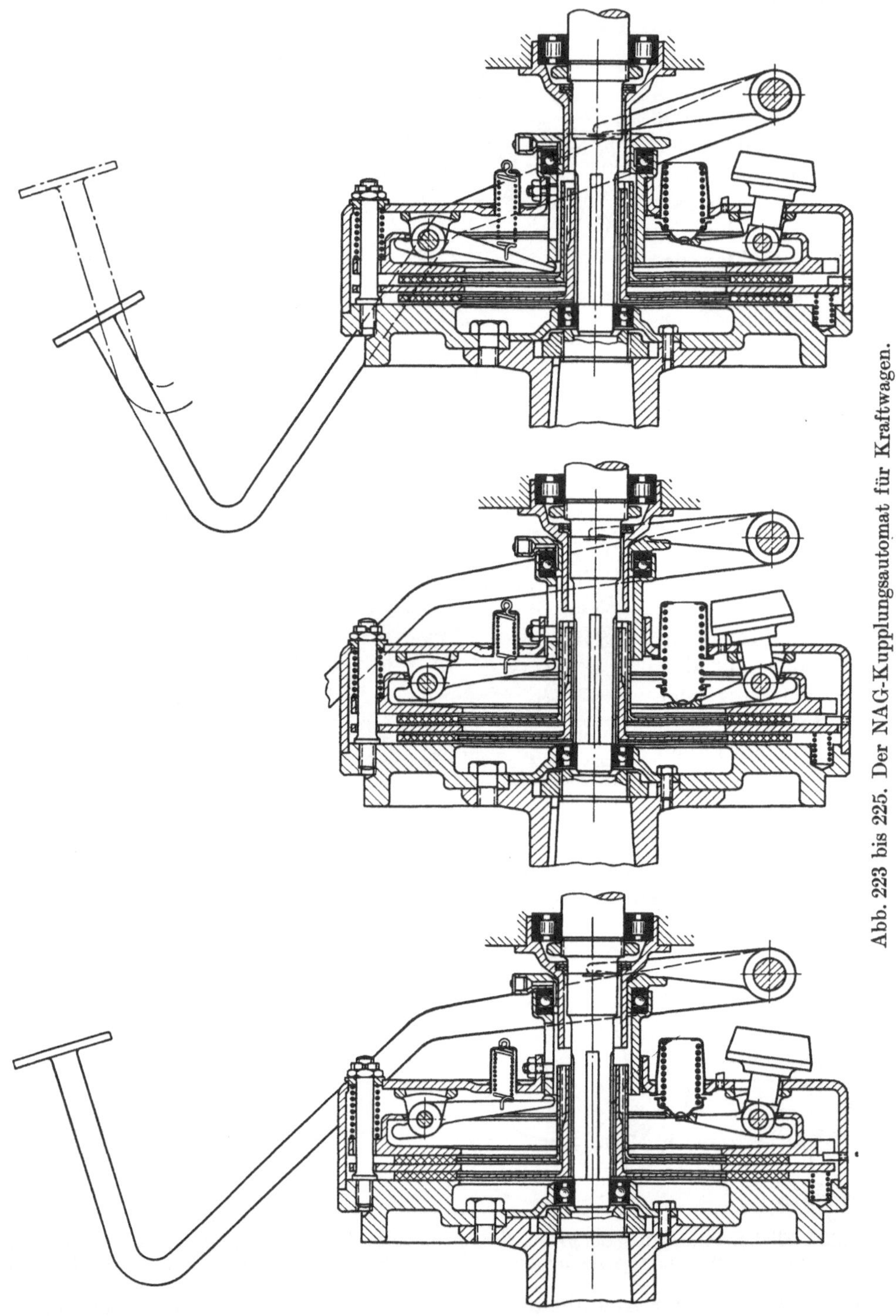

Abb. 223 bis 225. Der NAG-Kupplungsautomat für Kraftwagen.

stärkten Mitnahme. Der Hülse *3* ist nämlich noch ein Elektromagnet *6* vorgelagert. Bei plötzlichem Anschwellen der Belastung wird dieser erregt und zieht den Anker *11* an. Dieser drückt gegen die um die Bolzen *7* drehbaren Hebel *8*, die ihrerseits wieder auf die Bremsbacken drücken und die Anpressung derselben an die Scheibe *2* verstärken bzw. die Wirkung der Fliehkraft aufheben. Eine Erhöhung der Drehzahl der Maschine während des Betriebes kann bewirkt werden, indem durch die Erregerwicklung ein konstanter Strom hindurchgeschickt wird. In Abb. 222 ist die Ankerscheibe *11* durch Stifte *12* direkt mit der Scheibe *2* verbunden. Dadurch wird die Wirkung des Magneten unabhängig von der Fliehkraftkupplung gemacht.

Eine Kupplung, bei der die Fliehgewichte lediglich als Schaltelemente benutzt werden, ist der NAG-Kupplungsautomat für Kraftwagen. Bei den bisher üblichen Ausführungen muß die Kupplung im Leerlauf des Motors durch den Fußhebel gelöst werden. Das Einschalten geschieht dann mit einem Ruck und erfordert ebenfalls eine Betätigung des Fußhebels. Mit dem neuen Automaten wird erreicht, daß das Anfahren lediglich von der Gaszufuhr abhängig wird. In Abb. 223 bis 225 ist die Kupplung in drei Arbeitsstellungen dargestellt. Wie zu ersehen ist, handelt es sich um eine Doppelscheiben-Reibungs-Kupplung, bei der die beiden Reibscheiben auf der getriebenen Welle sitzen, während das Gehäuse mit den Gegenscheiben auf der Motorwelle sitzt. Das normale Ausschalten geschieht durch die vom Fußhebel betätigten

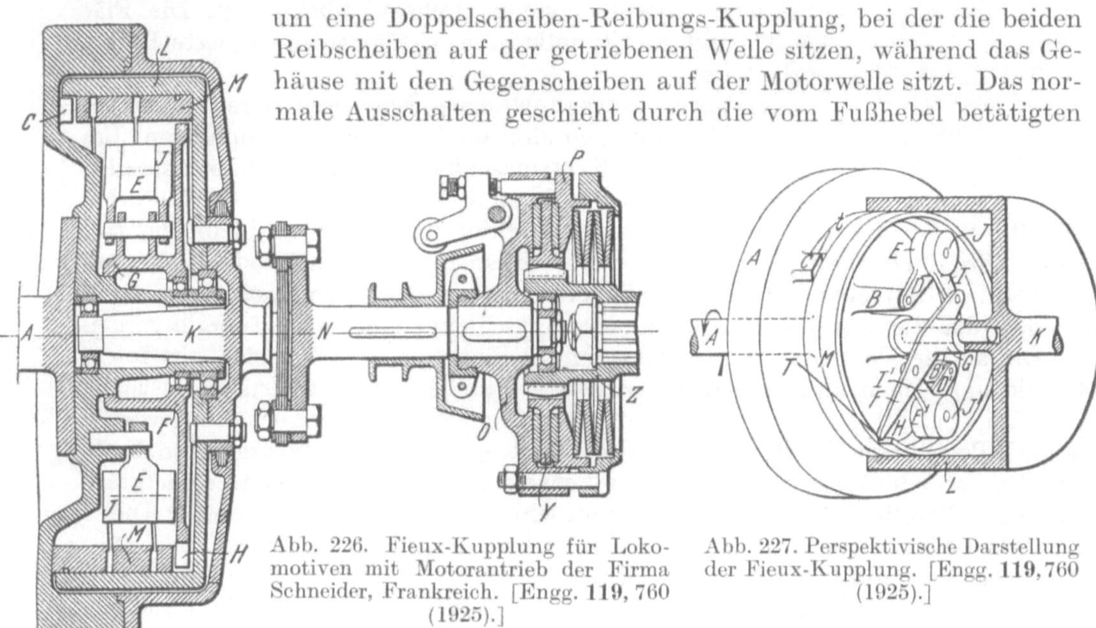

Abb. 226. Fieux-Kupplung für Lokomotiven mit Motorantrieb der Firma Schneider, Frankreich. [Engg. **119**, 760 (1925).]

Abb. 227. Perspektivische Darstellung der Fieux-Kupplung. [Engg. **119**, 760 (1925).]

Ausrückhebel, die durch Federn zurückgehalten werden. Außerdem sind noch Hebel vorhanden, die durch Federn so angedrückt werden, daß die Kupplung ausgerückt ist. Steigt nun durch erhöhte Gaszufuhr die Drehzahl des Motors, so kommen die Fliehgewichte zur Wirkung und heben die Kraft dieser Federn auf. Dadurch wird die Kupplung eingerückt, was durch Regelung der Gaszufuhr mehr oder weniger sanft geschehen kann. Die Federn sind so eingestellt, daß sie im Stillstand den Druck der Andrückfedern aufheben, so daß die Kupplung in diesem Fall bestimmt ausgerückt ist.

Die weitere Verfolgung dieser Idee wird möglicherweise eine Vereinfachung des Getriebes zur Folge haben.

Eine Überlastungskupplung unter Verwendung der Fliehkraftwirkung ist die Fieux-Kupplung einer französischen Firma Schneider. Sie ist für die Verwendung in Lokomotiven mit Motorantrieb besonders ausgebildet worden und wird mit einer normalen Reibungskupplung zusammen eingebaut (Abb. 226).

Abb. 227 zeigt eine perspektivische Darstellung derselben. Die auf der Motorwelle *A* sitzende Kupplungshälfte trägt Zapfen *B*, *B'*, an denen die mit einem Fliehgewicht versehenen Hebel *D*, *D'* angelenkt sind. Auf der gleichen Welle sitzt eine lose Büchse *G* mit einem Hebel *F*, der durch die ebenfalls mit Fliehgewichten *J*, *J'* versehenen Hebel *I*, *I'* mit den Hebeln *D*, *D'* verbunden ist. Das Ende *H* des Hebels *F* legt sich gegen das eine Ende einer Feder *M*, deren anderes Ende gegen den auf *A* sitzenden Vorsprung C drückt und die als Innenfeder in der Hülse K liegt. D wiederum sitzt auf der getriebenen Welle. Die ganze Vorrichtung läuft in Öl. Höhe des übertragenen Drehmomentes ist von der Fliehkraft der Gewichte E und J, J' abhängig, steigt also mit dem Quadrat der Drehzahl.

In Abb. 228 zeigt die Kurve OKM den Verlauf des übertragbaren Drehmomer Die Kurven ABC und ADE stellen den Verlauf des von der Maschine hergegebe Drehmomentes einmal bei voller Ladung und einmal bei verminderter Ladung

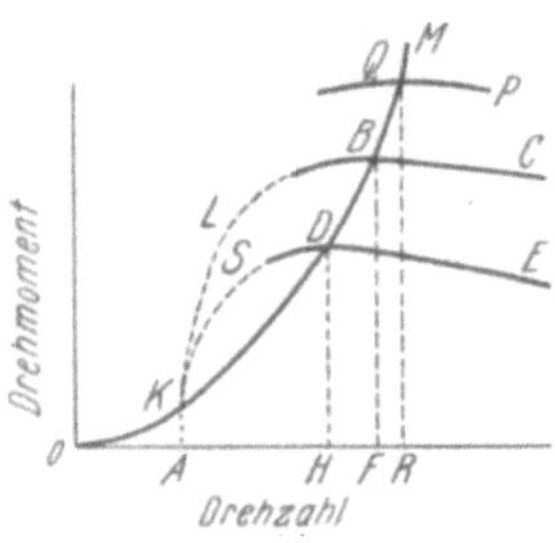

Abb. 228. Wirkungsweise der Fieux-Kupplung. [Engg. 119, 760 (1925).]

Aus dem Kurvenbild geht hervor, daß die Kupplung jev so lange gleitet, bis die Maschine die Drehzahl erreicht die zur Entwicklung des günstigsten Drehmomentes erfor lich ist. Würde die Maschine ein Drehmoment entsprecl der Kurve QP hergeben, so würde die Kupplung auch di bei einer entsprechenden Drehzahl übertragen. Die Flä KBL und KDS stellen die in Wärme umgesetzte Reibu arbeit dar.

β) Überholungskupplungen. Eine besondere Art der se tätigen Kupplungen sind die Überholungskupplungen. Be Verwendung als Kraftmaschinenkupplungen haben sie die gabe, einen Ausgleich zu bewirken, wenn zwei Motoren dieselbe Welle arbeiten. Wird die Hauptmaschine überlastet, so bleibt sie zur Durch ihre Relativbewegung gegenüber der Hilfsmaschine betätigt sie die Kuppl die dann die letztere zur Leistung mit heranzieht. Durch diese Anordnung wird mieden, daß die eine Maschine die andere mitschleppt und dabei Energie verge

Die an die Vorrichtung zu stellenden Bedingungen ergeben sich aus folge Überlegung. Im modernen Kraftbetrieb ist es üblich, daß die Grundbelastung der Hauptmaschine getragen wird. Zur Aufbringung der Spitzenbelastung wird je nach Bedarf eine Zusatzmaschine verwendet. Während nun die erstere in der F eine Dampf- oder Wasserkraft- oder Großgasmaschine ist, nimmt man als letzter schnellen Bereitschaft wegen gern Ölmaschinen (z. B. Dieselmotoren). Die trischen Bedingungen erfordern nun dauernden Gleichlauf der Maschinen. Da die Regelung derselben verschiedenartig ist, würde bei starrer Kupplung der der einen Maschine den der anderen dauernd beeinflussen, denn ihre Ungleichför keitsgrade sind verschieden, und die Regler sind so gebaut, daß sie auf dieselben ansprechen, um ein dauerndes Zucken zu vermeiden. Den Ausgleich dieser Sch kungen soll das Schwungrad bewirken. Dieses würde nun z. B. bei der Ölmas als Zusatzmasse während des Krafthubes Energie aufnehmen und sie während Ansaugens und der Verdichtung unter geringer Minderung der Drehzahl w abgeben. Wären die Maschinen starr gekuppelt, so würde die Hauptmaschin Zusatzmaschine mit durchziehen und damit den vom Schwungrad herzugebe Energieaufwand bestreiten. Diese Energie würde verlorengehen. Wird dagege dem Augenblick, in dem die Hauptmaschine die Zusatzmaschine überholt, die let abgeschaltet, so kann die im Schwungrad aufgespeicherte Energie nutzbar ger werden. Allerdings muß bemerkt werden, daß die bisher auf dem Markt befindli Überholungskupplungen den Anforderungen noch nicht voll gerecht und in der Praxis nicht gern verwendet werden. Man verwendet lieber eine starke bungskupplung und paßt ein bißchen auf, wobei man nur eine Maschine r um zu vermeiden, daß die Maschinen gegeneinander regeln.

Man erkennt, daß es sich um die Verbindung zweier Wellen handelt, die na die gleiche Drehzahl haben. Es lag daher nahe, als Mittel zum Einrücken Kli zu verwenden. Auf diesem Grundsatz beruht die Uhlhornsche Klinkenkupp Ein kleiner Ruck läßt sich beim Eingreifen der Klinken allerdings nicht verme Außerdem greift eine solche Kupplung nicht sofort, sondern hat gewisserm einen toten Gang, der durch den Abstand der Knaggen voneinander bedingt ist, in die die Klinken eingreifen. Da der Vorgang sich sehr häufig wiederholt, wird ein dauerndes Geräusch entstehen.

Um diese Nachteile zu vermeiden, ist man zu Ausführungen nach dem Grundsatz der Reibungskupplungen übergegangen, die stets sofort greifen und geräuschlos arbeiten. Sie werden ausgeführt als Bremsband-, Schraubenfeder- und Bremsbackenkupplung.

Als Bremsbandkupplung ist die Ohnesorgekupplung, Bauart Bamag, Dessau, ausgebildet. Der Grundgedanke bei dieser ist der, daß zwei je über den halben Umfang reichende Innenbremsbänder so mit der Hilfswelle verbunden sind, daß sie sich im Falle des Voreilens derselben gegenüber der Hauptwelle gegen eine auf dieser sitzende Trommel fest anlegen. Eilt dagegen die Hauptmaschinenwelle vor, so lösen sich die Bremsbänder und die Kupplung schleift (Abb. 229).

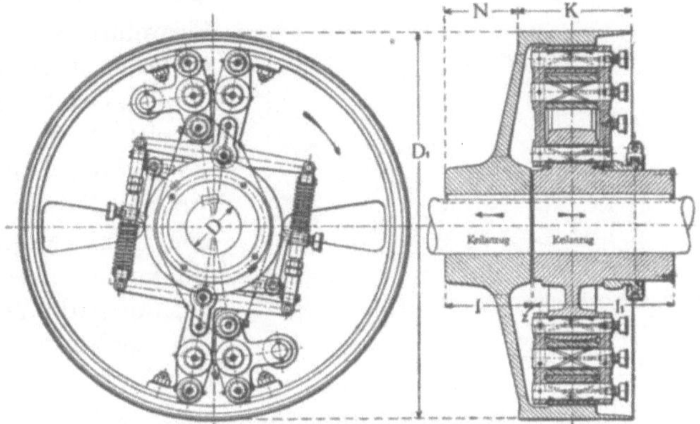

Abb. 229. Überholungskupplung, System Ohnesorge, Bauart Bamag.

Auf der Welle der Hauptmaschine sitzt die Trommel, gegen deren Innenseite sich die Bremsbänder legen, die durch den Hebelmechanismus dauernd leicht gegen die Trommel gedrückt werden. An den Enden der Bänder greifen Hebel an, die durch ein gelenkiges Glied verbunden und (Abb. 230) an die Nabe der Hilfsmaschinenwelle angelenkt sind. Das System stellt somit ein Verbund-Differential-Gesperre dar, dessen Übersetzung sich wie folgt berechnet:

$$T \frac{b}{b-c} = t \frac{a}{a-c},$$

$$\frac{T}{t} = \frac{a\,(b-c)}{b\,(a-c)}.$$

Im eingerückten Zustand liegen die Bremsbänder leicht an der Trommel an. Ändern sich nun die Drehzahlen so, daß eine Relativbewegung der Trommel in der Pfeilrichtung entsteht, wobei die Hauptdrehrichtung beider Wellen dieser entgegengesetzt sein muß, so werden die Bremsbänder durch die Reibung mitgenommen und das Hebelsystem schlägt in Richtung auf die Stellung *2* aus. Die Hebelendpunkte rücken auseinander, da der Weg s_2 (Abb. 230) des kleinen Hebels größer ist als der Weg s_1 des größeren. Dadurch werden die Bänder gegen die Trommel gepreßt. Da es sich nur um sehr kleine Wege handelt, spielt die Verkürzung der Entfernung der Hebelendpunkte von der Achse, die dem Anpressen entgegen wirken würde, keine Rolle.

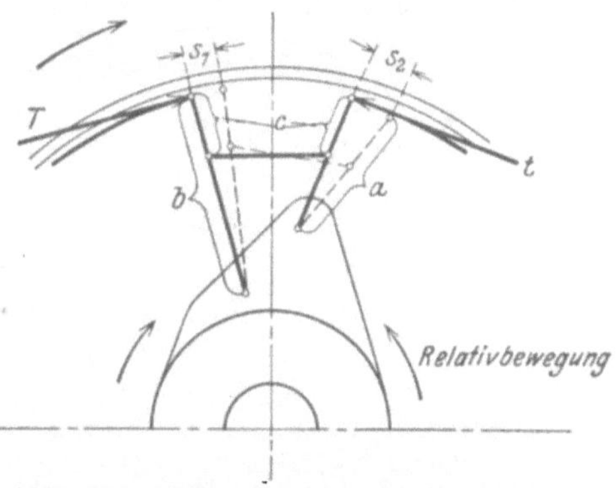

Abb. 230. Wirkungsweise der Ohnesorgekupplung.

Besteht eine Relativbewegung entgegen der Pfeilrichtung, so wird das Hebelsystem nach *1* mitgenommen. Da der Weg r_1 kleiner wird als r_2, so rücken die Hebelendpunkte zusammen und bewirken das Lösen der Kupplung, so daß sie gleiten kann. Die Kupplung ist ausrückbar und die freien Fliehkräfte des Systems sind ausgeglichen.

In etwas anderer Ausführung kann sie auch als Fliehkraftkupplung verwendet werden. In dem Fall werden die Bänder durch Federn angedrückt und bei Überschreiten einer bestimmten Drehzahl durch Fliehgewichte abgehoben. Diese Form ist für Kalanderantriebe entwickelt worden (Abb. 231). Bei diesen wird der Hauptmotor über die Kupplung und einen Schneckentrieb zunächst von einem Anwurfmotor mitgenommen. Dadurch können die zum Einrichten und Einlaufen des Papieres notwendigen geringen Drehzahlen erreicht werden. Ist das Papier im Laufen, so wird der Hauptmotor unter Strom gesetzt. Sobald nun seine Drehzahl diejenige des Anwurfmotors übersteigt, schaltet sich die Kupplung selbsttätig ab und der letztere kann stillgesetzt werden.

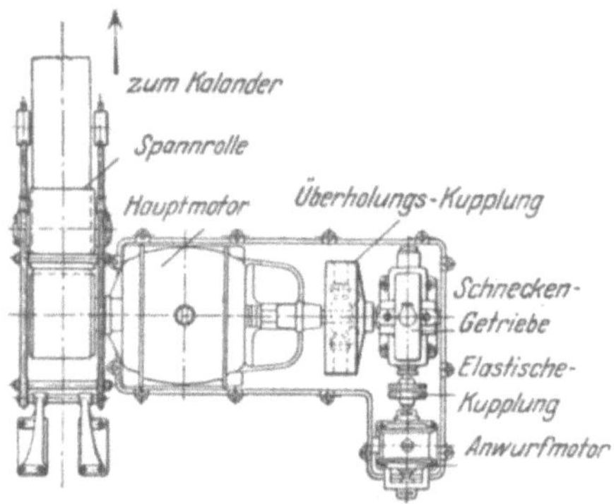

Abb. 231. Anordnung einer Überholungskupplung zur Umschaltung eines Kalanderantriebs vom Anwurfmotor auf den Hauptmotor.

Die Dreika-Kupplung der Peniger Maschinenfabrik (Abb. 232) ist eine Backenkupplung.

Auf der Hauptwelle sitzt die Trommel T und auf der Nebenwelle die Nabe N, an die die Lenker L angesetzt sind. Die Drehpunkte d der Backen B sitzen auf einem Stern S, der drehbar auf der Nabe N sitzt. Durch die Feder F werden die Lenker zurückgezogen, so daß die Backen dauernd leicht an der Trommel anliegen. Eilt diese gegen B vor, so nimmt sie die Backen und damit den Stern S mit und der Drehpunkt d wird gegen die Lenker so verschoben, daß sie sich aufrichten und die Backen abheben (Abbildung 233). Eilt die Hilfswelle vor, so tritt eine entgegengesetzte Bewegung ein und die Backen werden angepreßt.

Zum Ausrücken werden die nach einer Seite abgeflachten Stifte t in die Aussparungen im Stern und in der Nabe eingeschoben und ziehen über den Hebel h

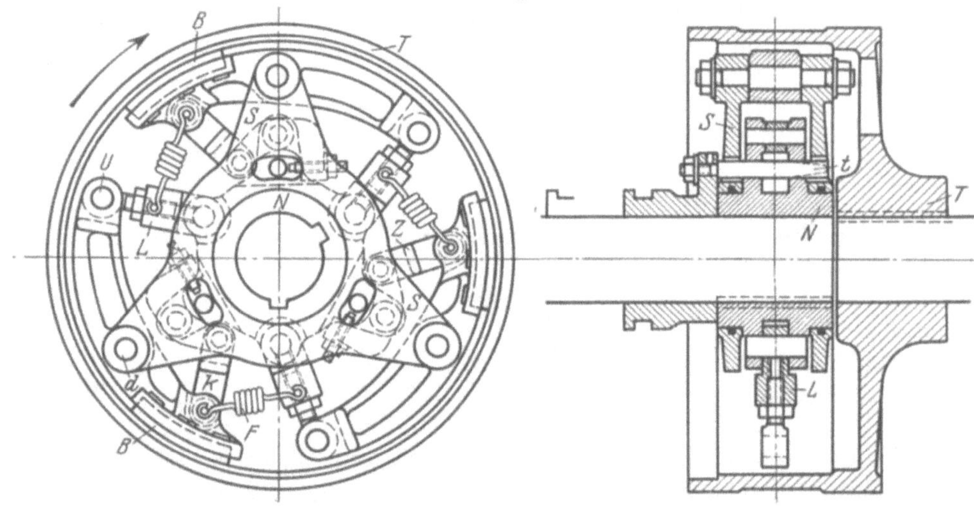

Abb. 232. Dreika-Kupplung der Peniger Maschinenfabrik.

und die Zugstange z die Backen zurück. Das Ein- und Ausrücken kann nur im Stillstand geschehen.

Eine andere Ausführung ist die Schürmann-Überholungs-Kupplung D. R. P. (Abb. 234). Zufolge ihrer Eigenart läßt sie sich auch noch verwenden als Rücklaufsicherung für Fahrzeuge, Hebezeuge, Sicherheitskurbeln usw., als Umschalter, als Schwinghebelantrieb und als Vorschubhalter, z. B. für Werkzeuge.

Sie besteht aus zwei nebeneinander liegenden Hülsen *5* und *6* mit gleich großen, einander zugekehrten Bohrungen, in die eine gemeinschaftliche, außen zylindrisch geschliffene Schraubenfeder *1* von rechteckigem Querschnitt passend eingesetzt ist. Diese Schaltfeder ist durch je einen Mitnehmerstift *4* mit einem Ende an der kürzeren Mitnehmerhülse *6* befestigt, am anderen Ende dagegen mit einem in der längeren Gleithülse *5* drehbar untergebrachten Erreger *2* verbunden. Dieser Erreger ist im allgemeinen (bei Umfangsgeschwindigkeiten der Schaltfeder bis zu 6 m/s) als zweiteiliger Gleitring ausgebildet, dessen beide Hälften durch Spreizfedern *3* gegen die Innenwand der Gleithülse gedrückt werden. Für hohe Umfangsgeschwindigkeiten (z. B. bei Dampfturbinenantrieben) werden besondere Erreger mit nahezu reibungslosem Leerlauf verwendet.

Das zwischen der Gleithülse und dem Gleitring erzeugte Reibungsmoment wirkt sofort auf das freie Schaltfederende. Die Schaltfeder wird dadurch in der einen Drehrichtung (beim Leerlauf) zusammengerollt, also von der Gleithülse abgezogen, in der anderen Drehrichtung dagegen auseinandergerollt und so fest gegen die beiden Hülsen gepreßt, daß diese miteinander gekuppelt sind. Die Schaltfeder wird hierbei nur auf Druck beansprucht. Im Leerlauf muß die Kupplung gut geölt sein. Das Schmieren geschieht durch das Ölloch *8* (Abb. 234) oder die Ringnut *9*. Im gekuppelten Zustand ist keine Schmierung nötig.

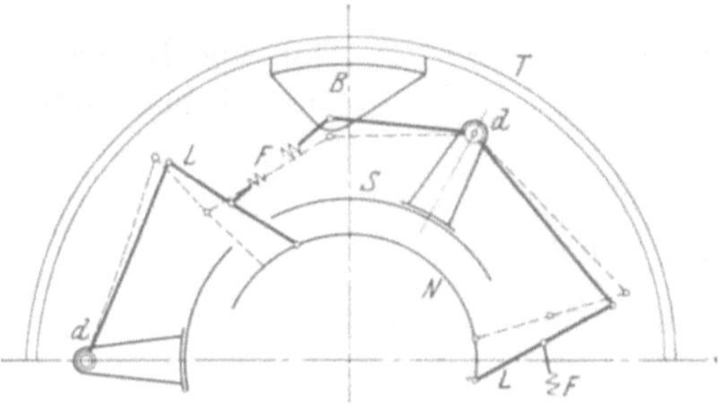

Abb. 233. Wirkungsweise der Dreika-Kupplung.

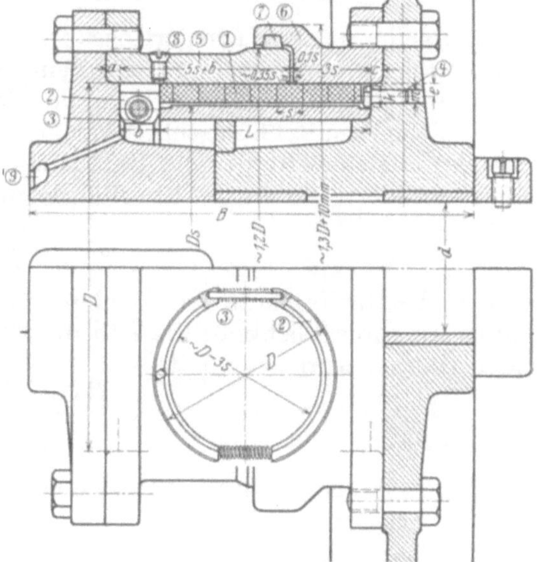

Abb. 234. Das Schürmann-Schaltwerk.

Aus dem Drehmoment ergibt sich die am Umfang der Feder wirkende Kraft

$$U = \frac{M_d}{R} \text{ kg}.$$

Zur Erzeugung dieser an der Trennstelle zwischen den beiden Hülsen wirkenden Kraft dient die am Erreger-Gleitring wirkende Umfangskraft

$$u = \frac{U}{e^{\mu\alpha}} \text{ kg}.$$

α ist entsprechend dem in der größeren Hülse steckenden freien Ende der Feder einzusetzen.

Der Flächendruck zwischen Feder und Hülse ergibt sich aus folgender Rechnung.

Die gesamte Umfangskraft ist

$$U = T - t = U_1 + U_2 + \cdots + U_i \text{ kg}$$

bei Unterteilung in die Umfangskräfte je Windung. Diese sind

$$U_1 = t(e^{\mu\alpha 1} - 1) \text{ kg}, \quad \alpha_1 = 2\pi,$$
$$U_2 = t(e^{\mu\alpha 2} - 1) \text{ kg}, \quad \alpha_2 = 4\pi,$$
$$U_i = t(e^{\mu\alpha i} - 1) \text{ kg}, \quad \alpha_i = 2 \cdot i \cdot \pi.$$

Aus dem Anpreßdruck je Windung

$$P_x = \frac{U_x}{\mu}\,\text{kg}\,, \qquad x = 1\ldots i$$

erhält man dann den spezifischen Anpreßdruck

$$p_x = \frac{P_x}{\pi D b}\,\text{kg/cm}^2.$$

Hiermit kann man mit genügender Genauigkeit die Hülse auf inneren Überdruck berechnen. Im hinteren Teil muß sie stärker werden. Die am festen Federende sitzende Hülse wird außerdem kürzer, da die Umfangskraft nach dieser Richtung zunimmt.

Bei einer Breite s ist die Stärke der Feder etwa $0{,}75\,s$. Der mittlere Radius wird $\sim 6{,}6\,s$. Nimmt man die zulässige Druckspannung mit $k = 1000$ bis $1500\,\text{kg/cm}^2$ an, so erhält man die folgende Beziehung zwischen Drehmoment und Federquerschnitt

$$M_d = k\cdot s\cdot 0{,}75\,s\cdot 6{,}6\,s = 5000\,s^3 \text{ bis } 7500\,s^3\ \text{cmkg}\,.$$

Die Ausführung des Erregerringes wird bedingt durch seine Aufgabe, die Feder im Leerlauf zusammenzuziehen und beim Schalten ihre sofortige Spreizung zu bewirken. Im ersteren Fall soll die Feder von der Außenhülse so weit abgehoben werden, daß das Schmiermittel Gelegenheit hat, die Fläche zu benetzen. Dazu sind nur wenige Zehntel Millimeter erforderlich. Daraus ergibt sich der Winkel ω, um den das freie Ende der Feder verdreht werden muß. Dann ist

$$\omega = \frac{U}{E\cdot J}\cdot l\cdot r\,,$$

worin U die Umfangskraft ist, die der Erreger aufzubringen hat. Auf eine Erregerhälfte wirken die Fliehkraft P_F und die Federdrücke P_K. Unter Berücksichtigung beider Hälften wird dann mit

$$P_F = \frac{m\,v^2}{r}\,\text{kg}\,,$$

$$U = \mu(2\,P_F + 4\,P_K)\ \text{kg}\,.$$

Ist f die Projektion der Gleitfläche einer Ringhälfte, so ist der spezifische Druck an dieser

$$p = \frac{P_F + 2\,P_K}{f}\,\text{kg/cm}^2$$

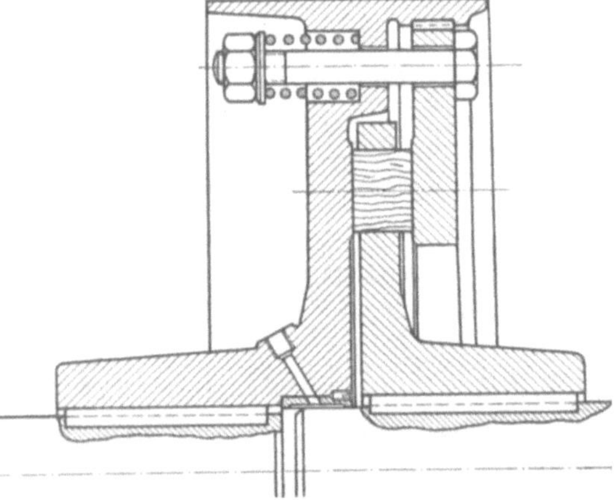

Abb. 235. Einfache Rutschkupplung.

Für das Spreizen der Feder muß die Kraft U (S. 100) gleich der Kraft u (S. 99) oder größer sein.

γ) **Rutschkupplungen.** Bei angestrengten oder empfindlichen Betrieben werden sie angewendet, um Stöße und Überlastungen von den empfindlichen Teilen des Triebwerkes fernzuhalten. So z. B. werden sie in das Drehwerk von Kranen eingebaut, um das Triebwerk und den Motor zu schonen. Im Antrieb eines Webstuhles werden sie gebraucht, um bei plötzlichem Stehenbleiben desselben dem Motoranker und den Zahnrädern Gelegenheit zum Auslaufen zu geben. Ihre Aufgabe besteht darin, bei einem bestimmten Höchstdrehmoment zu gleiten.

Die Rutschkupplung ist ein Maschinenelement, das noch nicht vollkommen befriedigend arbeitet. Die Unsicherheit seiner Wirkungsweise liegt in der Unklarheit begründet, die bezüglich der Reibung im Gebiet der kleinsten Gleitgeschwindigkeiten bzw. der Anlaufreibung herrscht. Man wird sich bemühen müssen, diese Unsicherheit durch konstruktive Maßnahmen zu umgehen bzw. ihre Folgen zu mildern.

Abb. 235 zeigt eine viel angewendete Grundform einer solchen Kupplung. Die in der einen Kupplungshälfte längsbeweglich sitzenden Holzklötze werden zwischen zwei auf dem anderen Wellenende sitzende Scheiben gepreßt. Dies stellt eine Abart der Scheibenkupplung dar.

Abb. 236 zeigt eine andere Ausführung. Die Wirkungsweise geht aus der Zeichnung hervor. Es wird ein Drehmoment von der Größe

$$M_d = 2\,P\,\mu\,r \text{ cmkg}$$

übertragen, worin P die gesamte Federkraft ist.

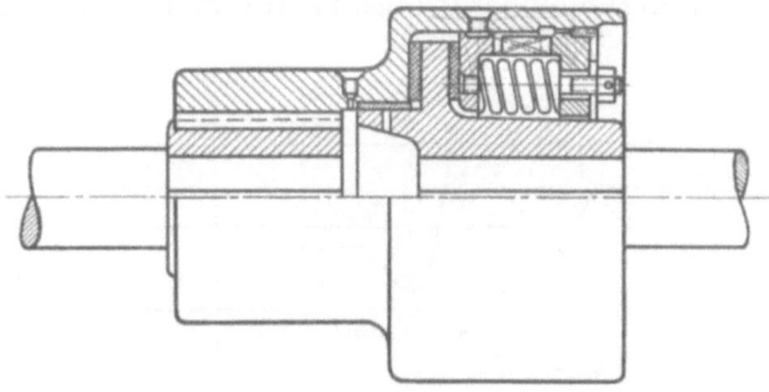

Abb. 236. Rutschkupplung, Bauart Lohmann & Stolterfoht.

Zur Übertragung größerer Kräfte wählt man gern konische Reibflächen (Abb. 237). In diesem Falle wird

$$M_d = 2\,\mu\,P \sin\alpha \cdot r \text{ cmkg}.$$

Die Flächen werden durch Federn gegeneinander gedrückt.

Konische Flächen sind jedoch für diesen Zweck ungeeignet, wie das Ergebnis der auf S. 53 und in Abb. 108 dargestellten Versuche zeigt. Man ist infolgedessen von Rutschkupplungen mit konischer Reibfläche wieder abgekommen.

Als Werkstoff für die Reibflächen ist bei der in Abb. 235 gezeigten Bauart Holz auf Gußeisen gewählt worden. Bei einer modernen Ausführung wird man die Holzklötze vermeiden. Sie reiben sich ungleichmäßig ab und deformieren sich infolge der kleinen Anlagefläche in dem sie tragenden Gußkörper. Bei schärferem Gleiten verkohlen sie, was eine rasche Abnutzung und eine Änderung der Reibungsverhältnisse zur Folge hat. Statt dessen wird man Asbestbremsbeläge verwenden, die auf der ganzen Fläche aufliegen und eine günstige Bauart ergeben (vgl. Kap. Reibung).

Wie in dem Kapitel über die Reibung in der Kupplung bereits ausführlich erörtert wurde, sind die Reibungsverhältnisse durchaus unsicher. Es kann vorkommen, daß die Reibflächen aufeinander kleben, so daß das Gleiten erst bei einem höheren Drehmoment eintritt, als vorgesehen ist. Es kann aber auch sein, daß die Reibungsziffer der Ruhe klein ist und mit zunehmendem Schlupf steigt. Versuche von Florig haben in einem Fall ein Ansteigen von 0,25 auf 0,45 ergeben. Eine Kupplung, die diesen Reibungsverhältnissen entspricht, würde während des Gleitens ein um 80 vH höheres Drehmoment übertragen können, was auch nicht erwünscht ist. Andererseits ist wieder festgestellt worden, daß die Reibungsziffer mit zunehmender Temperatur, also auch mit zunehmender Gleitdauer abnimmt. Es bestehen also die beiden Möglichkeiten, daß das übertragene Drehmoment nach dem Beginn des Rutschens ansteigt oder abfällt. Damit die Kupplung nach Beseitigung der Überlastung wieder faßt, muß entweder die Drehzahl der Antriebsseite so weit

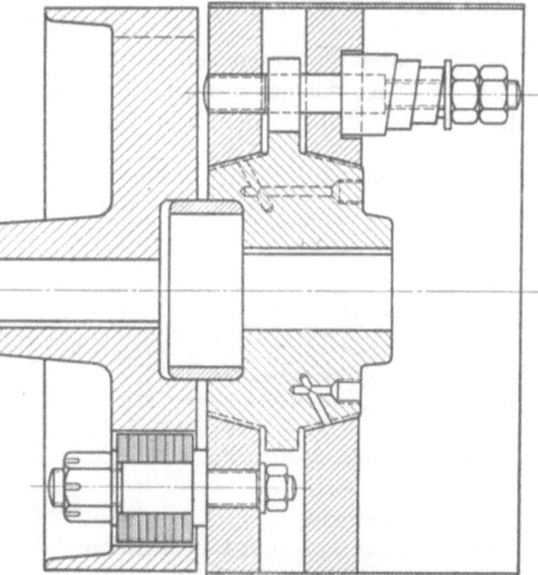

Abb. 237. Rutschkupplung, Bauart Lauchhammer mit konischen Reibflächen.

gedrosselt werden, daß beide Seiten die gleiche Geschwindigkeit haben oder das Lastmoment muß so weit herabgesetzt werden, daß ein Überschuß zur Beschleunigung der getriebenen Seite vorhanden ist. Bei den eingangs erwähnten Versuchen war eine Herabminderung des Lastdrehmomentes auf ⅓ seines Höchstwertes erforderlich.

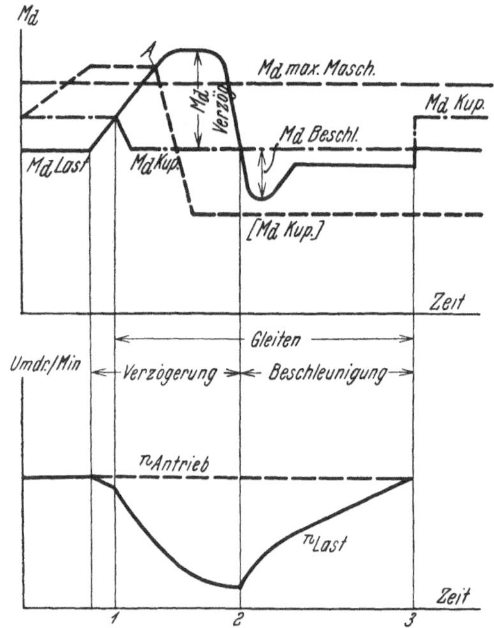

Abb. 238. Wirkungsweise einer Rutschkupplung ohne Selbsteinstellung.

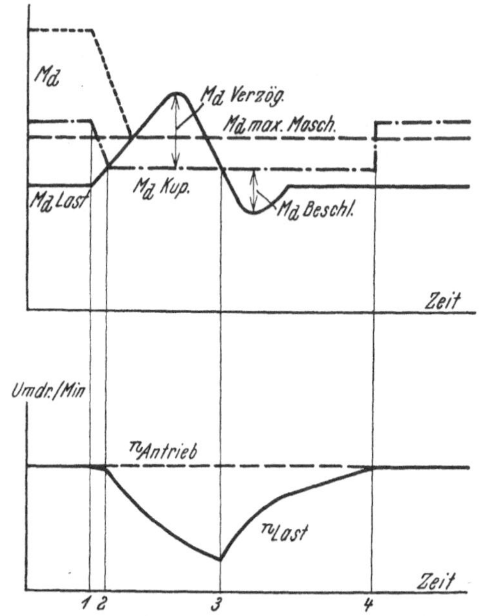

Abb. 239. Beziehungen zwischen Anpreßdruck und Drehmoment bei einer Rutschkupplung mit Selbsteinstellung.

Im Kranbau hat man sich neuerdings folgendermaßen geholfen. Man hat sich gesagt, daß das Kleben nur zu vermeiden ist, wenn die Kupplungen dauernd zum Rutschen gebracht werden und hat sie deshalb z. B. beim Drehwerk von Drehkranen so eingestellt, daß sie dauernd rutschen; wobei allerdings bemerkt werden muß, daß es sich hier um kurzzeitige Bewegungen handelt. Ideal ist diese Lösung jedoch nicht, da sie hohe Anforderungen an die Geschicklichkeit des Kranführers stellt.

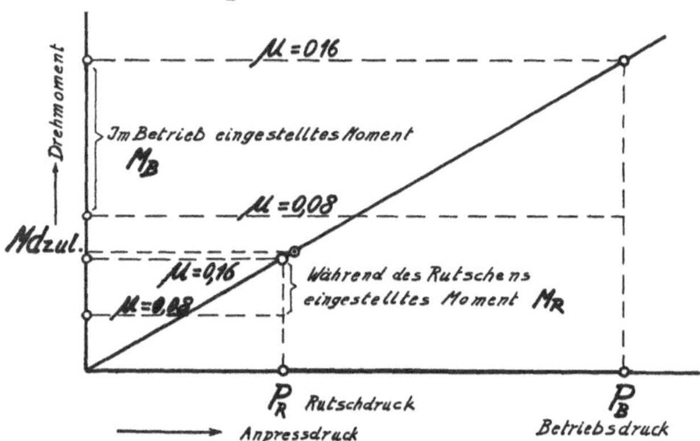

Abb. 240. Wirkungsweise einer Rutschkupplung mit Selbsteinstellung.

Zur Frage der Schmierung der Reibflächen ist folgendes zu sagen. Bei einer ganzen Anzahl von Reibungskupplungen sind geschmierte Flächen vorgesehen. Hier handelt es sich durchweg um Vorrichtungen, die in verhältnismäßig kurzen Zeitabständen betätigt werden, also immer wieder zum Gleiten kommen. Außerdem wird stets Wert darauf gelegt, daß die Schmierung reichlich ist. Diese kann aber immer nur wirksam werden, wenn die Reibflächen aufeinander gleiten. Bei Rutschkupplungen ist das Gleiten aber nur ein Ausnahmefall. Dazu kommt der Umstand, daß das zwischen den Reibflächen sitzende Schmiermittel verharzt und die Flächen verschmiert und verklebt. Bei schärferem Gleiten verbrennt es und verdirbt die Reibflächen. Die modernen Asbestbremsbeläge erfordern auch keine Schmierung, da sie trockene Reibung gut vertragen. Man sollte deshalb die Schmierung vermeiden.

Es soll nun ermittelt werden, in welcher Weise eine Rutschkupplung arbeiten muß, um allen Anforderungen gerecht zu werden. Dazu soll von dem Verlauf des Lastmomentes ausgegangen werden, das in Abb. 238 dargestellt ist. Zunächst soll eine kurzzeitige Überlastung eintreten, der ein Absinken unter die Normallast folgt, bis dann diese wieder erreicht wird. Das durch die Kupplung übertragbare Höchstmoment liegt um einen gewissen Betrag höher, jedoch noch unter dem höchstzulässigen Moment der Antriebsmaschine. Die Kupplung soll zu rutschen beginnen, wenn die Kurve des Lastmomentes die der Kupplung schneidet, also im Punkt *1*. Das Kupplungsmoment sinkt, die Lastdrehzahl nimmt ab bis zu dem Augenblick, in dem ein Überschuß des Kupplungsmomentes über das Lastmoment zur Beschleunigung zur Verfügung steht (Punkt *2*). Im Punkt *3* des Diagrammes ist die Beschleunigung beendet und der ursprüngliche Zustand stellt sich wieder her. Würde das Kupplungsmoment dagegen infolge des Klebens zunächst zu sehr steigen, so daß das Gleiten erst im Punkt *A* erfolgt, so würde die Maschine bereits überlastet. Wird dann die Reibung zu gering, so faßt die Kupplung nicht mehr. Ein geregelter Betrieb wäre nicht möglich. Besser ist es, wenn die Reibung infolge des Gleitens ansteigt. Es besteht dann allerdings die Gefahr der Überschreitung des zulässigen Höchstdrehmomentes. Die Beschleunigung würde in kürzerer Zeit beendet sein. Sicher beherrschbar sind die Verhältnisse aber nicht.

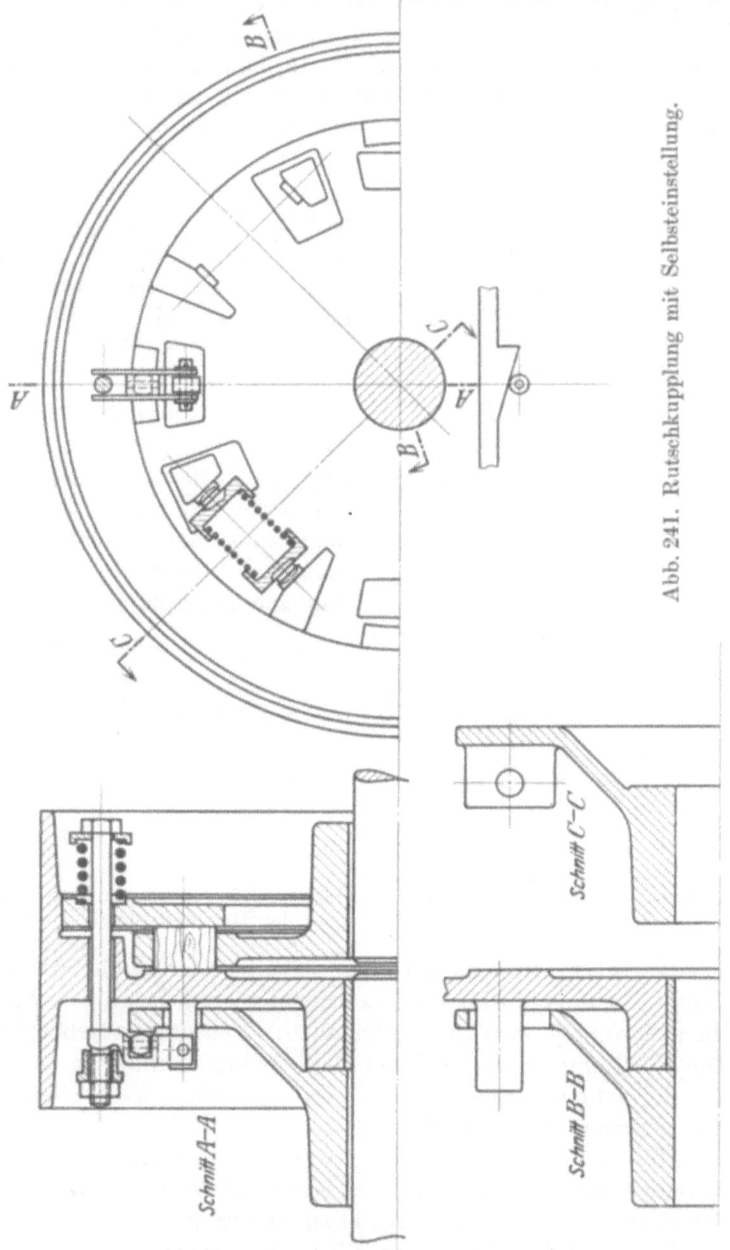

Abb. 241. Rutschkupplung mit Selbsteinstellung.

Es ergeben sich schließlich folgende Forderungen: 1. Im Augenblick der Überschreitung des zulässigen Drehmomentes muß das Kupplungsmoment so weit erniedrigt werden, daß die Kupplung bestimmt zum Rutschen kommt.

2. Bei Absinken des Lastmomentes unter das zulässige Moment muß das Kupp-

lungsmoment so weit gesteigert werden, daß bestimmt ein ausreichender Überschuß zur Beschleunigung vorhanden ist.

Demzufolge muß die Wirkung der Kupplung vom Drehmoment abhängig gemacht werden. Dies könnte durch Veränderung des Anpreßdruckes geschehen, wie in Abb. 240 dargestellt ist[1]. Im Betrieb würde der Anpreßdruck P_B eingestellt sein, der so hoch ist, daß die Reibungsziffer in weiten Grenzen (0,08 bis 0,16) schwanken kann, ohne auf das übertragbare Moment Einfluß zu haben. Wird nun das zulässige Moment überschritten, so wird selbsttätig der Anpreßdruck P_R eingestellt, der wieder so niedrig ist, daß eine Überlastung bestimmt ausgeschlossen ist.

Verfolgt man diesen Gedanken weiter, so kommt man zu einer Konstruktion, die eine Vereinigung einer Rutschkupplung mit einem Dynamometer darstellt. In Abb. 241 ist das Prinzip gezeigt, wobei dahingestellt bleiben mag, ob die Idee in dieser Form ausführbar ist und ob ihre Übertragung auf Druckluft-, Druckwasser oder elektromagnetische Kupplungen vorteilhaft ist. Die rechte Seite der Kupplung ist so geblieben, wie sie in Abb. 235 gezeigt wurde. Die linke Reibfläche dagegen ist nicht auf der Welle fest aufgekeilt, sondern auf dieser drehbar gelagert und trägt einen Ansatz, an dem ein Hebel angelenkt ist, der einerseits unter die Mutter des die Andrückfeder tragenden Bolzens greift und sich andererseits mit einer Rolle gegen eine schiefe

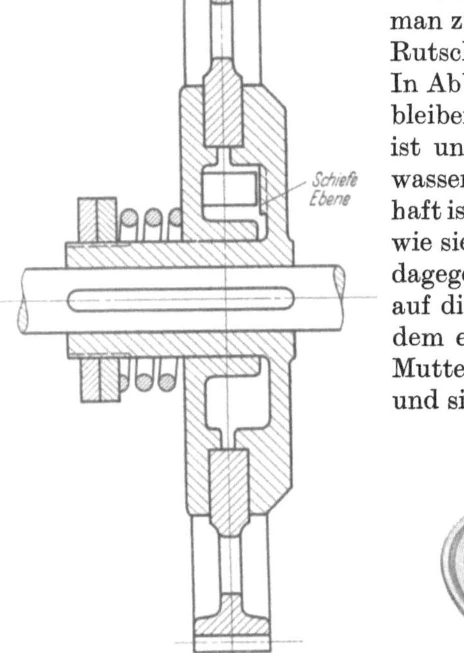

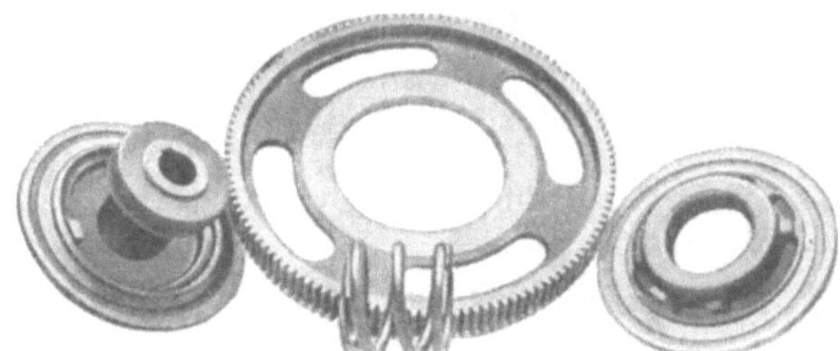

Abb. 242 und 243. Rutschkupplung, Bauart AEG, für den Antrieb von Webstühlen. (AEG Elektrizität in der Textilindustrie.)

Ebene stützt. Diese ist auf einer Scheibe angebracht, die auf der Welle aufgekeilt ist. Diese Scheibe und die linke Reibscheibe sind durch Federn gegeneinander abgestützt, die sich dem jeweils zu übertragenen Drehmoment entsprechend zusammendrücken. Die Verdrehung der beiden Scheiben gegeneinander bewirkt ein Gleiten der Rolle auf der schiefen Ebene derart, daß bei einer Vergrößerung des Drehmomentes der Anpreßdruck verkleinert wird.

Abb. 239 zeigt die Wirkungsweise. Im Punkt *1* beginnt die Überlastung, die eine Verringerung des Anpreßdruckes bewirkt. Im Punkt *2* beginnt die Kupplung zu rutschen. Von *3* ab steht ein Überschußmoment zur Beschleunigung zur Verfügung. Ist diese in *4* beendet, so stellt sich der ursprüngliche Zustand wieder ein. Unter den hier angenommenen Verhältnissen würde das zulässige Höchstmoment erst bei einer Erhöhung der Reibungsziffer um 50 vH erreicht werden.

Ein Teil des Grundgedankens dieser Ausführung wird bereits bei Kupplungen für Webstühle mit elektrischem Einzelantrieb angewendet. Bei diesen handelt es sich darum, dem Motoranker und den Zahnrädern des Antriebes den Auslauf zu

[1] Weber, G.: Versuche mit Rutschkupplungen. Versuchsergebnisse des Versuchsfeldes für Maschinenelemente an der Technischen Hochschule zu Berlin, H. 6.

gestatten, wenn der Webstuhl z. B. infolge Steckenbleibens des Schützen im Fach plötzlich stehen bleibt. Abb. 242 und 243 zeigen eine AEG-Kupplung. Das große Zahnrad wird zwischen zwei Scheiben eingeklemmt, die durch eine Feder zusammengedrückt werden. Bleibt nun die Welle mit der einen Scheibe stehen, so läuft das Zahnrad weiter und nimmt die andere Scheibe mit. Diese trägt Ansätze, die auf schiefen Ebenen heraufgleiten, die in der anderen Scheibe sitzen. Dadurch wird die Feder zusammengedrückt und die Kupplung entlastet. Diese Entlastung tritt jedoch zu spät ein, da zur Betätigung auf jeden Fall zunächst eine Überlastung auftreten muß.

Nun liegt der Fall hier insofern einfacher, als beim Stehenbleiben des Webstuhles die Stromzufuhr zum Motor selbsttätig unterbrochen wird. Man kommt infolgedessen mit einer normalen Einrückkupplung aus, die durch Fliehgewichte betätigt wird. Bei Stromunterbrechung läßt die Fliehkraft sofort nach und die Kupplung wird ausgerückt.

So kommt man auf Grund der bisher vorliegenden Erfahrungen im Betrieb und der Versuchsergebnisse für die Gestaltung der Rutschkupplungen zu folgenden Bedingungen:

1. Die Reibflächen sollen eben sein.
2. Als Werkstoff für die Reibflächen wählt man am besten Asbestgewebe oder Asbestpreßstoffe auf Gußeisen.
3. Beim Übergang von der Ruhe zum Gleiten muß man mit einer oberen und einer unteren Reibungsziffer rechnen, wobei die erstere um etwa 50 vH höher liegt.
4. Eine Schmierung der Reibflächen ist unzweckmäßig.
5. Wenn es möglich ist, soll man der Kupplung öfter Gelegenheit geben, zu gleiten.
6. Den Druck, mit dem die Reibflächen aufeinander gepreßt werden, soll man vom wirksamen Drehmoment abhängig machen.

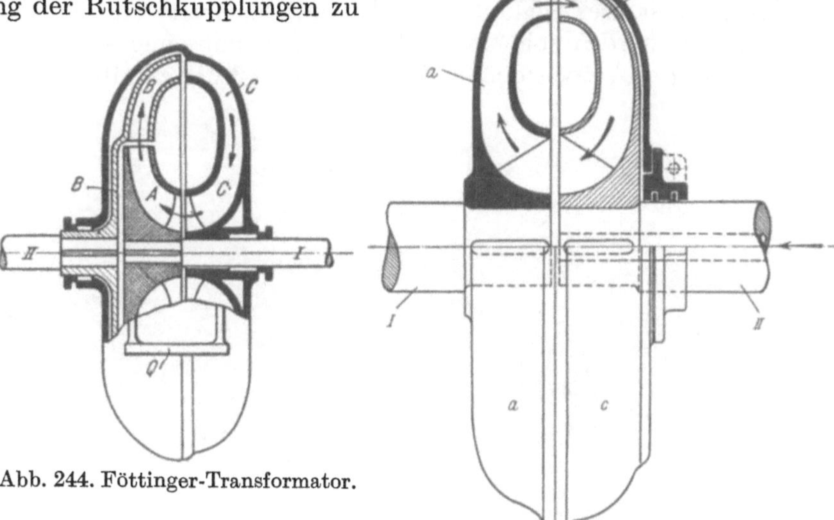

Abb. 244. Föttinger-Transformator.

Abb. 245. Turbo-Kupplung, Bauart Föttinger.

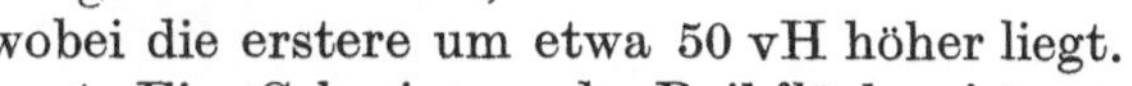

D. Flüssigkeitskupplungen[1,2].

Beim direkten Schiffsmaschinenantrieb besteht die Schwierigkeit, daß einmal die Turbine mit hoher Drehzahl läuft, während die Schraubenwelle an niedrige Drehzahlen gebunden ist und daß andererseits die Turbine nicht umsteuerbar ist und infolgedessen besondere Maßnahmen zum Manövrieren erfordert. Aus dem Bestreben heraus, diese Schwierigkeit zu überwinden, ist der Turbotransformator von Föttinger entstanden. Die Aufgabe besteht darin, zwei Wellen miteinander zu verbinden, deren Drehzahlen in einem veränderlichen Verhältnis zueinander stehen.

[1] Föttinger, H.: Die hydraulische Arbeitsübertragung, insbesondere durch Transformatoren, ein Rückblick und Ausblick. Jahrb. Schiffbaut. Ges. **1930**, Kap. X.

[2] Hahn, W.: Der Entwicklungsstand der Speicherpumpen. Z. V. d. I. **74**, 25 (1930).

Bei gleicher Leistung für beide Wellen verhalten sich dann die Drehmomente umgekehrt wie die Drehzahlen. Der Transformator tritt also an die Stelle eines Getriebes und einer Kupplung. Seine Wirkungsweise zeigt Abb. 244. Auf der Primärwelle *I* sitzt das Antriebsrad *A* und treibt die Flüssigkeit in das auf der Sekundärwelle *II* sitzende Schaufelrad *B* und treibt dieses an. Durch das feste Leitrad *C*, das zugleich als Gehäuse dient, wird die Flüssigkeit nach *A* zurückgeleitet.

Eine reine Kupplung ist die in Abb. 245 dargestellte Turbokupplung, auch „hydraulische Kupplung" oder „Vulcangetriebe" genannt, die in zahlreiche Dieselschiffe und Abdampfanlagen „System Bauer-Wach" eingebaut worden ist. Sie besteht aus dem Primärrad *a* mit dem Deckel *c* und dem Sekundärrad *b* und wird durch Einfüllen bzw. Entleeren von Wasser oder Öl stoßfrei ein- und ausgeschaltet. Die Energieübertragung geschieht auf hydrodynamischem Wege. Das Primärrad *a* erzeugt eine Umlaufströmung um die Wellen *I* und *II* und damit ein hydrodynamisches Drehfeld, in das das Sekundärrad *b* hineingestellt ist. Analog zum Asynchronmotor muß *b* gegen *a* einen gewissen Schlupf haben, damit eine Leistungsübertragung möglich ist. Der Schlupf beträgt etwa 1 bis 3 vH. Für den Fall, daß dieser ganz aufgehoben werden soll, ist die Verbindung mit einer Reibungskupplung vorgesehen, die dann nur noch den Unterschied von 3 vH zu überwinden hat.

Schrifttum

(soweit es in den Fußnoten nicht angegeben ist).

Drake, G. W.: Entwurfsunterlagen für Reibungskupplungen. Am. Mach. **61**, 25 (1925).
— Leistungen von Reibungskupplungen. Am. Mach. **58**, 20 (1923).
Sheldon: Herstellung von Asbestgeweben zum Bremsbelag u. dgl. Am. Mach. (europ.) **62**, 19 (1925).
Florig, Fr.: Die Reibungsvorgänge in trockenlaufenden Kupplungen. Z. ang. Math. Mech. **7**, 4 (1927).
Clegg, A.: Scheiben- u. Spiralfederkupplungen. Machinery **30**, 12 (1924).
Günther, O.: Die unmittelbar angetriebene Diesellokomotive. Z. V. d. I. **71**, 49 (1927).
Winkler: Beitrag zur Berechnung der Lamellenkupplungen. Motorwagen **1907**, 903.
Russel Tower Clutsch: Engaging motion of pressure plate mechanically retarded or graduated so that unit does not grab. Automot. Ind. **62**, 11 (1930).
Elektromagnetische Kupplungen: ETZ **30**, 14 (1909).
Roemmelt: Beiträge zur Berechnung magnetisch betätigter Kupplungen u. Bremsen. Diss. Berlin **1907**.
Seeberger: Die elektromagnetische Kupplung von Forster. Schweiz. Bauzg. **87**, 7 (1926).
Tupholme: Magnetkupplungen. El. Review **95**, 2454 (1924).
Wright: Electro magnetic clutches. Machinery (London) **32**, 812 (1928).
Bonte: Beitrag zur Berechnung von Kegelreibkupplungen und über Reibung und Schmierung. Z. V. d. I. **1915**, 1030.
Bourdon: Kupplungen mit zwei Reibflächen aus dem Britischen Zugmaschinenbau. Automot. Ind. **62**, 10 (1930).
Clegg, A.: Kegelkupplungen. Machinery **30**, 11 (1924).
Florig: Konuskupplungen. Maschinenkonstrukteur **60**, 6 (1927).
Doppel-Kranzreibungskupplung. Machinery (europ.) **26**, 656 (1925).
Freienfelder: Reibungskupplung für Ölmotoren. Motorship (amer.) März **1923**, 198/200.
Welisch: Eine verbesserte Holzbackenkupplung. Zentralbl. Hütten-, Walzw. **31**, 25 (1927).
Albo-Anlauf-Kupplung. Schweiz. Bauzg. **91**, 21 (1928).
Bentley: Selbsttätige Fliehkraftkupplungen. Am. Mach. **61**, 21 (1924).
Fischer-Hinnen: Über Zentrifugalkupplungen. ETZ **30**, 12 (1909).
Kloß: Fliehkraftriemenscheiben zu Anlaufversuchen mit einem Drehstrom-Käfiganker-Motor. ETZ **50**, 7 (1929).
Der neue NAG-Kupplungsautomat. Lastauto **6**, 2 (1929).
Obermoser: Eine neuartige Anlaßkupplung („Albo-Kupplung). ETZ **46**, 15 (1925).
— Die Anwendbarkeit des normalen Kurzschlußankermotors bei Anlauf unter Vollast und Überlast mittels einer neuartigen, eine Netzschädigung ausschließenden Anlaßkupplung (Albo-Kupplung). Maschinenbau **1925**, 16.
— Die Erschließung des normalen Kurzschlußankermotors für Vollastanlauf im Rahmen der VDE-Vorschriften durch eine selbsttätige Anlaßkupplung. ETZ **48**, 2, 3, 5, 6 (1927).
— Die vorteilhafte und verbandsnormale Anwendbarkeit größerer Kurzschlußmotoren an Stelle von Schleifringmotoren durch eine selbsttätige Anlaßkupplung. IEW (Nachrichtenblatt der ETV, Hamburg) **9**, 2 (1928).
Schaudt: Selbsttätige Reibungskupplungen. Techn. Blätter (DBZ) **18**, 51 (1928).
Schmidt: Anlaufkupplungen für Käfigankermotoren. Bulletin Schweiz. ETV **19**, 7 (1928).
Schulmann: Eine neue Kupplung für Kurzschlußläufermotoren. AEG-Mitteilungen **1927**, 5.
The Fieux-Clutch for lokomotives. Engg. **119**, 760 (1925).
Lundborg: Einiges über Konstruktion und Betriebseigenschaften der Pulviskupplungen. Tekn. Tidskr. **11**, Jg. 59, S. 11. Stockholm 1929.
Ohnesorge: Das Verhalten von Kraftmaschinen im mechanischen oder elektrischen Parallelbetrieb. Z. V. d. I. **1916**, 447.
— Über das Verhalten von Kraftmaschinen im mechanischen oder elektrischen Parallelbetrieb. Z. V. d. I. **1910**, 1276.
— Die neue Kraftmaschinen-Kupplung der Berlin-Anhaltischen Maschinenbau A. G. Z. V. d. I. **1908**, 1030.
— Differential-Verbund-Bandkupplung. Z. V. d. I. **1913**, 1023.